普通高等教育土木工程学科"十四五"规划教材（学科基础课适用）
普通高等教育新工科通识课程系列教材

U0176914

土 木 工 程 概 论
INTRODUCTION TO CIVIL ENGINEERING

韩庆华　徐　颖　张晋元　编著

天津大学出版社
TIANJIN UNIVERSITY PRESS

内 容 提 要

　　土木工程是伴随着人类社会的发展而发展起来的，土木工程设施反映了各个历史时期社会经济、文化、科学、技术发展的面貌，因而土木工程成为社会文明发展的见证之一。本书较为系统地介绍了土木工程主要领域中的基础工程、建筑工程、道路工程、铁路工程、桥梁工程、港口工程、航道工程及隧道工程等的定义、发展过程、组成分类、工作原理和主要特点，深入浅出地描述了土木工程的结构和力学的概念，使学习者领略到土木工程的形式美感、结构美感及工程魅力。

　　本书可作为本科院校土木类、水利类、矿业类、交通运输类、海洋工程类学科各专业基础课的教学用书及参考用书，以及其他专业学生了解土木工程知识的通识课程教学用书，也可作为工程技术人员的参考用书及培训单位的培训用书。

图书在版编目（CIP）数据

土木工程概论 / 韩庆华，徐颖，张晋元编著. 一天津：天津大学出版社，2020.9
普通高等教育土木工程学科"十四五"规划教材：学科基础课适用　普通高等教育新工科通识课程系列教材
ISBN 978-7-5618-6766-2

Ⅰ.①土…　Ⅱ.①韩…　②徐…　③张…　Ⅲ.①土木工程—高等学校—教材　Ⅳ.①TU

中国版本图书馆CIP数据核字（2020）第172470号

TUMU GONGCHENG GAILUN

出版发行	天津大学出版社
地　　址	天津市卫津路92号天津大学内（邮编：300072）
电　　话	发行部：022-27403647
网　　址	www.tjupress.com.cn
印　　刷	天津泰宇印务有限公司
经　　销	全国各地新华书店
开　　本	185 mm×260 mm
印　　张	17.5
字　　数	440千
版　　次	2020年11月第1版
印　　次	2020年11月第1次
定　　价	78.00元

普通高等教育土木工程学科"十四五"规划教材

编审委员会

主　任：顾晓鲁

委　员：戴自强　董石麟　郭传镇　姜忻良

　　　　康谷贻　李爱群　李国强　李增福

　　　　刘惠兰　刘锡良　石永久　沈世钊

　　　　王铁成　谢礼立

普通高等教育土木工程学科"十四五"规划教材

编写委员会

主　任：韩庆华

委　员：（按姓氏音序排列）

巴振宁	毕继红	陈志华	程雪松	丁红岩	丁　阳
高喜峰	谷　岩	韩　旭	姜　南	蒋明镜	雷华阳
李　宁	李砚波	李志国	李志鹏	李忠献	梁建文
刘　畅	刘红波	刘铭劼	陆培毅	芦　燕	师燕超
田　力	王方博	王　晖	王力晨	王秀芬	谢　剑
熊春宝	徐　杰	徐　颖	阎春霞	尹　越	远　方
张彩虹	张晋元	赵海龙	郑　刚	朱海涛	朱　涵
朱劲松					

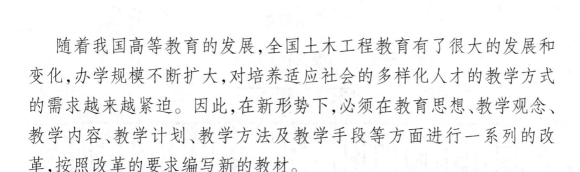

总序

随着我国高等教育的发展,全国土木工程教育有了很大的发展和变化,办学规模不断扩大,对培养适应社会的多样化人才的教学方式的需求越来越紧迫。因此,在新形势下,必须在教育思想、教学观念、教学内容、教学计划、教学方法及教学手段等方面进行一系列的改革,按照改革的要求编写新的教材。

高等学校土木工程学科专业指导委员会编制了《高等学校土木工程本科指导性专业规范》(以下简称《规范》)。《规范》对土木工程专业教材的规范性、多样性、深度与广度等提出了明确的要求。本丛书编写委员会根据当前土木工程教育的形势和《规范》的要求,结合天津大学土木工程学科的特色和已有的办学经验,对土木工程本科生教材建设进行了研讨,并组织编写了这套"普通高等教育土木工程学科'十四五'规划教材"。为保证教材的编写质量,本丛书编写委员会组织成立了教材编审委员会,聘请了一批学术造诣深的专家做教材主审,组织了系列教材编写团队,由长期给本科生授课、具有丰富教学经验和工程实践经验的教师完成教材的编写工作。在此基础上,统一编写思路,力求做到内容连续、完整、新颖,避免内容的交叉和缺失。

我们相信,本套教材的出版将对我国土木工程学科本科生教育的发展和教学质量的提高以及对土木工程人才的培养产生积极的作用,为我国的教育事业和经济建设做出贡献。

丛书编写委员会

土木工程学科本科生教育课程体系

通识教育
↓
专业教育

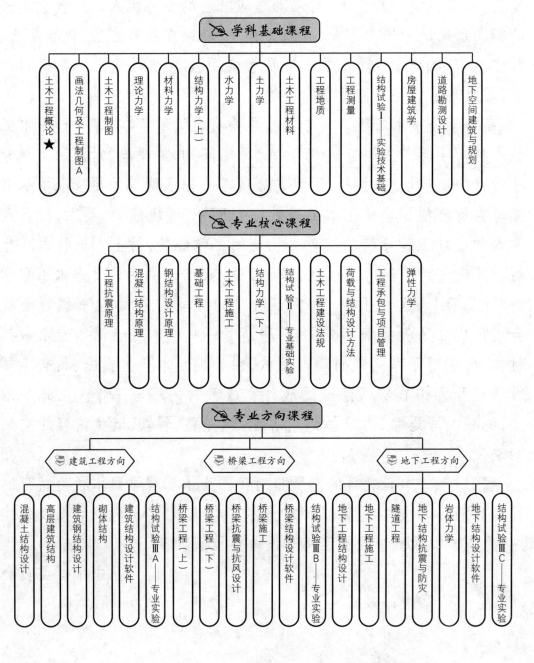

学科基础课程

土木工程概论★ | 画法几何及工程制图A | 土木工程制图 | 理论力学 | 材料力学 | 结构力学（上） | 水力学 | 土力学 | 土木工程材料 | 工程地质 | 工程测量 | 结构试验I——实验技术基础 | 房屋建筑学 | 道路勘测设计 | 地下空间建筑与规划

专业核心课程

工程抗震原理 | 混凝土结构原理 | 钢结构设计原理 | 基础工程 | 土木工程施工 | 结构力学（下） | 结构试验II——专业基础实验 | 土木工程建设法规 | 荷载与结构设计方法 | 工程承包与项目管理 | 弹性力学

专业方向课程

建筑工程方向

混凝土结构设计 | 高层建筑结构 | 建筑钢结构设计 | 砌体结构 | 建筑结构设计软件 | 结构试验IIIA——专业实验

桥梁工程方向

桥梁工程（上） | 桥梁工程（下） | 桥梁抗震与抗风设计 | 桥梁施工 | 桥梁结构设计软件 | 结构试验IIIB——专业实验

地下工程方向

地下工程结构设计 | 地下工程施工 | 隧道工程 | 地下结构抗震与防灾 | 岩体力学 | 地下结构设计软件 | 结构试验IIIC——专业实验

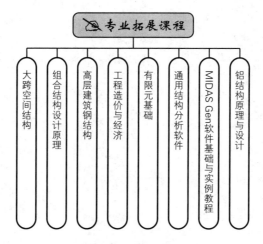

专业拓展课程

- 大跨空间结构
- 组合结构设计原理
- 高层建筑钢结构
- 工程造价与经济
- 有限元基础
- 通用结构分析软件
- MIDAS Gen软件基础与实例教程
- 铝结构原理与设计

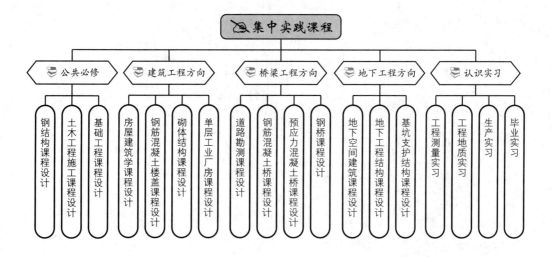

集中实践课程

公共必修
- 钢结构课程设计
- 土木工程施工课程设计
- 基础工程课程设计

建筑工程方向
- 房屋建筑学课程设计
- 钢筋混凝土楼盖课程设计
- 砌体结构课程设计
- 单层工业厂房课程设计

桥梁工程方向
- 道路勘测课程设计
- 钢筋混凝土桥课程设计
- 预应力混凝土桥课程设计
- 钢桥课程设计

地下工程方向
- 地下空间建筑课程设计
- 地下工程结构课程设计
- 基坑支护结构课程设计

认识实习
- 工程测量实习
- 工程地质实习
- 生产实习
- 毕业实习

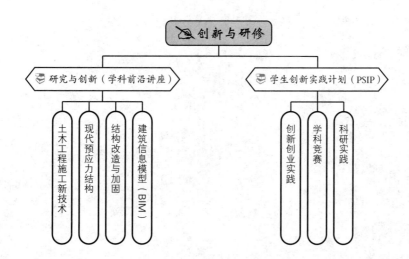

创新与研修

研究与创新（学科前沿讲座）
- 土木工程施工新技术
- 现代预应力结构
- 结构改造与加固
- 建筑信息模型（BIM）

学生创新实践计划（PSIP）
- 创新创业实践
- 学科竞赛
- 科研实践

前言

　　本书是面向高等院校学生的介绍土木工程总体概况的教材,以土木工程专业教材编委会制定的教学大纲为基本依据,结合目前"新工科"建设的具体要求以及"新基建"的全新理念编写而成。其目的是使学生系统、全面地掌握土木工程的基本概念、理论、知识和方法,为以后深入学习、研究土木工程学以及从事土木工程实际工作奠定基础。

　　土木工程是一个系统工程,涉及方方面面的知识和技术,是运用多种工程技术进行勘测、设计、施工的工程学科。土木工程是技术、经济、艺术统一的历史见证,其社会性、系统性、实践性与综合性均很强。本书作者在充分吸取国内外近年来土木工程学的研究成果和参考天津大学实践经验的基础上,根据理论结合实践、系统性与先进性并重、循序渐进、力求符合教学规律的原则编写了本书,在内容上,从中国土木工程的实际出发,系统地阐述了直接或间接为人类生活、生产、军事、科研服务的各种工程设施,如房屋、道路、铁路、管道、隧道、桥梁、运河、堤坝、港口、电站及人防工程等,同时融入了智能土木工程和新型基础设施建设的相关概念。本书既注重教学与研究、理论与实践、创新与传承的结合,以及学科之间的交叉与融合,也注重拓展学生的视野与思路,激励学生的创新精神。

　　对于土木工程专业的学生来说,后续专业课程的内容可能与本书某些章节重复,建议教师授课时结合学生的实际理解能力灵活掌握。

　　本书由天津大学韩庆华、徐颖、张晋元编著,具体章节安排如下:第1、2、13章由韩庆华编写,第3、5、6章由徐颖编写,第7、11章由张晋元编写,第8、9章由程雪松编写,第4章由徐杰编写,第10章由王方博编写,第12章由李志鹏编写;全书由韩庆华汇总定稿。为便于学生自学、复习及思考,每章最后均附有课后思考题。

　　由于作者水平有限,书中难免存在不当与错误之处,恳请使用本书的教师、学生与其他读者批评指正。

作　者

2020 年 8 月

目　　录

第1章　绪论…………………………………………………………（1）

1.1　土木工程概述 ……………………………………………………（1）

1.2　土木工程发展简史 ………………………………………………（3）

1.3　土木工程的未来展望和可持续发展 ……………………………（27）

1.4　土木工程专业人才培养 …………………………………………（32）

第2章　土木工程材料…………………………………………………（37）

2.1　砖、瓦、砂、石、木材 …………………………………………（37）

2.2　胶凝材料 …………………………………………………………（42）

2.3　混凝土和砂浆 ……………………………………………………（45）

2.4　建筑钢材 …………………………………………………………（49）

2.5　建筑功能材料 ……………………………………………………（51）

2.6　土木工程材料未来的发展 ………………………………………（53）

第3章　建筑工程………………………………………………………（56）

3.1　基本构件 …………………………………………………………（56）

3.2　房屋的组成 ………………………………………………………（59）

3.3　建筑及结构类型 …………………………………………………（60）

3.4　特种结构 …………………………………………………………（66）

3.5　绿色建筑与智能建筑 ……………………………………………（68）

第4章　桥梁工程………………………………………………………（70）

4.1　桥梁的组成和分类 ………………………………………………（70）

4.2　桥梁的结构形式 …………………………………………………（73）

4.3　桥梁工程的总体规划和设计要点 ………………………………（77）

4.4　桥梁的发展史及发展趋势 ………………………………………（81）

第5章　道路工程与铁路工程…………………………………………（88）

5.1　道路工程 …………………………………………………………（88）

5.2　铁路工程 …………………………………………………………（98）

第6章　港口工程………………………………………………………（109）

6.1　港口的分类与组成 ………………………………………………（109）

6.2　港口水工建筑物 …………………………………………………（114）

第7章　水利水电工程…………………………………………………（128）

7.1　水利工程 …………………………………………………………（128）

7.2　农田与水利工程 …………………………………………………（131）

7.3　水电工程 …………………………………………………………（136）

7.4　防洪工程 ……………………………………………………………（139）

第8章　基础工程 …………………………………………………………（143）

8.1　岩土工程勘察 ………………………………………………………（143）

8.2　浅基础 …………………………………………………………………（147）

8.3　深基础 …………………………………………………………………（154）

8.4　不均匀沉降 …………………………………………………………（158）

8.5　地基处理 ……………………………………………………………（163）

第9章　地下工程 …………………………………………………………（173）

9.1　地下工业建筑 ………………………………………………………（174）

9.2　地下仓储建筑 ………………………………………………………（177）

9.3　地下民用建筑 ………………………………………………………（181）

9.4　人防工程 ……………………………………………………………（186）

9.5　隧道工程 ……………………………………………………………（189）

9.6　开发和利用地下空间 ………………………………………………（199）

第10章　土木工程防灾与减灾 ……………………………………………（212）

10.1　工程灾害的类型及防治 …………………………………………（212）

10.2　工程结构的检测、鉴定、加固与改造 …………………………（217）

第11章　土木工程施工 …………………………………………………（221）

11.1　基础工程施工 ………………………………………………………（221）

11.2　主体结构施工 ………………………………………………………（227）

11.3　防水与装饰工程施工 ………………………………………………（235）

11.4　施工组织设计 ………………………………………………………（237）

11.5　流水施工与网络计划 ………………………………………………（239）

11.6　现代施工技术 ………………………………………………………（241）

第12章　土木工程建设项目管理 …………………………………………（244）

12.1　建设程序 ……………………………………………………………（244）

12.2　建设法规 ……………………………………………………………（245）

12.3　工程项目招投标 ……………………………………………………（247）

12.4　工程项目管理 ………………………………………………………（250）

12.5　工程建设监理 ………………………………………………………（251）

第13章　智能土木工程与新基建 …………………………………………（254）

13.1　智能土木工程 ………………………………………………………（254）

13.2　新基建 ………………………………………………………………（259）

参考文献 …………………………………………………………………（266）

第1章 绪论

1.1 土木工程概述

1.1.1 土木工程的定义和范围

1. 土木工程的定义

土木工程是建造各类工程设施的科学技术的统称。它既指所应用的材料、设备和所进行的勘测、设计、施工、保养、维修等技术活动;也指工程建设的对象,即建造在地上或地下、陆上或水中,直接或间接为人类生活、生产、军事、科学研究服务的各种工程设施,例如房屋、道路、铁路、管道、隧道、桥梁、运河、堤坝、港口、电站及防护工程等。

土木工程是一门工程分科,它是指用石材、砖、砂浆、水泥、混凝土、钢材、木材、建筑塑料、合金等建筑材料修建房屋、铁路、道路、隧道、运河、堤坝、港口等工程的生产活动和工程技术。

土木工程也是一门学科,它是指运用数学、物理、化学等基础科学知识,力学、材料等技术科学知识和土木工程方面的工程技术知识来研究、设计、修建各种建筑物和构筑物的一门学科。

土木工程是开发和吸纳劳动力资源的重要平台,对国民经济具有举足轻重的作用。由于土木工程的投入大,可带动的行业多,其对国民经济的拉动作用是显而易见的。改革开放之后,我国土建行业对国民经济的贡献度达到 1/3,近年来我国固定资产投资约占国内总值的 50%,其中绝大多数都与土建行业有关。随着我国城市化进程不断加速,土建行业的发展还将呈现增长的势头。

土木工程名称的由来与我国几千年的发展历史有关。中国古代哲学认为,世界是由"金""木""水""火""土"五大类物质组成的,在几千年漫长的历史过程中,主要是五行中的"土"(包括岩石、砂、泥土、石灰,以及由土烧制而成的砖、瓦、陶、瓷等)和"木"(包括木材、茅草、竹子、藤条、芦苇等植物材料)用于房屋、桥梁、道路、寺庙、宫殿等的建设,因此,古代常将"大兴土木"作为大搞工程项目建设的代名词,并由此演化出现在的"土木工程"一词。

2. 土木工程的范围

"土木工程"对应的英文为"Civil Engineering",将其直译成中文为"民用工程",它与军事工程(Military Engineering)相对应,即除了服务于战争的工程设施外,所有用于生活、生产的工程设施均为民用工程,即土木工程,后来这个界限日益模糊。现在已经把军用的战壕、掩体、碉堡、防空洞等工程归入土木工程的范畴。

土木工程的范围十分广泛,它包括房屋建筑工程(Building Engineering)、道路工程(Road Engineering)、铁道工程(Railway Engineering)、桥梁工程(Bridge Engineering)、隧道及地下工程(Tunnel and Underground Engineering)、飞机场工程(Airport Engineering)、给水排水工程(Water Supply and Wastewater Engineering)、港口工程(Harbor Engineering)等。国际上,运河水库、大坝、水渠等水利工程(Hydraulic Engineering)也包含在土木工程之中。

1.1.2　土木工程的基本属性

土木工程具有综合性、社会性、实践性和技术、经济、艺术的统一性这四个基本属性。

1. 综合性

建造一项工程设施一般要经过勘察、设计和施工三个阶段,需要运用工程地质勘察、水文地质勘察、工程测量、土力学、工程力学、工程设计、土木工程材料、设备和工程机械、建筑经济等学科和施工技术、施工组织等领域的知识,还要用到电子计算机和结构测试、试验等技术,因而土木工程是一门范围宽广的综合性学科。

随着人们对工程设施功能要求的不断提高和科学技术的进步,土木工程学科已经发展成为内涵丰富、门类众多、结构复杂的综合体系,这就要求土木工程综合运用各种物质条件,以满足各种各样的需求。

2. 社会性

土木工程是伴随着人类社会的发展而发展起来的。土木工程的各项工程设施反映了不同国家和地区在各个历史时期的社会、经济、文化、科学、技术发展水平,是人类社会发展的历史见证之一。

从原始社会简陋的房舍到举世闻名的万里长城、金字塔、故宫,再到现代社会的高楼大厦、跨海大桥、海底隧道、地下铁路,土木工程无不反映了人类文明的发展程度和生产力水平,许多伟大的工程项目成为某一国家、地区在特定历史时期的标志性成果,由此可见土木工程已经成为人类社会文明的重要组成部分。

3. 实践性

土木工程是一门实践性很强的学科。在人类社会早期,土木工程是通过在工程实践中不断总结经验、教训而发展起来的。从 17 世纪 30 年代开始,以伽利略和牛顿为先导的近代力学同土木工程实践结合起来,逐渐形成了材料力学、结构力学、流体力学、岩体力学,并成为土木工程的基础理论,这样土木工程才从经验发展成为科学。在土木工程发展过程中,工程实践常先行于理论。工程灾害和事故显示出未来能预见的新因素,从而触发新理论的研究和发展。至今,不少工程问题的处理仍然在很大程度上依靠实践经验。

4. 技术、经济、艺术的统一性

人们对工程设施的需求主要体现在使用功能和审美两个方面,符合功能要求的工程设施是一种空间艺术,它通过总体布局、体量、体形、各部分的尺寸比例、线条、色彩、阴影和工程设施与周边环境的协调来表现工程的艺术性,反映出地方风格、民族风格、时代特点和政治、宗教等方面的特点。人们总是期望建成功能完备、形体优美的工程。

在实际工程中,人们力求最经济地建造一项工程设施,以满足使用者的特定需要。工程的经济性首先表现在工程选址、总体规划上,其次表现在设计和施工技术上。工程建设的总投资、经济效益、维修费用等指标都是衡量工程经济性的重要方面,而一项工程的经济性又与各项技术活动密切相关。

1.2　土木工程发展简史

1.2.1　古代土木工程

土木工程是从新石器时代开始的。随着人类文明的进步和生产经验的积累,古代土木工程的发展大体上可分为萌芽时期(公元前 5000—前 3000 年)、形成时期(公元前 3000 年—公元元年)和发达时期(公元元年—16 世纪)。

1. 萌芽时期

新石器时代,原始人为避风雨、防兽害,将天然的掩蔽物(如山洞和森林)作为住处。当人们学会播种收获、驯养动物以后,山洞和森林已不能满足人们的需要,于是人们使用简单的木、石、骨制工具,伐木采石,以黏土、木材和石头等,模仿天然掩蔽物建造居住场所,开始了人类早期的土木工程活动。

初期建造的住所因地理、气候等自然条件的差异,有"窟穴"和"橧巢"两种类型。以我国为例,在北方气候寒冷干燥的地区,人们多为穴居,在山坡上挖造横穴,在平地上则挖造袋穴。后来穴的面积逐渐扩大,深度逐渐减小。甘肃省天水市秦安县东北面的五营乡邵店村大地湾遗址,是在甘肃东部地区发现的一处较完好的原始社会新石器时代古文化遗址,距今 8 000~4 800 年,已发掘面积达 13 700 m²,遗址总面积为 110 万 m²,已出土房址238 座,灰坑 357 个,墓葬 79 座,窑 38 座,灶台 106 座,防护和排水用的壕沟 8 条。特别值得提出的是,大地湾的房屋建筑遗址不仅规模宏伟,而且结构复杂。尤其是属于仰韶文化晚期(距今约 5 000 年前)的一座编号为"F405"的大房子,是一座有三开门和带檐廊的大型建筑,其房址面积为 270 m²,室内面积为 150 m²,平地起建,采用木骨泥墙,其复原图为四坡屋顶式房屋(图 1-1)。大地湾遗址的房屋多采用白灰面、多种柱础的建筑方法,充分反映了当时生产力的提高和建筑技术的发展。距今 5 000 年的大地湾四期文化发掘出的一座编号为"F901"的建筑(图 1-2),是目前所见我国史前时期面积最大、工艺水平最高的房屋建筑。这座总面积为 420 m² 的多间复合式建筑,布局规整,中轴对称,前后呼应,主次分明,开创了后世宫殿建筑的先河。

图 1-1　甘肃秦安大地湾遗址复原房屋

图1-2　甘肃秦安大地湾遗址房屋结构

在我国黄河流域的仰韶文化遗址（公元前5000—前3000年）上，遗存有浅穴和地面建筑，建筑平面有圆形、方形和多室联排的矩形。在西安半坡村遗址（公元前4800—前3600年）上有很多圆形房屋，直径为5~6 m，室内竖有木柱，以支撑上部屋顶，四周密排一圈小木柱，起到承托屋檐的作用，也是围护结构的龙骨（图1-3）；还有少量方形房屋，其完全依靠骨架承重，柱子纵横排列，这是木骨架的雏形。当时的柱脚均埋在土中，木杆件之间通过绑扎结合，墙壁抹草泥，屋顶铺盖茅草或抹泥。在西伯利亚发现用兽骨、北方鹿角架起的半地穴式住所（图1-4）。

图1-3　西安半坡遗址复原房屋

图1-4　半地穴式建筑

在我国西安半坡村遗址上还可看到有条不紊的部落布局，在沪河东岸的台地上遗存有密集排列的40~50座住房，在其中心部分有一座规模相当大（平面尺寸约为12.5 m×14 m）的房屋，可能是会堂。各房屋之间筑有夯土道路，居住区周围挖有深、宽各约5 m的防范袭击的大壕沟，上面架有独木桥。

新石器时代已有了基础工程的萌芽，柱洞里填有碎陶片或鹅卵石，即是柱础石的雏形。洛阳王湾的仰韶文化遗址（公元前4000—前3000年，图1-5）上，有一座面积约为200 m²的房屋，墙下挖有基槽，槽内填卵石，这是墙基的雏形。在尼罗河流域的埃及，新石器时代的住宅用木材或卵石做成墙基，上面造木构架，以芦苇束编墙或土坯砌墙，用密排圆木或芦苇束做屋顶。

在地势低洼的河流、湖泊附近,原始人从构木为巢发展到用树枝、树干搭成架空窝棚或地窝棚,之后又将窝棚发展为栽桩架屋的干栏式建筑。我国浙江湖州钱山漾遗址(距今4 400~4 200年,图1-6)建筑群就是在密桩上架木梁,上铺悬空的地板建成的。欧洲一些地方也出现过相似的做法,今瑞士境内保存着湖居人在湖中木桩上构筑的房屋:阿尔卑斯地区史前湖岸木桩建筑。我国浙江余姚河姆渡新石器时代遗址(公元前5000—前3300年,图1-7)上,有跨距达5~6 m、联排6~7间的房屋,其底层架空,属于干栏式建筑,构件节点主要采用绑扎结合,但个别建筑已使用榫卯结合。这种榫卯结合的方法代代相传,延续到后世,为以木结构为主流的中国古建筑开创了先例。

图1-5 洛阳王湾遗址

图1-6 浙江湖州钱山漾遗址

图1-7 浙江余姚河姆渡新石器时代遗址

这一时期建造土木工程所使用的工具还只是石斧、石刀、石锛、石凿等简单的工具,所用的材料都是取自当地的天然材料,如茅草、竹、芦苇、树枝、树皮和树叶、砾石、泥土等。掌握了伐木技术以后,人们开始使用较大的树干做骨架;有了煅烧加工技术后,人们开始使用红烧土、白灰粉、土坯等,并逐渐懂得使用草筋泥、混合土等复合材料。人们开始使用简单的工具和天然材料建房、筑路、挖渠、造桥,土木工程完成了从无到有的萌芽阶段。

2. 形成时期

随着生产力的发展,农业、手工业开始分工。大约公元前3000年起,在材料方面,开始出现经过烧制加工的瓦和砖；在构造方面，形成木构架、石梁柱、拱券等结构体系；在工程内容方面，有宫室、陵墓、庙堂，还有许多较大型的道路、桥梁、水利工程等；在工具方面，美索不达米亚（两河流域）和埃及人大约在公元前3000年，中国人在商代（公元前16—前11世纪），开始使用青铜制的斧、凿、钻、锯、铲等工具。后来铁制工具逐步得到推广，人们制造了简单的施工机械，还编写了有关经验总结及形象描述的土木工程著作。公元前5世纪成书的《考工记》，记述了木工、金工等工艺以及城市、宫殿、房屋建筑规范，对后世的宫殿、城池及祭祀建筑的布局有很大影响。

扫一扫：都江堰水利枢纽

我国在公元前21世纪，传说中的夏代部落领袖禹用疏导方法治理洪水，挖掘沟渠进行灌溉。公元前5—前4世纪，在今河北临漳，魏国人西门豹主持修筑引漳灌邺工程，这是中国最早的多首制灌溉工程。公元前3世纪中叶，在今四川灌县，李冰父子主持修建都江堰，解决围堰、防洪、灌溉以及水陆交通问题，这是世界上最早的综合性大型水利工程，到现在还在发挥着防洪和灌溉的巨大作用。

在大规模的水利工程、城市防护建设和交通工程中，人们创造了形式多样的桥梁。公元前12世纪初，我国在渭河上架设浮桥，这是我国最早在大河上架设的桥梁。再如在引漳灌邺工程中，在汾河上建成30个墩柱的密柱木梁桥；在都江堰工程中，为了提供行船的通道，架设了索桥。

以黄土高原的黄土为材料创造的夯土技术，在我国土木工程技术发展史上占有很重要的地位。甘肃秦安大地湾新石器时期的大型建筑就用了夯土墙。河南偃师二里头商朝早期的夯筑筏式浅基础宫殿群遗址、郑州发现的商朝中期版筑城墙遗址、安阳殷墟的夯筑台基，都说明当时的夯土技术已经成熟。以后相当长的时期里，中国的房屋等建筑大多采用夯土基础和夯土墙壁。

扫一扫：中国长城

春秋战国时期，战争频繁，人们广泛用夯土筑城防敌。秦朝时期，在魏、燕、赵三国夯土长城的基础上筑成万里长城，后经历代多次修筑，留存至今，成为举世闻名的长城。

这个时期我国的房屋建筑主要使用木构架结构。在商朝首都宫室遗址上，残存有间距一定、直线排列的石柱础，柱础上有铜锁，柱础旁有木柱烬余，说明当时已有相当大的木构架建筑。《考工记·匠人》中有"殷人……四阿重屋"的记载，可知当时已有四坡顶、两重檐的建筑了。西周的青铜器上也铸有柱上置栌斗的木构架形象，说明当时在梁柱结合处已使用"斗"作为过渡层，柱间连系构件"额枋"也已形成。这时的木构架已开始有中国传统使用的柱、额、梁、枋、斗拱等。

我国在西周时代已出现陶制房屋版瓦、筒瓦、人字形断面的脊瓦和瓦钉，解决了屋面防水问题。春秋时期出现陶制下水管、陶制井圈和青铜制杆件结合构件。在美索不达米亚（两河流域），制土坯和砌拱券的技术历史悠久。公元前8世纪建成的亚述国王萨尔贡二世的王宫,用土坯砌墙,用石板、砖、琉璃贴面。

　　埃及人在大约公元前 3000 年大规模兴建水利工程以及修建神庙和金字塔的过程中,积累和运用了几何学、测量学方面的知识,使用了起重运输工具,组织了大规模的协作劳动。埃及吉萨金字塔群由古埃及第四王朝的三位法老——胡夫、哈夫拉和孟卡拉主持建造,是古埃及金字塔的典型代表,主要由胡夫金字塔、哈夫拉金字塔、孟卡拉金字塔、狮身人面像组成。在公元前 2600—前 2500 年建造的这些金字塔,计算准确,施工精细,规模宏大。胡夫金字塔是一座几乎实心的巨石体,用 200 多万块巨石砌成。成群结队的人将这些大石块沿着地面斜坡往上拖运,然后在金字塔

扫一扫:埃及金字塔

周围以脚手架的方式层层堆砌。著名的斯芬克斯狮身人面像,在哈夫拉金字塔的东面,距胡夫金字塔约 350 m,是世界上最古老、最大的巨石雕像之一,身长约 57 m,高约 20 m,脸宽约 5 m。据说这尊斯芬克斯狮身人面像的头部是按照法老哈夫拉的样子雕成的,作为看护他的永住地——哈夫拉金字塔的守护神。它凝视前方,表情肃穆,雄伟壮观。

　　这个时期还建造了大量的宫殿和神庙建筑群,如始建于 3 900 多年前的卡纳克神庙(图 1-8)位于埃及城市卢克索北部,是古埃及帝国遗留的一座壮观的神庙。神庙内有大小20 余座神殿、134 根巨型石柱、狮身公羊石像等古迹,气势宏伟,令人震撼。

　　希腊早期的神庙建筑用木屋架和土坯建造,屋顶荷重不用木柱支承,而用墙壁和石柱支承。约在公元前 7 世纪,大部分神庙已改用石料建造。公元前 5 世纪建成的雅典卫城,在建筑庙宇、柱式等方面都具有极高的水平,其中的巴台农神庙(图 1-9)全用白色大理石砌筑,庙宇宏大,石质梁柱结构精美,是典型的列柱围廊式建筑。

图 1-8　卡纳克神庙

图 1-9　巴台农神庙

　　在城市建设方面,早在公元前 2600 年前后,印度就建成了摩亨朱达罗城,该城市布局很有条理,方格道路网主次分明,阴沟排水系统完备。中国现存的春秋战国遗址证实了《考工记》中有关周朝都城“方九里,旁三门,国(都城)中九经九纬(纵横干道各九条),经涂九轨(南北方向的干道可九车并行),左祖右社(东设皇家祭祖先的太庙,西设社稷坛),面朝后市(城中前为朝廷,后为市肆)”的记载。这时中国的城市已有相当大的规模,如齐国的临淄城,宽 3 km,长 4 km,城壕上建有 8 m 多跨度的简支木桥,桥两端为石块和夯土制作的桥台。

3. 发达时期

这个时期铁制工具的普遍使用提高了工效；工程材料中逐渐增添了复合材料；伴随社会的发展，工程内容（如道路、桥梁、水利、排水等工程）日益增加。这个时期大规模营建了宫殿、寺庙，专业分工日益细致，技术日益精湛，从设计到施工已有一套成熟的经验：运用标准化的配件方法加速了设计进度，多数构件都可以按"材"或"斗口""柱径"的模数进行加工；用预制构件现场安装，缩短了工期；进行统一筹划，提高了效益，如我国北宋时期的汴京宫殿，施工时先挖河引水，为施工运料和供水提供方便，竣工时用渣土填河；改进了当时的吊装方法，用木材制成"戥"和"绞磨"等起重工具，可以吊起逾 300 t 的巨材，如北京故宫三台的雕龙御路石以及罗马圣彼得大教堂前的方尖碑等。

1）建筑工程

这个时期的建筑工程，我国主要采用木结构体系，欧洲则以石拱结构为主。中国古建筑在这一时期出现了与木结构相适应的建筑风格，形成了独特的木结构体系。根据气候和木材产地的不同，在汉代木结构即分为抬梁、穿斗、井干三种方式，其中以抬梁式结构最为普遍。抬梁式结构在平面上形成柱网，柱网之间可按需要砌墙和安门窗。房屋的墙壁不承担屋顶和楼面的荷重，使墙壁有极大的灵活性。在宫殿、庙宇等高级建筑的柱上和檐枋间安装斗拱。

佛教建筑是我国东汉以来建筑工程中的一个重要方面，南北朝和唐朝兴建了大批佛寺。公元 8 世纪建的山西五台山南禅寺正殿和公元 9 世纪建的佛光寺大殿，是至今保留较完整的中国木结构建筑。我国佛教建筑对日本等国也有很大影响。佛塔的建造促进了高层木结构的发展，兴建于公元 2 世纪末的徐州浮屠寺塔（图 1-10）"上累金盘，下为重楼"，人们在吸收、融合和创新的过程中，把具有宗教意义的印度窣堵波（印度佛教建筑的一种形式）竖在楼阁之上（称为刹），形成楼阁式木塔。公元 11 世纪建成的山西应县佛宫寺释迦塔（图 1-11，即应县木塔），塔高 67.3 m，呈八角形，底层直径为 30.27 m，每层用梁、柱、斗拱组合为自成体系的完整、稳定的构架，9 层的结构中有 8 层是用 3 m 左右的柱子支顶重叠而成的，充分做到了小材大用。塔身采用内外两环柱网，各层柱子都向中心略倾（侧脚），各柱的上端均铺斗拱，用交圈的扶壁拱组成双层套筒式结构。这座木塔不仅是世界上现存最古老、最高大的木结构塔式建筑，而且在杆件和组合设计上隐含着对结构力学的巧妙运用。

图 1-10　徐州浮屠寺塔

图 1-11　山西应县佛宫寺释迦塔

约公元 1 世纪（东汉时期），我国砖石结构有所发展，在汉墓中可见从梁式空心砖逐渐发展为拱券和穹隆顶。根据荷载的情况，拱券分为单层拱券、双层拱券和多层拱券。每层券上卧铺一层条砖，称之为"伏"。这种券伏相结合的方法在后来的发券工程中普遍采用。公元 4 世纪（北魏初期），我国砖石结构已用于砖塔、石塔以及石桥等方面。公元 6 世纪建于现河南省登封市的嵩岳寺塔（图 1-12），是我国现存最早的密檐式砖塔。

早在公元前 4 世纪，罗马已采用拱券技术砌筑下水道、隧道、渡槽等土木工程，在建筑工程方面继承和发展了古希腊的传统柱式。公元前 2 世纪，以石灰和火山灰的混合物为胶凝材料（后称罗马水泥）制成的天然混凝土得到广泛应用，有力地推动了古罗马拱券结构的大发展。公元前 1 世纪，在拱券技术基础上又发展了十字拱和穹顶。公元 2 世纪，在陵墓、城墙、水道、桥梁等工程上大量使用拱券。拱券结构与天然混凝土并用，其跨越距离和覆盖空间比梁柱结构要大得多，如罗马万神庙（始建于公元前 27 年，图 1-13）是古代最大的圆顶庙，其圆形正殿屋顶直径为 43.43 m。又如采用十字拱和拱券平衡体系的卡拉卡拉浴场（建于公元 211—217 年）。古罗马的公共建筑类型多，结构设计、施工水平高，样式手法丰富，其土木建筑科学理论已初步建立，如维特鲁威所著《建筑十书》（公元前 1 世纪）奠定了欧洲土木建筑科学的体系，系统地总结了古希腊、罗马的建筑实践经验。古罗马的技术成就对欧洲土木建筑的发展有深远影响。进入中世纪以后，拜占庭建筑继承古希腊、罗马的土木建筑技术并吸收了波斯湾、小亚细亚一带的文化成就，形成了独特的体系，解决了在方形平面上使用穹顶的结构和建筑形式问题——把穹顶支承在独立的柱上，取得开敞的内部空间，如建于公元 532—537 年的圣索菲亚大教堂（图 1-14）为砖砌穹顶，外面覆盖铅皮，穹顶下的空间深 68.6 m，宽 32.6 m，中心高 55 m。建造于公元 687—691 年的圆顶清真寺（图 1-15），坐落在耶路撒冷老城东部的伊斯兰教圣地内，运用马蹄形、火焰式、尖拱等拱券结构。

图 1-12　河南登封嵩岳寺塔

图 1-13　罗马万神庙

公元 785 年，白衣大食王国国王阿卜杜勒·拉赫曼一世欲使科尔多瓦成为与东方匹敌的伟大宗教中心，在罗马神庙和西哥特式教堂的遗址上修建了科尔多瓦大礼拜寺（图 1-16），后者即采用了两层叠起的马蹄券。中世纪西欧各国的建筑，意大利仍继承罗马的风格，以始建于 11 世纪的比萨大教堂建筑群为代表；其他各国则以法国为中心，发展了哥特式教堂建筑的新结构体系。哥特式建筑采用骨架券作为拱顶的承重构件，用飞券扶壁抵挡拱脚的侧推力，并使用二圆心尖券和尖拱。始建于 1163 年的巴黎圣母院的圣母教堂（图 1-17）是早期哥特式教堂建筑的代表。

图1-14　圣索菲亚大教堂

图1-15　圆顶清真寺

图1-16　科尔多瓦大礼拜寺

图1-17　巴黎圣母院的圣母教堂

1296—约1470年建造的佛罗伦萨主教堂标志着意大利文艺复兴时期建筑史的开始,该教堂的穹顶建造于1420—1434年,是世界最大的穹顶之一,在结构和施工技术上均达到很高的水平。圣彼得大教堂建造于1506—1626年,是最杰出的文艺复兴建筑和世界上最大的教堂,集中了16世纪意大利建筑、结构和施工的成就。意大利文艺复兴时期的建筑工程内容广泛,除教堂建筑外,还有各种公共建筑、广场建筑群,如威尼斯的圣马可广场等。这一时期人才辈出,思想活跃,如L.B.阿尔贝蒂所著《论建筑》(出版于1485年)是意大利文艺复兴时期重要的理论著作,其体系完备,影响很大,同时该时期施工技术和

扫一扫:文艺复兴时期的西方建筑

工具都有很大进步,除已有打桩机外,还有桅式和塔式起重设备以及其他新的工具。

2)道路桥梁

秦朝在统一中国的过程中,运用各地不同的建设经验,开辟了连接咸阳各宫殿和苑囿的大道,以咸阳为中心修筑了通向全国的驰道,主要线路宽50步,统一了车轨,形成了全国规模的交通网。比中国的秦驰道早些,在欧洲,罗马建设了以罗马城为中心、包括29条辐射主干道和322条联络干道、总长达78 000 km的罗马大道网。中国汉代的道路总长达150 000 km以上。为了越过高峻的山峦,人们还修建了褒斜道、子午道,恢复了金牛道等许多著名栈道,所谓"栈道千里,通于蜀汉"。随着道路的发展,在通过河流时需要架桥,秦始皇为了沟通渭河两岸的宫室,首先营建了咸阳渭河桥,该桥为68跨的木构梁式桥,是秦汉史

籍记载中跨度最大的一座木桥。世界著名的现存第二早的隋代敞肩式单孔圆弧弓形石拱桥——赵州桥（图 1-18）依然挺立在清水河上。

3）水利工程

这个时期水利工程也有新的成就。公元前 3 世纪，秦始皇命人在今广西兴安开凿灵渠，总长约 34 km，其中南渠起点和终点的落差达 32 m，其沟通湘江、漓江，联系长江、珠江水系，后成为能使"湘漓分流"的水利工程。公元前 3 世纪—公元 2 世纪，古罗马采用拱券技术筑成隧道、石砌渡槽等城市输水道 11 条，总长约 530 km。其中尼姆城的加尔河谷输水道桥（建于公元前 119 年，图 1-19）有 268.8 m 长的一段是架在 3 层叠合的连续券上的。公元 7 世纪初，中国开凿了世界历史上最长的大运河，包括隋唐大运河、京杭大运河和浙东大运河三部分，共长 2 700 km。13 世纪元代兴建大都（今北京），科学家郭守敬进行了元大都水系的规划，由北部山中引水，汇合西山泉水成湖泊，流入通惠河。这样可以截留大量水源，既解决了都城的用水，又接通了从都城向南直达杭州的南北大运河。

图 1-18　赵州桥

图 1-19　尼姆城的加尔河谷输水道桥

4）城市建设

在城市建设方面，中国隋朝在汉长安城的东南，由宇文恺规划、兴建了大兴城。唐朝时易名为长安城，陆续改建，南北长约 9.72 km，东西宽约 8.65 km，按方整对称的原则，将宫城和皇城放在全城的主要位置上，按纵横相交的棋盘形街道布局，将其余部分划为 108 个里坊，分区明确、街道整齐。与此同时，对城市的地形、水源、交通、防御、文化、商业和居住条件等都做了周密的考虑。它的规划、设计为日本建设平安京（今京都）所借鉴。这个时期土木工程工艺技术也有进步，分工日益细致，工种已分化出木作（大木作、小木作）、瓦作、泥作、土作、雕作、旋作、彩画作和窑作（烧砖、瓦）等。到 15 世纪，意大利的有些工程设计，已由过去的行会师傅和手工业匠人逐渐转向由出身于工匠而知识化了的建筑师、工程师来承担。这一阶段出现了多种仪器，如抄平水准设备、度量外圆、内圆及方角等几何形状的器具"规"和"矩"。计算方法也有进步，已能绘制平面、立面、剖面和细部大样等详图，并且使用模型设计的表现方法。

人们通过大量的工程实践不断深化对土木工程的认识，编写出许多优秀的土木工程著作，如中国宋代喻皓所著《木经》、李诫所著《营造法式》以及意大利文艺复兴时期阿尔贝蒂所著《论建筑》等。欧洲于 12 世纪兴起的哥特式建筑结构,到中世纪后期已经有了初步的理论,其计算方法也有专门的记录。

1.2.2　近代土木工程

从 17 世纪中叶到 20 世纪中叶的 300 余年被称为"近代土木工程阶段",在这一时期,力学和结构理论、土木工程材料和施工技术等方面都有迅速的发展和重大的突破,土木工程开始逐渐形成一门独立的学科。土木工程在这一时期的发展可分为奠基时期、进步时期和成熟时期三个阶段。

1. 奠基时期

17—18 世纪是近代科学的奠基时期,也是近代土木工程的奠基时期。伽利略、牛顿等所阐述的力学原理是近代土木工程发展的起点。意大利学者伽利略在 1638 年出版的著作《关于两门新科学的谈话和数学证明》中,论述了建筑材料的力学性质和梁的强度,首次用公式表达了梁的设计理论。这本书是材料力学领域中的第一本著作,也是弹性体力学史的开端。1687 年牛顿总结的力学运动三大定律是自然科学发展史的一个里程碑,直到现在还是土木工程设计理论的基础。瑞士数学家欧拉在 1744 年出版的《曲线的变分法》中建立了柱的压屈公式,计算出了柱的临界压曲荷载,这个公式在分析工程构筑物的弹性稳定方面得到了广泛的应用。法国工程师库仑 1773 年写的著名论文《建筑静力学各种问题极大极小法则的应用》,说明了材料的强度理论、梁的弯曲理论、挡土墙的土压力理论及拱的计算理论。这些近代科学奠基人突破了以现象描述、经验总结为主的古代科学的框架,创造出比较严密的逻辑理论体系,加之对工程实践有指导意义的复形理论、振动理论、弹性稳定理论等在 18 世纪相继产生,这就促使土木工程向深度和广度发展。尽管同土木工程有关的基础理论已经出现,但建筑物的材料和工艺仍属于近代的范畴,如我国 1694 年建造的雍和宫(图 1-20),1631—1653 年在阿格拉建造的印度泰姬陵(图 1-21),坐落在圣彼得堡宫殿广场上、建于 1754—1762 年的俄罗斯冬宫(图 1-22)等。土木工程实践的近代化,还有待产业革命的推动。

图 1-20　北京雍和宫

图 1-21 印度泰姬陵

图 1-22 俄罗斯冬宫

2. 进步时期

18—20 世纪初是土木工程的进步时期,由于相关理论的发展,土木工程作为一门学科逐步建立起来,法国在这方面是先驱。法国于 1716 年成立了道桥部队,1720 年成立了交通工程队,1747 年创立了巴黎高科桥路学校,培养建造道路、河渠和桥梁的工程师。这些表明土木工程学科已经形成。此外,蒸汽机的使用进一步推动了产业革命的发展。瓦特对蒸汽机做了根本性的改进。规模宏大的产业革命为土木工程提供了多种性能优良的建筑材料及施工机具,也对土木工程提出新的要求,促使土木工程以空前的速度向前迈进。土木工程的新材料、新设备接连问世,新型建筑物纷纷出现。1824 年英国人 J. 阿斯普丁取得了一种新型水硬性胶凝材料——"波特兰水泥"的专利权,1850 年左右波特兰水泥开始投入生产。1856 年大规模炼钢方法——贝塞麦转炉炼钢法发明后,钢材越来越多地应用于土木工程。1851 年英国伦敦建成水晶宫,采用铸铁梁柱,用玻璃覆盖。1867 年法国人 J. 莫尼埃用铁丝加固混凝土制成了花盆,并把这种方法推广到工程中,建造了一座贮水池,这是钢筋混凝土应用的开端;1875 年,他主持建造了第一座长 16 m 的钢筋混凝土桥。1886 年,美国芝加哥建成 11 层高的家庭保险公司大厦(图 1-23),初次按独立框架设计,并采用钢梁,被认为是现代高层建筑的开端。1889 年法国巴黎建成逾 300 m 高的埃菲尔铁塔(图 1-24),使用熟铁近 8 000 t。

土木工程施工在 19 世纪开始了机械化和电气化的进程。蒸汽机逐步应用于抽水、打桩、挖土、轧石、压路、起重等作业中。19 世纪 60 年代内燃机问世和 19 世纪 70 年代电机出现后,很快就创造出各种各样的起重运输以及材料加工、现场施工用的专用机械和配套机械,使一些难度较大的工程得以加速完工:1825 年英国首次使用盾构机开凿泰晤士河河底隧道;1871 年瑞士用风钻修筑 8 英里(mile)(1 mile ≈ 1.61 km)长的隧道;1906 年瑞士修筑通往意大利的 19.8 km 长的辛普朗隧道,使用了大量黄色炸药以及凿岩机等先进设备。

产业革命带来了交通方面土木工程的发展。在航运方面,以蒸汽机为动力的轮船使航运事业面目一新,这就要求修筑港口工程,开凿通航轮船的运河。自 19 世纪上半叶开始,英国、美国大规模开凿运河。随着 1869 年苏伊士运河通航和 1914 年巴拿马运河凿成,海上交

图 1-23　芝加哥家庭保险公司大厦　　　　图 1-24　法国巴黎埃菲尔铁塔

通已完全把世界连成一体。在铁路方面,1825 年 G. 斯蒂芬森建成了从斯托克顿到达灵顿、长 40 km 的第一条铁路,并用他自己设计的蒸汽机车行驶,取得了成功。之后,世界上其他国家纷纷建造铁路。1869 年美国建成横贯北美大陆的铁路,20 世纪初俄国建成西伯利亚大铁路。20 世纪,铁路已成为不少国家国民经济的大动脉。1863 年英国伦敦建成了世界第一条地下铁道,长 6 km,之后地下铁道建设如火如荼,在城市中发挥着越来越重要的作用。在公路方面,1819 年英国马克当筑路法明确了碎石路的施工工艺和路面锁结理论,提倡积极发展道路建设,促进了近代公路的发展。19 世纪中叶内燃机问世,随后 1885—1886 年德国 C. F. 奔驰和 G. W. 戴姆勒制成用内燃机驱动的汽车。1908 年美国福特汽车公司用传送带大量生产汽车以后,大规模地实施公路建设工程。铁路和公路的空前发展促进了桥梁工程的进步。早在 1779 年英国就用铸铁建成跨度为 30.5 m 的拱桥(图 1-25),1826 年英国 T. 特尔福德用锻铁建成了跨度为 177 m 的梅奈海峡大桥(图 1-26),1850 年 R. 斯蒂芬森用锻铁和角钢拼接成不列颠箱管桥(图 1-27),1890 年英国福斯湾建成主跨达 521 m 的两孔悬臂式桁架梁桥(图 1-28)。现代桥梁的三种基本形式(梁式桥、拱桥、悬索桥)在这个时期相继出现。

图 1-25　铸铁拱桥

图 1-26　梅奈海峡大桥

图 1-27　不列颠箱管桥

图 1-28　福斯湾铁路大桥

　　产业革命也带动了房屋建筑及市政工程方面土木工程的发展。电力的应用、电梯等附属设施的出现,使高层建筑实用化成为可能;电气照明、给水排水、供热通风、道路桥梁等市政设施与房屋建筑配套,使市政建设和居住条件逐渐近代化。这一阶段,房屋在结构上要求安全和经济,在建筑上要求美观和适用。随着科学技术的发展和分工的出现,土木和建筑从 19 世纪中叶开始分化成为各有侧重的两个单独学科分支。工程实践经验的积累促进了理论的发展。19 世纪土木工程逐渐需要定量化的设计方法,对房屋和桥梁的设计,要求实现规范化。由于材料力学、静力学、运动学、动力学逐步形成,各种静定和超静定桁架内力分析方法和图解法得到很快的发展。1825 年法国人纳维建立了结构设计的容许应力分析法;19世纪末里特尔等提出钢筋混凝土理论,应用了极限平衡的概念;1900 年前后钢筋混凝土弹性方法被普遍采用。各国还制定了各种类型的设计规范。1818 年英国土木工程师协会的成立,是工程师结社的创举,其他各国和国际性的学术团体也相继成立。理论上的突破反过来极大地促进了工程实践的发展,使近代土木工程这个工程学科日臻成熟。

　　3. 成熟时期

　　第一次世界大战以后,近代土木工程逐渐发展到成熟阶段。这个时期的一个标志是道路、桥梁、房屋的大规模建设。

　　在交通运输方面,由于汽车在陆路交通中具有快速、机动、灵活的特点,道路工程的地位日益重要。沥青和混凝土开始用于铺筑高级路面。1931—1942 年德国首先修筑了长达

3 860 km 的高速公路网,美国和欧洲其他一些国家相继效法。20 世纪初出现了飞机,机场工程迅速发展起来。钢铁质量的提高和产量的上升,使建造大跨桥梁成为现实。1917 年加拿大建成世界上最长的悬臂桥——魁北克大桥(图 1-29),跨度达 549 m;1937 年美国旧金山建成当时世界上最长的悬索桥——金门大桥(图 1-30),跨度 1 280 m,全长 2 825 m,是公路桥的代表性工程;1932 年澳大利亚建成悉尼港湾大桥,其为双铰钢拱结构,跨度为 503 m(图 1-31)。

图 1-29　魁北克大桥

图 1-30　旧金山金门大桥

工业的日益发达和城市人口的日益集中,使工业厂房向大跨度发展,民用建筑向高层发展。日益增多的电影院、摄影场、体育馆、飞机库等都要求采用大跨度结构。1925—1933 年在法国、苏联和美国分别建成了跨度达 60 m 的圆壳、扁壳和圆形悬索屋盖建筑,中世纪的石砌拱终于被近代的壳体结构和悬索结构取代。1931 年美国纽约帝国大厦(图 1-32)落成,共102 层,高 378 m,有效面积为 16 万 m^2,结构用钢逾 5 万 t,内装电梯 67 部,还有各种复杂的管网系统,可谓集当时技术成就之大成,它保持世界最高房屋的纪录达 40 年之久。

图 1-31　悉尼港湾大桥

图 1-32　纽约帝国大厦

1906 年美国旧金山发生大地震, 1923 年日本关东发生大地震,这些大地震使人们的生命、财产遭受严重损失;1940 年美国塔科马悬索桥毁于风振。这些自然灾害推动了结构动力学和工程抗害技术的发展。另外,超静定结构计算方法不断得到完善,在弹性理论成熟的同时,塑性理论、极限平衡理论也得到发展。

近代土木工程发展到成熟阶段的另一个标志是预应力钢筋混凝土的广泛应用。1886 年美国人 P. H. 杰克逊首次应用预应力混凝土制作建筑构件,后又将其用于制作楼板。1930 年法国工程师 E. 弗雷西内把高强钢丝用于预应力混凝土,弗雷西内于 1939 年、比利时工程师 G. 马涅尔于 1940 年改进了张拉和锚固方法,于是预应力混凝土便广泛地进入工程领域,把土木工程技术推向现代化。

我国近代土木工程进展缓慢,直到清末出现洋务运动,才引进一些西方技术。1909 年,中国著名工程师詹天佑主持的京张铁路建成,全长约 200 km,达到当时世界先进水平。关沟段有四条隧道,其中八达岭隧道最长,为 1 091 m。到 1911 年辛亥革命时,中国铁路总里程约为 9 100 km。1894 年建成用气压沉箱法施工的滦河桥,1901 年建成全长 1 027 m 的中东铁路哈尔滨松花江大桥,1905 年建成全长 3 015 m 的郑州黄河铁路桥。

我国近代市政工程始于 19 世纪下半叶,1865 年上海开始供应煤气,1879 年旅顺(现辽宁大连)建成近代给水工程,时隔不久,上海也开始供应自来水和电力。1889 年唐山设立水泥厂,1910 年开始生产机制砖。

我国近代土木工程教育事业开始于 1895 年创办的天津北洋西学学堂(后称北洋大学,今天津大学)和 1896 年创办的北洋铁路官学堂(后称唐山交通大学,今西南交通大学)。中国近代建筑以 1929 年建成的中山陵和 1931 年建成的中山纪念堂(跨度 30 m)为代表。1934 年在上海建成了钢结构的 24 层的国际饭店、21 层的百老汇大厦(今上海大厦)和钢筋混凝土结构的 12 层的大新公司大厦。到 1936 年,已有近代公路 110 000 km。中国工程师自己主持修建了浙赣铁路、粤汉铁路的株洲至韶关段以及陇海铁路西段等。1937 年我国自行设计、建造了第一座公路铁路两用的钢桁架桥——钱塘江大桥,长 1 453 m,采用沉箱基础。1912 年成立中华工程师学会,詹天佑为首任会长,20 世纪 30 年代成立中国土木工程师学会(现中国土木工程学会)。到 1949 年,土木工程高等教育基本形成了完整的体系,中国已拥有一支庞大的近代土木工程技术队伍。

1.2.3　现代土木工程

第二次世界大战结束(1945 年)至今是现代土木工程阶段。随着经济的起飞、文明的进步、科学技术的迅速发展,现代土木工程使用的各种新材料、新结构、新技术、新工艺不断涌现,工程设计理论不断取得新进展,机械、信息、通信、计算机等技术高速发展,为土木工程的建设和发展不仅提供了良好的技术条件,而且提供了强大的物质和需求基础。这一时期相继出现了高层和超高层建筑、大规模核电站、新型大跨桥梁、海底隧道、高速公路、高速铁路、大型堤坝、海洋平台和填海造城工程等等。现代土木工程具有功能多样化、建设立体化、交通立体化、设施大型化等特点。现代土木工程的特点使得构成土木工程的三个要素(即材料、施工和设计理论)也都有了新的发展——建筑材料轻质高强化,施工过程工业化、装配化,设计理论精密化、科学化。

1. 现代土木工程的特征

现代土木工程具有以下特征。

1）功能多样化

现代土木工程已经超越了传统的挖土盖房、架桥修路的范围。土木工程设施要与周边的环境在景观、生态方面协调且有美感,土木工程在建设以及使用过程中要环保、节能、绿色并且能防灾减灾;房屋建筑要智能化,结构布置要与水、电、气、温湿度的调节控制设备相结合。电子技术、生物基因工程等高新技术工业建筑必须满足恒湿、恒温、防微振、防辐射、防碎、无粉尘等要求。

2）建设立体化

现代土木工程建设是在地面、空中、地下同时开展、立体发展的,这也是城市现代化的重要标志之一。

3）交通立体化

许多国家和地区的高速公路网、高速铁路网、设备先进的大型航空港方兴未艾,新路、新港层出不穷。第二次世界大战后各国都大规模兴建高速公路,到目前为止,80 多个国家和地区的高速公路总长超过了 36.4 万 km。

4）设施大型化

为满足能源、交通、环保及公众活动的需要,钻天入地、跨海拦江的大型工程陆续建设,工程设施的跨度越来越大,高度越筑越高,深度越挖越深,隧道越凿越长,体积越修越大。

5）材料轻质高强化

现代土木工程的材料进一步轻质化和高强化。工程用钢的发展趋势是采用低合金钢。我国从 19 世纪 60 年代起普遍推广锰硅系列和其他系列的低合金钢,大大节约了钢材用量并改善了钢材的结构性能。高强钢丝、钢绞线和粗钢筋的大量生产,使预应力混凝土结构在桥梁、房屋等工程中得以推广。

标号为 500~600 号的水泥已在工程中普遍应用,近年来轻集料混凝土和加气混凝土已用于高层建筑。例如美国休斯敦的贝壳广场大楼,用普通混凝土只能建 35 层,改用了陶粒混凝土,自重大大减轻,用同样的造价建造了 52 层。而现在大跨度空间结构、高层建筑等结构复杂的工程又反过来要求混凝土进一步轻质高强化。

高强钢材与高强混凝土的结合使预应力结构得到较大的发展。我国在桥梁工程、房屋工程中广泛采用预应力混凝土结构。1980 年建成通车的重庆长江大桥是当时国内跨度最大的 T 形刚架桥,最大跨度达 174 m。采用先张法和后张法的预应力混凝土屋架、吊车梁和空心板在工业建筑和民用建筑中广泛使用。

铝合金、镀膜玻璃、石膏板、建筑塑料、玻璃钢等工程材料发展迅速。新材料的出现与传统材料的改进是以现代科学技术的进步为背景的。

6）施工过程工业化

大规模的现代化建设使中国、前苏联、东欧国家的建筑标准化达到了很高的程度。人们力求推行工业化生产方式,在工厂中成批地生产房屋、桥梁的种种构配件、组合体等。预制装配化的潮流在 20 世纪 50 年代后席卷了以建筑工程为代表的土木工程领域。这种标准化在中国社会主义建设过程中起了积极作用。2019 年全国新开工装配式建筑的面积突破 4 亿 m²，年增长率超过 80.6%。装配化不仅应用于房屋，还在中国桥梁建设中引出装配式轻型拱桥，从 20 世纪 60 年代开始采用与推广，对解决农村交通起了一定作用。

在标准化向纵深发展的同时，各种现场机械化施工方法在 20 世纪 70 年代以后也发展得特别快。采用了同步液压千斤顶的滑升模板广泛用于高耸结构。1975 年建成的加拿大多伦多电视塔高约 553 m，施工时就用了滑模，在安装天线时还使用了直升机。现场机械化施工的另一个典型实例是用一群小提升机同步提升大面积平板的升板结构施工方法。此外，钢制大型模板、大型吊装设备与混凝土自动化搅拌楼、混凝土搅拌输送车、输送泵等相结合，形成了一套现场机械化施工工艺，使传统的现场灌注混凝土方法获得了新生命，在高层、多层房屋和桥梁中部分地取代了装配化，成为一种发展很快的方法。

现代技术使许多复杂的工程成为可能，例如中国宝成铁路有 80% 的线路穿越山岭地带，桥隧相连，成昆铁路桥隧总长占 40%。日本山阳新干线新大阪至博多段的隧道占 50%；前苏联在靠近北极圈的寒冷地带建造第二条西伯利亚大铁路；中国的川藏公路、青藏公路直通世界屋脊。由于采用了现代化的盾构机，隧道施工速度加快，精度也得以提高。土石方工程中广泛采用定向爆破，解决了大量土石方的施工问题。

7）理论研究精密化

现代科学信息的传递速度大大加快，一些新理论与方法（如计算力学、结构动力学、动态规划法、网络理论、随机过程论、滤波理论等）的成果，随着计算机的普及而渗透进了土木工程领域。结构动力学已发展完备。荷载不再是静止的和确定的，而被当作随时间变化的随机过程来处理。美国和日本使用由计算机控制的强震仪台网系统，该系统提供了大量原始地震记录。日趋完备的反应谱方法和直接动力法在工程抗震中发挥了很大作用。中国在抗震理论、测震、震动台模拟试验以及结构抗震技术等方面有了很大发展。静态的、确定的、线性的、单个的分析，逐步被动态的、随机的、非线性的、系统与空间的分析所代替。电子计算机使高次超静定的分析成为可能，例如高层建筑中框架－剪力墙结构体系和筒中筒结构体系的空间工作，只有用电算技术才能做到。电算技术也促进了大跨桥梁的实现，1980 年英国建成亨伯悬索桥，单跨达 1 410 m；1983 年西班牙建成卢纳预应力混凝土斜张桥，跨度达 440 m；中国于 1975 年在云阳建成第一座斜张桥，后在济南建成的黄河斜张桥跨度为 220 m，在天津建成的永和桥跨度达 260 m。

大跨度建筑的形式层出不穷，如薄壳、悬索、网架和充气膜结构，满足了各种大型社会公共活动的需要。1959 年法国巴黎建成了多波双曲薄壳展览馆，其跨度达 206 m；1976 年美国新奥尔良建成了网壳穹顶，其直径为 207.3 m；1975 年美国密歇根建成了庞蒂亚克体育馆，其充气塑料薄膜覆盖面积逾 35 000 m²，可容纳观众 8 万人。我国也建成了许多大空间结构，如：上海体育馆，其圆形网架的直径为 110 m；北京工人体育馆，其悬索屋面的净跨为 94 m。大跨建筑的设计是理论水平提高的一个重要标志。

从材料特性、结构分析、结构抗力计算到极限状态理论，在土木工程各个分支中都得到充分发展。19 世纪 50 年代，美国、苏联开始将可靠性理论引入土木工程领域。土木工程的可靠性理论建立在作用效应和结构抗力的概率分析基础上。工程地质、土力学和岩体力学的发展为研究地基、基础和开拓地下、水下工程创造了条件。计算机不仅用于辅助设计,更作为优化手段,不但运用于结构分析,而且扩展到建筑、规划领域。理论研究的日益深入使现代土木工程取得许多质的进展,并使工程实践更离不开理论指导。

此外,现代土木工程与环境的关系更加密切,在使用功能上考虑用它造福人类的同时,还要注意它与环境的协调问题。现代生产和生活时刻排放大量废水、废气和废渣,制造各种噪声,污染着环境。环境工程,如废水处理工程等,又为土木工程增添了新内容。因此,伴随着大规模现代土木工程的建设而来的是一个保持自然界生态平衡的课题,有待综合研究解决。

2. 现代土木工程的建设情况

从 20 世纪中期至今,世界土木工程发展迅速。改革开放以来,我国土木工程事业也取得了举世瞩目的辉煌成就。下面就近代建筑工程,桥梁工程,隧道工程,公路、铁路和城市地下工程,水利水电工程和特种结构工程等建设情况介绍如下。

1）建筑工程

19 世纪中叶钢材及混凝土在土木工程中开始使用, 20 世纪 20 年代后期预应力混凝土的出现使建造摩天大楼、大跨度建筑和跨海峡 1 000 m 以上的大桥成为可能。高层建筑成了现代化城市的象征。1973 年纽约建成高达 410 m 的世界贸易中心（图 1-33,在 2001 年"9·11"恐怖袭击中被摧毁）,1974 年芝加哥建成高达 433 m 的希尔斯大厦（图 1-34）,二者均超过 1931 年建造的纽约帝国大厦的高度（381 m）。由于设计理论的进步和材料的改进,现代高层建筑出现了新的结构体系,如剪力墙、筒中筒结构等。美国在 1968—1974 年间建造的三幢超过百层的高层建筑,自重比帝国大厦减轻 20%,用钢量减少 30%。目前,世界上最高的建筑是阿联酋迪拜的哈利法塔,总高度为 828 m,有 162 层（图 1-35）。1978 年改革开放后,我国城市建设飞速发展,高层建筑大量涌现,目前我国高层建筑数量约占全世界总数的 50%,超过 100 m 的约占全世界总数的 60%,世界上最高建筑前 20 名中我国占 14 个,最高的建筑是上海中心大厦（截至 2017 年）,高度为 632 m,地上 127 层,地下 5 层（图 1-36）。

扫一扫:迪拜哈利法塔

21 世纪以来,由于大型体育赛事的发展,世界各国修建了大量大型体育和文化工程,从 1976 年蒙特利尔奥运会开始,体育建筑的发展迎来了一个新时代（图 1-37 为蒙特利尔奥运会主赛场）。为迎接 2008 年北京奥运会,北京建成了一大批大跨建筑,如国家体育场"鸟巢"（图 1-38）、国家游泳中心"水立方"、国家大剧院和首都机场 T3 航站楼等超大型建筑工程。无论在工程结构的形式、建筑使用功能、新技术和新材料的采用及合理组织施工方面,还是在抗震分析和计算机程序应用方面及有关抗震控制试验研究方面,我国均达到国际先进水平。

图 1-33 原世界贸易中心

图 1-34 希尔斯大厦

图 1-35 迪拜哈利法塔

图 1-36 上海中心大厦

图 1-37　1976 年蒙特利尔奥运会主赛场

图 1-38　2008 年北京奥运会主赛场

2)桥梁工程

21 世纪以来,世界桥梁建设飞速发展,1998 年日本的东线明石海峡大桥(图 1-39)建成,大桥跨度为 1 990 m,是目前世界上跨度最大的悬索桥。我国建造的世界上跨度最大的斜拉桥——苏通长江公路大桥(图 1-40)于 2010 年 10 月竣工验收,它创造了最大主跨、最深塔基、最高桥塔、最长拉索四项世界纪录,并获得美国土木工程协会 2010 年度土木工程杰出成就奖,这是中国工程项目首次获得该奖项。世界上跨度最大的拱桥是我国重庆的朝天门长江大桥(图 1-41),跨度为 552 m;排名第二的是上海的卢浦大桥,跨度为 550 m。我国的桥梁建设发展迅速,有多座桥梁居世界同类型桥梁跨度排名之首,如广州的丫髻沙大桥为跨度最大的中承式钢管混凝土拱桥。近几年我国还修建了多个超长的跨海大桥,其中东海大桥长 32.5 km,杭州湾大桥长约 36 km,胶州湾大桥长 42.23 km,港珠澳大桥(图 1-42)长 55 km。我国的桥梁工程建设已达到发达国家的水平。

扫一扫:港珠澳大桥

图 1-39　日本明石海峡大桥

图 1-40　苏通长江公路大桥

3)隧道工程

隧道是修建在地下、水下或者山体中,并在其中铺设铁路或修筑公路供机动车辆通行的建筑物。根据其所在位置可分为山岭隧道、水下隧道和城市隧道三大类。随着高速公路、铁路建设的加速,新施工技术的采用,大量的隧道工程随之出现,目前除了修建陆地隧道外,大量的海底和江底隧道也已开始修建。20 世纪初期,欧洲和北美洲的一些国家相继建成铁路网,其中 5 km 以上的长隧道有 20 座。至 20 世纪 70 年代末日本共建成铁路隧道约 3 800

座,总长约 1 850 km,其中 5 km 以上的长隧道达 60 座,为世界上铁路长隧道最多的国家。连接本州和北海道的青函海底隧道(图 1-43),长达 53 850 m,为当今世界上最长的海底铁路隧道。英吉利海峡隧道(图 1-44)也称为英法海底隧道,把英国英伦三岛与法国连接起来,位于英国多佛尔港与法国加来港之间,于 1994 年 5 月 6 日开通。它由三个长 51 km 的平行隧洞组成,总长度 153 km,其中海底段的隧洞总长度为 114 km,是世界第二长的海底隧道,也是世界上海底段最长的铁路隧道。

图 1-41　重庆朝天门长江大桥

图 1-42　港珠澳大桥

我国于 1887—1889 年在台湾地区台北至基隆窄轨铁路上修建的狮球岭隧道,是中国的第一座铁路隧道,长 261 m。自 20 世纪 50 年代以来,隧道修建数量大幅度增加,我国最长的铁路隧道是青藏铁路西(宁)格(尔木)段的青海天峻县境内的新关角隧道,全长 32.645 km,平均海拔超过 3 600 m,施工现场地质条件极端复杂。我国最长的公路隧道是秦岭终南山公路隧道(图 1-45),全长 18.02 km,双洞总长 36.04 km。

图 1-43　青函海底隧道

图 1-44　英吉利海峡隧道

图 1-45　秦岭终南山公路隧道

4）公路、铁路和城市地下工程

我国在 1949 年以后，经历了国民经济恢复时期和规模空前的经济建设时期，公路、铁路建设飞速发展，到 2015 年底，全国公路通车总里程达 457.73 万 km，是中华人民共和国成立初期的 58 倍，其中全国等级公路里程达 404.63 万 km（其中二级及以上公路里程为 57.49 万 km），全国高速公路里程为 12.35 万 km。到 2016 年底，全国铁路营业里程达 12.4 万 km，是 20 世纪 50 年代初的 6 倍多，其中高速铁路 2.2 万 km 以上。

随着城市建设的飞速发展，城市人口越来越集中，可开发的地上空间越来越少，于是发达国家开始了地下工程的开发。1863 年 1 月 10 日，世界上第一条地铁——伦敦地铁（图 1-46）开通运行。伦敦、纽约、莫斯科、东京等都在 20 世纪完成了地铁工程的建设，世界上发达国家的城市公共交通主要靠地铁来完成。在进行城市建设的同时，发达国家同时建设了配套的城市地下管廊，形成了完善的城市市政服务系统。另外，为了保证城市的综合服务和安全，发达国家的城市地下同时拥有大量商业、生活设施服务和防空系统。

我国地下工程的开发、利用起步较晚，近几年随着我国城市化进程的加快，地下工程开发，特别是地铁和综合管廊建设速度迅猛。我国的地铁始建于 1965 年，据统计，截至 2020 年 5 月 1 日，中国已开通城市轨道交通的城市共有 47 个，其中港澳台地区有 6 个。截至 2019 年底，中国内地已开通城市轨道交通线路共计 6 730.27 km，其中地铁 5 187.02 km，轻轨 255.40 km，单轨 98.50 km，市域快轨 715.61 km，现代有轨电车 405.64 km，磁浮交通 57.90 km，APM（自动旅客捷运系统）10.20 km。伴随着中国经济的腾飞，中国城市轨道交通产业步入高速发展时期，同时我国城市商业开发、服务设施和防控设施建设也在同步进行。我国的地下管廊建设起步较晚，但发展速度很快。2016 年，全国城市新建地下综合管廊 1 791 km，形成廊体 479 km。截至 2016 年 12 月 20 日，全国 147 个城市 28 个县已累计开工建设城市地下综合管廊 2 005 km。目前我国管廊建设整体还处在施工建设阶段，以政府试点工程为主，财政扶持额度达到总体投资的 30% 左右，扶持力度较大。

图 1-46　伦敦地铁

城市道路和铁路多采用高架和向地层深处发展的方式。地下铁道在近几十年得到进一步发展，地铁与建筑物地下室连接，形成地下商业街。北京地下铁道在 1969 年通车后，1984年又建成新的环形线。地下停车库、地下油库日益增多。城市道路下面密布着电缆、给水、排水、供热、供气的管道，构成城市的脉络。现代城市建设已经成为一个立体的、有机的系统，对土木工程各个分支以及它们之间的协作提出了更高的要求。

5）水利水电工程

水利水电工程的建设方兴未艾，世界上最高的水坝是位于塔吉克斯坦瓦赫什河的努列克大坝，大坝的建设始于 1961 年，完成于 1980 年，高 300 m（图 1-47）。截至 2006 年，我国已建成江河堤防 27.75 万 km，保护人口 5.13 亿人，保护耕地 44 万 km^2 和大中城市100 多个；修建水库逾 8.5 万座，总库容 5 624 亿 m^3；在长江、黄河、淮河、海河等主要江河设立了 97 处重点蓄滞洪区，总面积逾 3 万 km^2，蓄洪总容积逾 1 000 亿 m^3。按照 2000 年不变价格估算，1949 年至 2005 年全国七大江河以及太湖流域防洪减灾的直接经济效益达3.4 万亿元，是中华人民共和国成立以来防洪投入资金的 10 倍以上。在大坝建设方面，我国先后建成了青海龙羊峡大坝、贵州乌江渡大坝、四川二滩大坝等水利水电工程，2006 年建成的三峡水电站总装机容量达 2 240 万 kW，是目前世界上发电量最大的水电站（图 1-48）。举世瞩目的南水北调工程东线和中线工程已经完工投入使用，西线工程也将会适时开工建设。

图 1-47　努列克大坝

图 1-48　三峡水利枢纽

6）特种结构工程

特种结构是指具有特殊用途的工程结构,常见的有电视塔、烟囱、水塔等。例如,电视塔一般具有微波传输功能并兼有观光的功能。目前世界上最高的电视塔为波兰的华尔扎那电视塔(图 1-49),高度为 646.38 m;其次为东京晴空塔(图 1-50),高 634 m。20 世纪末以来,我国也建设了许多电视塔,如 1995 年建成的上海东方明珠电视塔(图 1-51),高度 468 m,已成为上海浦东的地标性建筑。我国目前最高的电视塔是广州新电视塔(图 1-52),于 2009 年建成,高度达 600 m。

图 1-49　华尔扎那电视塔

图 1-50　东京晴空塔

图 1-51　上海东方明珠电视塔

图 1-52　广州新电视塔

1.3　土木工程的未来展望和可持续发展

1.3.1　土木工程的未来展望

1. 向高空延伸

目前最高的人工建筑物为 828 m 的阿联酋迪拜的哈利法塔。日本拟在东京建造 840 m 高的千年塔,它在距海边约 2 km 的大海中,将成为一个集工作、休闲、娱乐、商业、购物等于一体的抗震竖向城市,可容纳居民 6 万人。印度也提出将投资 50 亿英镑(约折合人民币 452.7 亿元)建造超级摩天大楼,其地上共 202 层,高达 710 m。始建于 1999 年的上海"仿生塔"有 1 000 m 的高度。

2. 向地下发展

有学者认为地下街的发展一般可以分为四个阶段。第一阶段,地下街围绕车站布局,主要配建地下停车场,疏解地面人流,置换原地面广场商业摊贩。第二阶段,即地下街发展的规模化阶段,地下街逐渐成为规模更大、连接更广、用途更多的地下城市空间。第三阶段,即地下街向城市公共空间转化的阶段。地下街在进一步满足防灾、安全等技术和法规要求的同时,成为城市公共空间的重要组成部分。第四阶段,地下街与城市空间整合为新的城市空间。通过地下空间开发,整合城市交通枢纽、商业设施、开放空间、公园绿地等城市要素,形成地上、地下一体化、复合化的新型城市公共空间。1991 年在东京召开的地下空间国际学术会议通过了《东方宣言》,强调"21 世纪将是人类开发、利用地下空间的世纪"。建造地下建筑能有效改善城市拥挤,具有节能和减少噪声污染等优点。日本于 20 世纪 50 年代末至 70 年代大规模开发和利用浅层地下空间,到 80 年代末已开始研究 50~100 m 深层地下空间的开发和利用问题。日本 1993 年开建的东京新丰州地下变电所,深达地下 70 m。我国城市地下空间的开发尚处于初级阶段,目前主要以修建地铁、地下管廊、地下停车场和地下商业开发为主。

3. 向海洋发展

为了防止机场噪声对城市居民的影响,也为了节约使用陆地,日本大阪利用 1.8 亿 m³ 土方围海建造了关西国际机场;阿联酋迪拜的七星级大酒店建在海上;"海洋和悦号"是世界上最大的邮轮,堪称"海上城市",由英国加勒比海游轮公司打造。"海洋和悦号"总重量超过 22 万 t,游轮上共有 16 层甲板,2 700 多个客舱,全长 361 m,比法国埃菲尔铁塔还要长出大概 50 m,比大名鼎鼎的泰坦尼克号长近 100 m,宽约为 66 m,是目前世界上最宽的游轮,最多可以搭载 2 100 名船员和 6 360 名乘客。整艘游轮被分为八个区域,包括运动区、中央公园娱乐场、23 个游泳池等等。近些年来,我国在这方面也已取得可喜的成绩,如上海南汇滩围垦成功和崇明东滩围垦成功,最近又在建设黄浦江外滩的拓岸工程。围垦、拓岸工程和建造人工岛有异曲同工之处,为将来像上海这样大的近海城市建造人工岛积累了科技经验和预备力量。近年来,我国在沿海海洋滩涂吹填和岛礁吹填方面也有了很好的发展,为保证我国海洋安全奠定了一定的基础。

4. 向沙漠进军

全世界约有 1/4 的陆地为沙漠,每年约有 600 万 hm² 的耕地被侵蚀,这影响了上亿人口的生活。世界未来学会对 22 世纪初的世界十大工程设想之一是将西亚和非洲的沙漠改造成绿洲。改造沙漠首先必须有水,然后才能绿化和改造沙土。现在利比亚沙漠地区已建成一条大型的输水管道,并在班加西建成了一座直径为 1 km、深 16 km 的蓄水池用于沙漠灌溉。在缺乏地下水的沙漠地区,国际上正在研究开发和使用沙漠地区太阳能淡化海水的可行方案,该方案一旦实施,将会启动近海沙漠地区大规模的建设工程。2000 年 11 月我国第一条长途沙漠输水工程——甘肃民勤调水工程已全线建成试水,顺利地引黄河水入沙漠。2003 年 8 月我国首条沙漠高速公路——榆靖高速公路正式建成通车,全长 116 km。荒漠化不仅是一个重要的生态环境问题,而且是人类所面临的一个非常严峻的经济和社会持续发展的问题。荒漠化给全世界造成的经济损失十分严重,全世界因荒漠化每年丧失可耕地超过 1 000 万 hm²,经济损失超过 40 亿美元(约折合人民币 276.7 亿元)。目前面临这一威胁的国家和地区已达 110 多个,涉及全球 70% 的农用耕地,荒漠化已成为全世界范围内造成贫困和移民的最主要原因之一。近半个世纪以来,中国的沙漠化研究治理工作已经取得了一些令世人惊叹的成就,但沙漠化点上治理、面上破坏、局部好转、总体恶化的局面仍未得到根本改观。以知识经济为特征的 21 世纪,如何应用我们现有的和不断进步的科技手段来彻底改观我国沙漠化不断恶化的局面,已成为中国现代化第二步战略目标的实现和 21 世纪经济建设重心转移及西部大开发必须解决的重大问题。21 世纪中国社会和经济持续发展的关键将是 16 亿人口的生存问题,即我们通常提到的“2116”工程。面对中国的版图我们不难发现,中国未来的生存空间、资源优势和新的增长点只能在西北方向。正如日本的远山正瑛教授所说,21 世纪,日本没有沙漠,没有资源优势,而中国有大片的沙漠、戈壁,这是中国发展的潜力和优势。因此,我们要用全新的观念、全新的思维方式来看待我国的沙漠及沙漠化土地研究治理工作的意义。近年来,我国已在沙漠地区建设了大量林场、草场,修建了沙漠公路、铁路和机场,沙漠扩大化的趋势得到了很好的遏制,将来我们一定会将沙漠改造成良田,在沙漠建设城市和村庄。

5. 向太空迈进

由于宇航事业的飞速发展,人们发现月球上拥有大量的钛铁矿,在 800 ℃高温下,钛铁矿可以与氢化物反应,生成铁、钛、氧和水,由此可以制造出人类生存所必需的氧和水。美国政府已决定在月球上建造月球基地,并通过这个基地进行登陆火星的行动。美籍华裔博士林铜柱 1985 年发现建造混凝土所需的材料月球上都有,因此可以在月球上制作钢筋混凝土配件装配空间站。预计 21 世纪 50 年代以后,空间工业化、空间商业化、空间旅游、外层空间人类化等可能会得到较大的发展。

6. 向低丘缓坡未利用地获取建设用地和良田

我国人口众多,土地资源相对较少,为了探索我国山地丘陵地区工业化、城镇化和农村新居建设用地的科学布局,合理利用土地,更有效地保护优质耕地,促进节约、集约用地,2012 年国土资源部(今自然资源部)批准在部分省(区)开展低丘、缓坡、荒滩等未利用土地开发、利用试点。低丘、缓坡、荒滩等未利用土地开发、利用试点,是指选择具有一定规模、具备成片开发利用条件的低丘、缓坡、荒滩区域,合理确定土地开发和利用的用途、规模、布局和时序,促进城镇建设、工业建设和农村新居民点建设中科学开发和充分利用未利用土地。推进低丘、缓坡、荒滩等未利用土地开发、利用,是从我国人多地少、耕地资源稀缺和大部分县市地处丘陵山区的国情出发,落实珍惜、合理利用土地和切实保护耕地的基本国策,加强土地资源节约和管理工作的重要政策;是在新形势下统筹保障发展和保护资源,拓展建设用地新空间,因地制宜促进工业化、城镇化和保障农村新居建设用地的重要途径;是有效减少工业、城镇及农村新居建设占用城市周边和平原地区优质耕地、切实保护耕地及基本农田的重要举措;是统筹优化城乡用地结构和布局,充分开发未利用土地,增加建设用地有效供给,缓解用地供需矛盾,促进经济社会发展与土地资源利用相协调的重要保障。低丘、缓坡、荒滩等未利用土地开发、利用必须将地质灾害和水土流失防治、生态环境保护置于优先地位,结合相关规划和设计,做好地灾危险性评估、水土流失评价和环境质量影响评价,制定防治措施,切实保障生态环境安全。

7. 向绿色节能方向发展

社会上很多人把绿色建筑和节能建筑混为一谈,实际上两者有本质区别。节能建筑和绿色建筑从内容、形式到评价指标均不一样。具体来说,节能建筑只要符合建筑节能设计标准这一单项要求即可,而绿色建筑涉及六大方面,涵盖节能、节地、节水、节材、室内环境和物业管理。另外,节能建筑执行节能标准是强制性的,如果违反则面临相应的处罚;绿色建筑目前在国内是引导性的,政府鼓励开发商和业主在达到节能标准的前提下实施诸如室内环境、中水回收等项目。图1-53为马来西亚一个与地形相结合的新型节能建筑。该项目得益于上部多层建筑的高度,从多层部分到下层空间的空气流动形成了自然通风,将建筑与自然结合起来,并且让建筑融入环境之中。节能建筑也可以应用新能源,如太阳能光热和太阳能光电(图1-54),土壤源热泵、空气源热泵、海水源热泵等。节能建筑还可综合各种节能措施(图1-55)。

图1-53 与地形结合的新型节能建筑

图1-54 太阳能与建筑一体化的节能建筑

8. 土木工程智能化

土木工程智能化是指以建筑物为平台,基于对各类智能化信息的综合应用,集架构、系统、应用、管理及优化组合于一体,具有感知、传输、记忆、推理、判断和决策的综合智慧能力,形成人、建筑、环境互相协调的整合体,为人们提供安全、高效、便利及可持续发展的功能环境。由于土木工程更新、更高的使用功能要求,智能化建筑、仿生建筑将比普通建筑得到更大的发展空间,智能控制的桥梁、隧道、地下工程、码头和其他土木工程将会得到快速发展。土木工程将在功能上以人为本,舒适性好,使用智能化,节约能源且有更高的使用效率。

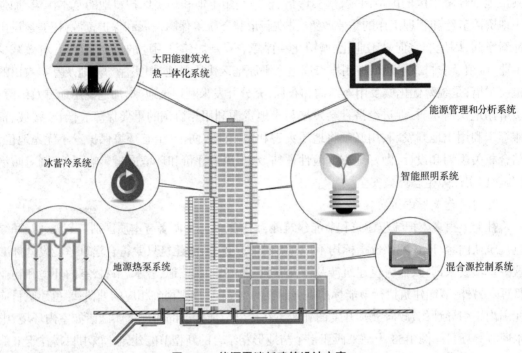

图 1-55 能源零消耗建筑设计方案

9. 新型土木工程材料

绿色环保、高强、可重复利用的土木工程材料将会有更大的发展。土木工程材料行业对资源的利用和环境有着重要的影响,为了保证源源不断地为工程建设提供质量可靠的材料,避免新型材料的生产和发展对环境造成危害,"绿色建材"应运而生。进入 21 世纪以来,全世界范围内土木工程材料的发展具有以下一些趋向:①研制高性能材料,如轻质、高强、耐久性好、装饰性优异和多功能的材料,以及充分利用和发挥各种材料特性的具有特殊功能的复合材料;②充分利用地方材料,大批使用尾矿、废渣、垃圾等废弃物作为生产土木工程材料的原料,以保护自然资源和维护生态环境的平衡;③节约能源,采用低能耗、无环境污染的生产技术,优先开发、生产低能耗的材料以及能降低建筑物使用能耗的节能型材料;④材料生产中不使用有损人体健康的添加剂和颜料,如甲酸、铅、镉、铬及其化合物等,同时开发对人体有益的材料,如抗菌材料、灭菌材料、除臭材料、防霉材料、防火材料、调温材料、消磁材料、防辐射材料、抗静电材料等;⑤产品可循环、再生和回收利用,无污染废弃物,以防止二次污染。

总而言之,土木工程材料是随着社会生产力的发展一起发展的,它和工程技术的进步有着不可分割的联系。在未来,基于材料原有的性质,"可持续发展"将是衡量建筑工程的一把尺子。

1.3.2　土木工程的可持续发展

1987 年联合国世界环境与发展委员会提出"可持续发展"的定义:"既满足当代人的需

求，又不损害后代人满足其需求的发展称为可持续发展。"

可持续发展既要达到发展经济的目的，又要保护好人类赖以生存的大气、淡水、海洋、土地和森林等自然资源和环境，使子孙后代能够永续发展和安居乐业。

土木工程与生态平衡、环境保护、能源消耗、资源利用等有着密切关系，未来也必须采取可持续的发展战略。在建造和使用建筑时，应在各个环节采取措施，实现对资源和环境的合理利用和保护。

1. 设计环节

设计方案对环境的关注程度直接影响到工程实体在各阶段对环境的影响。在工程经费许可的情况下，应尽量选择这样的设计方案——有可持续发展的场址、较高的能源与材料利用率、节能高效的施工技术以及对周围环境与生态危害小等。

2. 施工与管理环节

土木工程施工的整个过程都涉及可持续发展，如对生态、人居、环境、资源和能源等的保护。

在建造和使用建筑物的过程中，应尽可能高效地利用建筑场地资源，节约材料，多利用风能、太阳能等自然能源，并且要开发、利用可再生资源和绿色资源，应用可促进生态系统良性循环，不污染环境，高效、节能、节水的建筑技术和建筑材料。同时还要保护环境，减少污染，对古建筑、植被和场地周边的重要设施设备等要制订明确的保护方案，并制订有关保护室内外空气、防止噪声污染的施工管理办法和执行方案。

3. 即将拆除结构的延续使用

土木工程在达到设计正常使用年限之后将面临淘汰和拆除，在拆除前，如果经过检查与测试，发现其主要结构完整，承载力符合要求，无其他严重危险情况，那么可以延长其使用期，然后对建筑物做一次全面的维修和保护。

4. 既有建筑的再利用

对既有建筑的再利用也是可持续发展的重要手段之一。在这方面上海已经取得不少成功的经验：很多不用的厂房已经转变为展览厅、办公楼、艺术家工作室，如 M50 创意园（图 1-56）等。这样的改造再利用，既符合现代使用的要求，又节约能源，避免了浪费，不失为一种有效的办法。

图 1-56　M50 创意园

1.4　土木工程专业人才培养

1.4.1　土木工程专业简介

为培养土木工程建设所需的专门技术人才,世界各国在大学本科教学中都设立了土木工程专业。最早的是法国 1747 年创立的巴黎高科路桥学校,此后,英国、德国等也相继在大学中设置了有关土木工程的专业。

从 1872 年清政府第一批官办留学开始到 20 世纪初,我国派遣了一批优秀人才到国外学习桥梁工程、采矿工程、地质工程等工科专业。这些留学生回国后不仅为我国的工程技术与工业发展做出了开创性的贡献,而且为以后各学科的发展奠定了基础。比如我们所熟知的铁路专家詹天佑、桥梁专家茅以升、地质学家李四光等,他们为我国土木工程事业的发展做出了卓越的贡献。

我国的土木工程教育事业始于 1895 年创办的北洋大学(现天津大学),如图 1-57 所示。中华人民共和国成立后,我国土木工程专业教育有了很大的发展,也涌现出了大批卓有成绩的专家学者。

图 1-57　天津大学

目前,全国有近 500 所高等院校开设了土木工程专业,以培养土木工程设计、施工、管理、咨询、监理等方面的专业技术人才。

从人才培养的层次来分,土木工程专业培养的人才有专科、本科(工学学士)、硕士(工学硕士)、博士(工学博士)等几个层次。按照"大土木"的人才培养目标与方案,本科土木工程专业下设建筑工程、道路工程、桥梁工程等若干专业方向,但专业都统一为土木工程。

在本科教育阶段,土木工程专业属于大的一级学科专业,到硕士或博士研究生阶段则具体分为二级学科专业,如结构工程、岩土工程、防灾减灾与防护工程、桥隧工程等。

1.4.2　土木工程专业人才培养方案

1. 培养目标

以国家建设需要为导向,秉承"面向土木工程领域、面向未来、面向国际建设市场"的教育理念,培养德、智、体、美全面发展,掌握土木工程学科的基本理论和基本知识,接受工程师的基本训练,具备土木工程设计、施工、管理及项目规划、研究能力,具有创新精神和实践能力的宽基础、高素质的高级专门人才。

2. 业务范围

毕业生能在房屋建筑、桥梁隧道与地下建筑、公路与城市道路、铁道工程、矿山建筑等领域从事设计、施工、管理、研究、教育投资和开发等工作,并达到注册建造师、注册结构工程师、注册岩土工程师的基本水平。

3. 毕业生基本要求

1)思想道德、文化和心理素质

(1)树立科学的世界观和正确的人生观,愿为国家富强、民族振兴服务。

(2)具有全球视野和为人类进步服务的意识。

(3)具有高尚的道德品质,能体现人文和艺术方面的较高素养。

(4)具有良好的心理素质和社会责任感,能应对危机和挑战。

2)知识结构

Ⅰ.人文、社会科学基础知识

(1)掌握经济学、社会学、哲学和历史等社会科学知识。

(2)了解风险识别以及基于数据和知识、概论及统计学的风险管理与控制理论。

(3)理解社会、经济和自然界的可持续发展知识。

(4)掌握政治、法律法规、资金管理机制方面的公共政策和管理知识。

Ⅱ.自然科学基础知识

(1)掌握高等数学和本专业所需的工程数学知识,掌握普通物理的基本理论,掌握与本专业有关的化学原理和分析方法。

(2)了解现代物理、化学的基本知识。

(3)了解信息科学、环境科学的基本知识。

(4)了解当代科学技术发展的其他主要方面和应用前景。

(5)掌握一种计算机程序语言。

Ⅲ.学科和专业基础知识

(1)掌握理论力学、材料力学、结构力学的基本原理和分析方法,掌握工程地质与土力学的基本原理和试验方法,掌握流体力学(主要为水力学)的基本原理和分析方法。

(2)掌握工程材料的基本性能和适用条件,掌握工程测量的基本原理和基本方法,掌握画法几何的基本原理。

(3)掌握工程结构构件的力学性能和计算原理,掌握一般基础的设计原理。

(4)掌握土木工程施工与组织的一般过程,了解项目策划、管理及技术经济分析的基本方法。

Ⅳ.专业知识

(1)掌握土木工程项目的勘测、规划、选线或选型、构造的基本知识。

(2)掌握土木工程结构的设计方法、CAD和其他软件应用技术。

（3）掌握土木工程基础的设计方法，了解地基处理的基本方法。

（4）掌握土木工程现代施工技术、工程检测与试验的基本方法。

（5）了解土木工程防灾与减灾的基本原理及一般设计方法。

（6）了解本专业的有关法规、规范与规程。

（7）了解本专业的发展动态。

Ⅴ.相邻学科知识

（1）了解土木工程与可持续发展的关系。

（2）了解建筑与交通的基本知识。

（3）了解给水排水的一般知识，了解供热通风与空调、电气等建筑设备、土木工程机械等的一般知识。

（4）了解土木工程智能化的一般知识。

3）能力结构

Ⅰ.获取知识的能力

具有查阅文献或其他资料、获得信息、拓展知识领域、继续学习并提高业务水平的能力。

Ⅱ.运用知识的能力

（1）具有根据使用要求、地质地形条件、材料与施工的实际情况，经济合理、安全可靠地进行土木工程勘测和设计的能力。

（2）具有解决施工技术问题和编制施工组织设计、组织施工及进行工程项目管理的初步能力。

（3）具有工程经济分析的初步能力。

（4）具有进行工程监测、检测、工程质量可靠性评价的初步能力。

（5）具有一般土木工程项目规划或策划的初步能力。

（6）具有应用计算机进行辅助设计、辅助管理的初步能力。

（7）具有阅读本专业外文书刊、技术资料和听说写译的初步能力。

Ⅲ.创新能力

（1）具有科学研究的初步能力。

（2）具有科技开发、技术革新的初步能力。

Ⅳ.表达能力和管理、公关能力

（1）具有文字、图纸、口头表达的能力。

（2）具有与工程项目设计、施工、日常使用等工作相关的组织管理的初步能力。

（3）具有社会活动、人际交往和公关的能力。

4）身体素质

（1）具有一定的体育和军事基本知识。

（2）掌握科学锻炼身体的基本技能，养成良好的体育锻炼和卫生习惯，接受必要的军事训练，达到国家规定的大学生体育和军事训练合格标准。

（3）形成健全的心理和健康的体魄，能够履行建设祖国和保卫祖国的神圣义务。

1.4.3　土木工程教学方法及学习建议

大学的教学和训练与中学相比要多样化一些,主要的教学形式有课堂教学、实验教学、设计训练和施工实习。下面对这几个环节进行简要介绍。

1. 课堂教学

课堂教学是学校学习的最主要形式,即通过老师讲授、学生听课的方式进行教学。大学的课堂教学与中学有所区别。一是进度快,内容多。中学时期很薄的一册课本讲得很仔细,反复讲,反复练;大学时期很厚的一册书,很快就讲完了,要注意适应。二是中学班级小,常按班上课,几十个人一个班,老师认识每一个学生;而大学的许多课按专业甚至按系上课,大课堂有两三个班上课是常事,老师未必熟悉每一个同学,听课效果的好坏取决于学生是否自觉努力。三是中学的教学内容是成熟的经典理论,变化很小;而大学教学必须随时代发展增添新的内容,对尚未编入教材的内容,教师只能根据资料讲解,这时要注意听讲并作必要的记录。

听课时,要注意记住老师讲授的思路、重点、难点和主要结论。大学生一般在课堂上做一些笔记,以记下老师讲课的内容。有的学生记得极详细,几乎一字不漏;有的只记要点、难点和因果关系。笔者建议采用后者,甚至可在教材的空白处旁记,并用自己习惯使用的符号在书中画出重点和各内容之间的联系。

与大班课堂讲授相配套的可能还有一些小班的讨论课、习题课,以对课程的重点或难点加深理解。参加这样的课时,同学们一定要积极思考,主动参加讨论,这样既能巩固和加深所学知识,也是对表达能力的一种训练。

课堂教学后,要复习巩固,整理笔记,做到能用自己的语言表达所学内容。对于不懂的问题不要放过,可自己思索,也可与同学切磋,再不懂时,可记下来,适当的时候找老师答疑讨论。

2. 实验教学

实验教学就是通过实验手段让学生掌握技术,弄懂科学原理。其中,物理、化学等均开设实验课,这与中学差别不大,不过内容更加现代化,方法更先进。在土木工程专业中还开设材料试验、结构检验的实验课,这不仅有助于学生学习基本理论,而且有助于学生熟悉国家有关试验、检测规程,熟悉实验方法及学习撰写实验报告。学生不要有重理论轻实验的思想,应认真做好每一次实验;教师应鼓励学生自主设计、规划实验。

3. 设计训练

任何一个土木工程项目确定以后,首先要进行设计,然后才能交付施工。设计是综合运用所学知识,提出自己的设想和技术方案,并以工程图及说明书来表达自己的设计意图,通过设计训练可培养学生自主学习、自主解决问题的能力。

设计土木工程项目一定会受到多方面的约束,而不像单科习题那样只有一两个已知条件的约束,这种约束不仅有科学技术方面的,还有人文经济等方面的。使土木工程项目"满足功能需要,结构安全可靠,成本经济合理,造型美观悦目"是设计的总体目的,要做到这一点必须综合运用各种知识,而其答案也不是唯一的,这对培养学生的综合能力、创新能力有很大作用。

4. 施工实习

为了贯彻理论联系实际的原则,通过施工实习使学生到施工现场或管理部门学习生产技术和管理知识。通常一个工地往往很难容纳一个班(几十人)的学生,因此施工实习常在统一要求下分散进行。这不仅是对学生在实际中学习知识技能的一种训练,而且是对学生敬业精神、劳动纪律和职业道德的综合检验。

主动认真进行施工实习,虚心地向工地工人、工程技术人员请教,可以学习到许多在课堂上学不到的知识和技能,但如马马虎虎,仅为完成实习报告而走过场,则只会白白浪费自己宝贵的时间。能否成为土木工程专业的优秀人才,施工实习至关重要。

课后思考题

1. 土木工程的发展在时间跨度上大致可以分为哪三个阶段? 每个阶段各有什么特征?
2. 为什么要学习和掌握土木工程这门科学技术?
3. 土木工程活动主要包括哪两个方面?
4. 中国古代建筑群中的两类建筑形式——殿和堂有什么异同点?
5. 现代土木工程有哪些特点?
6. 土木工程毕业生可以就业的领域有哪些?
7. 古代建设交通道路有"逢山开路,遇水架桥"之说,你如何理解?
8. 如何实现土木工程的可持续发展?
9. 科学、技术与工程的关系如何?
10. 为什么说土木工程的发展从一个侧面反映出我国经济的发展?

第2章　土木工程材料

　　土木工程材料是土木工程中所使用的各种材料及制品的总称。土木工程材料是构成结构的最基本要素,是一切工程的物质基础。

　　土木工程材料在土木工程中占据着重要地位。工程材料直接影响着工程的总造价,在我国,工程材料费用一般占到工程总造价的 50%~60%。土木工程材料与工程设计和施工工艺之间相互制约、相互促进并相互依存。新材料的出现将促进建筑形式和设计、施工的创新和改进;同样,新的建筑形式和结构布置也呼唤着新的土木工程材料。同时,土木工程结构的功能和使用寿命在很大程度上取决于材料的性能。

　　土木工程材料可以从不同角度进行分类。例如:按材料来源的不同,可分为天然材料和人造材料;按使用功能的不同,可分为承重结构材料、非承重结构材料和功能材料;按组成材料的物质和化学成分的不同,可分为无机材料、有机材料和复合材料三大类。

扫一扫:建筑材料的技术
标准

扫一扫:常见建筑材料的
应力﹣应变曲线

2.1　砖、瓦、砂、石、木材

　　砖、瓦、砂、石、木材是土木工程领域中最为基本的建材。它们有着悠久的使用历史,至今仍然具有不可替代的地位。

2.1.1　砖

　　在土木工程中,砖是常用的砌筑材料。砖瓦的生产和使用在我国历史悠久,有"秦砖汉瓦"之称。

　　砖的种类很多,根据生产工艺分为烧结砖与非烧结砖;根据外形可分为普通砖、空心砖和多孔砖,如图 2-1~ 图 2-3 所示;根据使用的原料分为黏土砖、炉渣砖、灰砂砖、水泥砖等。

　　烧结黏土砖的尺寸一般为 240 mm × 115 mm × 53 mm。作为传统的墙体材料,烧结黏土砖在我国曾被大量用于砌筑内墙、外墙、柱、拱、烟囱、基础等结构构件。但是因其有毁田取土、能耗大、污染环境等缺点,目前已基本被禁用。

图 2-1　普通砖　　　　　图 2-2　空心砖　　　　　图 2-3　多孔砖

为了克服烧结黏土砖的缺点,人们先后研制出多孔砖、空心砖、蒸压砖等新型建筑材料。其特点如下。

1. 多孔砖

多孔砖以黏土、页岩、粉煤灰为主要原料,经成型、熔烧而成,主要适用于砖混结构的承重部位。

多孔砖具有生产能耗低、节土利废、施工方便和轻质高强、保温效果好、耐久性好、收缩变形小、外形规整等特点,是一种替代烧结黏土砖的理想材料。

2. 空心砖

空心砖是建筑行业常用的墙体主材,是框架结构建筑物的理想填充材料。空心砖的常见制造原料是黏土和煤渣灰,一般规格是 390 mm × 190 mm × 190 mm。

空心砖由于具有消耗原料少、质轻、强度高、保温、隔音降噪性能好、环保、无污染等优势,已经成为国家建筑部门的首推产品。

空心砖主要包括黏土空心砖、烧结空心砖、页岩空心砖、水泥空心砖等几类。其中,黏土空心砖以黏土为原料,经焙烧而成;烧结空心砖以页岩、煤矸石或粉煤灰为主要原料,经焙烧而成;页岩空心砖以页岩为主体,添加煤矸石,以水泥为黏合物质,经机械加压制成。

空心砖的致命缺点是抗震性能差,如 2011 年 3 月 10 日在云南盈江地震中死亡的 25 人中,有 11 人是因为水泥空心砖房屋倒塌致死的。

3. 蒸压砖

蒸压砖主要包括蒸压灰砂砖和蒸压粉煤灰砖,其分别以灰砂、粉煤灰或其他矿渣为原料,通过添加石灰、石膏及集料,经坯料制备、压制成型、高效蒸汽养护等工艺制成。

蒸压砖的规格尺寸与普通实心黏土砖完全一致,所以用蒸压砖可以直接代替实心黏土砖。

蒸压砖既具有良好的耐久性能,又具有较高的强度,是国家大力发展、应用的新型墙体材料。

2.1.2　瓦

我国瓦的生产比砖早,西周时期瓦就已经出现,到了西汉时期,制瓦的工艺有了较大进步,故称"秦砖汉瓦"。瓦是最主要的屋面材料,它不仅可以遮风挡雨,而且有着重要的装饰作用。

根据铺设部位的不同,瓦可分为烧结屋面瓦和烧结配件瓦:烧结屋面瓦主要有平瓦、曲瓦等;烧结配件瓦主要有檐口瓦和脊瓦两个系列。根据材料的不同,瓦可以分为黏土瓦、水泥瓦、沥青瓦等。

传统的黏土瓦(图 2-4)以黏土为主要原料,生产工艺与黏土砖相似,长期以来一直被大量使用,但因其自重大、不环保、能耗大、质量差等缺点,现已逐渐被其他产品替代。

现在,人们已越来越多地采用新材料和新工艺来制造瓦片了,如水泥瓦、沥青瓦、合成树脂瓦、秸秆纤维超强聚酯瓦等。

水泥瓦(图 2-5)又称混凝土瓦,是由混凝土制成的屋面瓦和配件瓦的统称,水泥瓦具有耐久性好、成本低等优点,但是自重大,主要用于民用建筑及农村建筑的坡面屋顶。

图 2-4　黏土瓦

图 2-5　水泥瓦

俗称"水泥彩瓦"的彩色混凝土瓦,是近些年来较流行的屋面材料之一。水泥彩瓦具有很多优良的特性,例如,它拥有独特的防水结构和超高的强度,因此具有很好的抗渗透性,且不龟裂,不变形。此外,由于对瓦表面进行了特别处理,因此它具备抗紫外线、耐酸碱性、耐高低温、抗老化等特点。目前,水泥彩瓦已广泛应用于高档别墅、花园洋房等坡面屋顶。

另外,国内常用的瓦还有沥青瓦。沥青瓦的全称为玻纤胎沥青瓦,因其主要材质为沥青,故国内一般称之为沥青瓦。沥青瓦的优点是造型多样、色彩丰富、美观环保、重量轻、隔热、保温、防水、耐腐蚀、施工方便、成本低,缺点是易老化、阻燃性差、易被大风吹落。

2.1.3　砂

砂指的是岩石风化后经雨水冲刷或由岩石轧制而成的粒径为 0.074~5 mm 的粒料。砂是组成混凝土和砂浆的主要材料之一,是土木工程的大宗材料。砂一般分为天然砂和人工砂两类。由于自然条件作用(主要是岩石风化作用)而形成的,粒径在 5 mm 以下的岩石颗粒,称为天然砂。人工砂由岩石轧碎而成,由于成本高,片状及粉状物多,一般不用。

按其产源不同,天然砂可分为河砂、海砂和山砂。山砂表面粗糙,颗粒多棱角,含泥量较高,有机杂质含量也较多,故质量较差。海砂和河砂表面光滑,但海砂含盐分较多,对混凝土和砂浆有一定影响。河砂较为洁净,故应用较广。

砂的粗细程度是指不同粒径的砂粒混合在一起的平均粗细程度。按粗细程度不同,砂通常有粗砂、中砂、细砂之分。配制混凝土时,应优先选用中砂。砌筑砂浆用砂应符合混凝土用砂的技术要求,不同砌体对砂最大粒径的限制值不一样。

2.1.4　砌块

砌块是砌筑用的人造块材,是一种新型墙体材料,外形多为直角六面体,也有各种异型砌块。砌块的长度、宽度和高度中有一项或一项以上分别超过 365 mm、240 mm、115 mm，但高度一般不大于长度或宽度的 6 倍，长度一般不超过高度的 3 倍。

砌块按照外观形状的不同，可分为实心砌块和空心砌块；按产品规格的不同，可分为小型砌块（高度介于 115~380 mm）、中型砌块（高度介于 380~980 mm）和大型砌块（高度大于 980 mm）。

根据材料不同，常用的砌块有普通混凝土小型空心砌块（图 2-6）、装饰混凝土小型空心砌块、轻集料混凝土小型空心砌块、粉煤灰小型空心砌块、蒸压加气混凝土砌块（又称环保轻质混凝土砌块，图 2-7）和石膏砌块。

图 2-6　普通混凝土小型空心砌块

图 2-7　蒸压加气混凝土砌块

与砖材相比，砌块具有以下优势。

（1）块体较大，施工效率较高，施工机械化程度较高。

（2）可以从某些方面改善建筑物功能，例如，减轻结构自重，提高保温、隔热、隔音、抗震性能等。

（3）原材料丰富，可充分利用地方资源和工业废料。

（4）使用灵活，适应性强，无论在严寒地区还是温带地区，在地震区还是非地震区，在各种类型的多层和低层建筑中都能使用。

2.1.5　石材

石材是最古老的土木工程材料之一，抗压强度高，耐磨性和耐久性良好，资源分布广，生产成本低，在古今中外的各类工程中应用广泛。古埃及的金字塔、古希腊的巴台农神庙、意大利的比萨斜塔、我国的赵州桥等都是由石材建成的。

建筑中使用的石材可分为天然石材和人造石材，分别介绍如下。

1. 天然石材

天然石材是指从天然岩体中开采出来的，经加工而成的块状或板状材料的总称。现在建筑中使用的天然石材有毛石、料石、散粒石材和装饰石材等。

1）毛石

毛石是山体爆破直接得到的石块，主要用于砌筑基础、勒脚、墙身、堤坝、桥墩、涵洞、挡土墙等。

2）料石

料石由人工或机械开采出的较规则的六面体石块略加凿琢而成。一般料石主要用于砌筑墙身、踏步、地坪、拱和纪念碑等,形状复杂的料石用于柱头、柱脚、楼梯踏步、窗台板、栏杆和其他装饰。

3）散粒石材

散粒石材主要作为拌制混凝土的粗集料,粒径大于 5 mm,有碎石和卵石之分。除此之外,碎石(图 2-8)常用于路桥工程和铁路工程的路基道砟,卵石可作为花园景观道路的装饰路面。

4）装饰石材

常用的装饰石材主要有花岗石(图 2-9)和大理石。各种类型的花岗石主要用于建筑物室外装饰以及厅堂地面的装饰,而具有美丽图案的大理石则用于墙面、柱面、栏杆等的装饰。

图 2-8　碎石

图 2-9　花岗石

2. 人造石材

人造石材是以不饱和聚酯树脂为黏结剂,配以天然大理石或方解石、白云石、硅砂、玻璃粉等无机物粉料以及适量的阻燃剂、颜料等,经配料混合、瓷铸、振动压缩、挤压等成型固化制成的。

与天然石材相比,人造石材色彩艳丽,光洁度高,抗压耐磨,韧性好,结构致密,密度小,不吸水,耐侵蚀风化,放射性低,具有资源综合利用的优势,是名副其实的绿色环保建材,被广泛用来制作地砖、台面、水槽、洁具、浴缸,还可用于装饰墙面、柱面、楼梯踏步等以及加工花盆、雕塑、工艺制品等。

随着科技的不断发展和进步,人造石材产品也日新月异,种类繁多,其质量和美观性不亚于天然石材,已经被越来越多的企业和行业运用。

2.1.6　木材

木材是传统的建筑材料,在古建筑中被广泛应用于寺庙、宫殿以及民居等。由于木材具有质轻、高强、弹性和韧性好、纹理美观、绝热和热工性能好等优点,在现代土木工程中,木材仍属于重要的建筑材料。

按树种的不同,木材一般分为针叶木材和阔叶木材。针叶树叶细如针,材质较软,树干通直高大,质地均匀,且易于加工,常用于制作梁、柱、门窗等,如松、柏、杉等。阔叶树叶片宽大,如曲柳、榆、桦、柞等,其材质较硬,树干较短,不易加工,但是强度高,纹理美观,宜做家具和用于室内装修。

木材有很好的力学性质,但顺纹方向与横纹方向的力学性质有很大差别。木材的顺纹抗拉和抗压强度均较高,但横纹抗拉和抗压强度较低。木材强度还因树种而异,并受木材缺陷、荷载作用时间、含水率及温度等因素的影响。

在土木工程中,直接使用的木材主要有原木、板材和枋材三种形式。原木是指去皮去枝梢后按一定规格锯成的一定长度的木料,如图 2-10 所示;板材是指宽度为厚度的 3 倍或 3 倍以上的木料;枋材是指宽度小于厚度 3 倍的木料。

除了直接使用木材外,还可对木材进行综合利用,制成各种人造板材,这样既能提高木材的使用率,又能改进天然木材的不足。常用的人造板材有胶合板(图 2-11)、纤维板、刨花板、木屑板等。

图 2-10　原木

图 2-11　胶合板

木材虽然具有很多优点,但是也存在两大缺点:一是容易腐蚀,二是易燃。因此,在土木工程中应用木材时必须考虑木材的防腐和防火问题。

2.2　胶凝材料

土木工程材料中,经一系列物理和化学变化,能够凝结硬化,将块状或粉状材料胶结起来,形成一个整体的材料称为胶凝材料。

根据化学组成的不同,胶凝材料可分为无机与有机两大类。石膏、石灰、水泥等属于无机胶凝材料,而沥青、天然或合成树脂等属于有机胶凝材料。

2.2.1　石膏

我国石膏资源丰富,它生产工艺简单,能耗较低,而且性能优良,在建筑工程中得到了广泛应用。

石膏的种类很多,有天然二水石膏(又称为生石膏)、建筑石膏(半水石膏)、天然无水石膏和高强石膏等。不同品种的石膏,其生产条件不同,性能及应用也各异。

建筑石膏是建筑工程中应用最多的一种石膏产品,它是由天然二水石膏经煅烧、磨细所得的半水石膏。

建筑石膏的凝结硬化速度很快,在加水拌合后,最初成为可塑的浆体,但很快就失去塑性并产生强度,随后发展成为坚硬的固体。建筑石膏凝结硬化时体积略膨胀,这一性质使得石膏产品的表面光滑、细腻、尺寸精确,体形饱满,装饰性好。

另外,建筑石膏还具有很好的防火、隔热、吸声和吸湿性,但其耐水性和抗冻性较差。

建筑石膏的应用很广,除了用于室内抹灰、粉刷、拌制砌筑砂浆外,还用来制造各种石膏制品,如石膏板、石膏装饰条(图 2-12)、石膏浮雕及石膏夹心砌块等。另外,建筑石膏还可以在生产水泥时作为缓凝剂加入水泥中。

图 2-12　石膏装饰条

2.2.2　石灰

图 2-13　石灰

我国石灰资源分布很广,它生产工艺简单,成本低廉,是建筑中最先使用的胶凝材料之一,如图 2-13 所示。

将主要成分为碳酸钙的天然岩石在适当温度下煅烧,所得的以氧化钙为主要成分的产品即为石灰,又称生石灰。生石灰加水反应,释放大量的热量,生成熟石灰,也称消石灰,这一过程称为石灰的“熟化”或“消解”。

石灰可塑性和保水性好,凝结硬化慢,强度低,硬化后体积收缩大,易开裂,耐水性差,存放时应注意防潮。

石灰的用途很广,在建筑工程中,以石灰为原料可配制石灰乳和石灰砂浆等,用于粉刷、抹灰和砌筑工程;利用熟石灰粉与黏性土、砂等材料可制成灰土、三合土等材料,大量用于建筑的基础、地面,道路,堤坝等工程,另外还可以用石灰制作碳化石灰板以及生产硅酸盐制品等。

2.2.3　水泥

水泥由于资源分布广,成本低廉,所以广泛应用于建筑、水利、国防等工程。

水泥是一种粉末状材料,加水拌合后成浆体,能把砂、石等散粒状材料胶结成整体,保持或发展其强度,并最终形成坚硬的石状体。

水泥加水形成的浆体,不仅能够在干燥环境中凝结硬化,而且能更好地在水中硬化。因此,水泥不仅适用于干燥环境,而且适用于潮湿环境及水中的工程部位。在工业、农业、国防、交通、城市建设、水利及海洋开发等工程建设中,水泥被广泛用来制造各种形式的钢筋混凝土、预应力混凝土构件,也常用于配制砂浆以及用作灌浆材料等,如图 2-14、图 2-15 所示。

图 2-14　水泥板

图 2-15　水泥地面

水泥按用途及性能的不同,可分为通用水泥、专用水泥、特性水泥;按主要水硬性物质的不同,可分为硅酸盐水泥、铝酸盐水泥、硫铝酸盐水泥、铁铝酸盐水泥、氟铝酸盐水泥等。

1. 通用硅酸盐水泥

常用的通用水泥品种有硅酸盐水泥、普通硅酸盐水泥、矿渣硅酸盐水泥、火山灰质硅酸盐水泥、粉煤灰硅酸盐水泥以及其他品种的硅酸盐水泥,它们统称为硅酸盐系列水泥。

该系列水泥的主要成分为硅酸盐熟料,另外还包括调节水泥凝结时间的石膏和改善水泥某些性能的混合料。在混凝土结构工程中,这些水泥有各自的使用范围。

2. 专用水泥及特性水泥

在某些特殊情况下,土木工程中还需要使用专用水泥和特性水泥,如道路硅酸盐水泥、白色和彩色硅酸盐水泥、快硬水泥、膨胀水泥及自应力水泥等。

1)道路硅酸盐水泥

道路硅酸盐水泥的主要成分仍是硅酸盐,同时含有较多的铁铝酸钙。该类水泥强度较高,特别是抗折强度高,耐磨性好,干缩率低,抗冲击性、抗冻性和抗硫酸盐侵蚀能力比较好,因此用于水泥混凝土路面、机场跑道、车站及公共广场等工程的面层混凝土中。

2)白色和彩色硅酸盐水泥

白色硅酸盐水泥简称白水泥,是由白色硅酸盐水泥熟料和石膏磨细制成的水硬性胶凝材料。

彩色硅酸盐水泥简称彩色水泥,是用白水泥熟料、适量石膏和耐碱矿物颜料共同磨细制成的。常用的彩色掺加颜料有氧化铁(红、黄、褐、黑)、二氧化锰(褐、黑)、氧化铬(绿)、钴蓝(蓝)、群青蓝(靛蓝)、孔雀蓝(海蓝)、炭黑(黑)等。

白水泥和彩色水泥广泛地应用于建筑装修中,如制作彩色水磨石、饰面砖、玻璃马赛克以及制作水刷石、斩假石、水泥花砖等。

3)快硬水泥

快硬水泥按照成分不同,可分为快硬硅酸盐水泥和快硬铝酸盐水泥等,其具有硬化快、初期强度高等特性,主要用于要求早期强度高的工程,如紧急抢修工程、抗冲击及抗震性工程、冬季施工工程、军事工程等。

4)膨胀水泥及自应力水泥

普通水泥硬化时体积会发生收缩,从而造成裂缝,影响结构的抗渗、抗冻、抗腐蚀性能等。膨胀水泥是指在水化和硬化过程中产生体积膨胀的水泥,可以消除收缩带来的不利影响。

膨胀水泥用途广泛,常用于收缩补偿混凝土、大体积混凝土以及要求抗渗和抗硫酸盐侵蚀的工程,另外还可用于构件节点的浇筑、结构的加固和修补等。

在膨胀水泥中有一类具有较强的膨胀性能,当它用于钢筋混凝土中时,它的膨胀性能使钢筋受到较大的拉应力,而混凝土则受到相应的压应力。当外界因素使混凝土结构产生拉应力时,该拉压力就可被预先产生的压应力抵消或降低。这种靠自身水化膨胀来张拉钢筋产生的预应力称为自应力,该类水泥就是自应力水泥。自应力水泥主要用于自应力钢筋混凝土压力管及其配件。

2.2.4 有机胶凝材料——沥青

沥青是由高分子碳氢化合物及非金属(氧、硫、氮等)衍生物所组成的黑褐色复杂混合物,常温下呈褐色或黑褐色固体、半固体或液体状态。

沥青是憎水性材料,几乎不溶于水,黏结性、柔性和不透水性较好,不导电,耐酸碱,耐化学腐蚀并具有热软冷硬的特点。

在土木工程中,沥青是应用广泛的防水材料和防腐材料,可用于房屋建筑中屋面、地下结构以及道路、桥梁、水利工程的防水、防潮、防酸碱侵蚀等,也可用于公路路面的铺设,还可用来配制沥青混凝土、沥青防水涂料等。

2.3 混凝土和砂浆

2.3.1 混凝土

混凝土是由胶凝材料、集料(或称骨料)、水及其他材料,按适当比例混合搅拌制成混合物后,经一定时间硬化而成的人造石材。它是世界上用量最大、用途最广的建筑材料,而且是最重要的建筑结构材料,如图 2-16 所示。

图 2-16 混凝土浇筑

混凝土有多种分类方法,最常见的有以下几种。

(1)按所用胶凝材料的不同,分为水泥混凝土、石膏混凝土、沥青混凝土、聚合物混凝土等。

（2）按表观密度的不同，分为重混凝土、普通混凝土、轻混凝土（即轻集料混凝土）。

（3）按用途的不同，分为结构混凝土、道路混凝土、膨胀混凝土、耐热混凝土、防水混凝土、防辐射混凝土、耐酸混凝土等。

（4）按强度等级的不同，分为普通混凝土、高强混凝土、超高强混凝土。

（5）按生产和施工方法的不同，分为泵送混凝土、喷射混凝土、辗压混凝土、预拌混凝土等。

混凝土之所以被广泛应用，是因为它具有许多优越性，列举如下。

（1）抗压强度高，耐久性、耐火性好，维修费用低。

（2）原材料丰富，成本低。

（3）混凝土拌合物具有良好的可塑性。

（4）混凝土与钢筋黏结良好，一般不会锈蚀钢筋。

当然，混凝土也存在一些不足，如抗拉强度低，变形性能差，导热系数大，体积密度大，硬化较缓慢等。为此，人们将混凝土与其他材料复合，生产出了钢筋混凝土、预应力混凝土、纤维混凝土等。

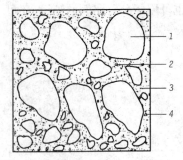

图 2-17　普通混凝土结构

1—粗集料；2—细集料；3—水泥浆；4—气孔

1. 普通混凝土

普通混凝土的基本材料是水泥、水、砂和石子，如图2-17所示。其中，砂、石起骨架作用，称为集料；水泥与水形成水泥浆，水泥浆包裹在集料表面并填充其空隙。在硬化前，水泥浆起润滑作用，赋予拌合物一定的和易性，便于施工；水泥浆硬化后，则将集料胶合成一个坚实的整体。此外，为改善混凝土的某些性能，还常加入适量的外加剂和掺合料。

混凝土的强度等级是混凝土的重要性能指标，应按立方体抗压强度标准值确定。混凝土立方体抗压强度标准值是指按标准方法制作养护的边长为150 mm的立方体试件，在28 d龄期用标准方法测得的具有95%保证率的抗压强度。

混凝土强度等级以混凝土的英文Concrete的第一个字母加上其立方体抗压强度标准值来表示，如C30表示立方体抗压强度标准值为30 MPa，即混凝土立方体抗压强度≥30 MPa的概率要求在95%以上。

2. 钢筋混凝土

为了克服混凝土抗拉强度低的弱点，通常将混凝土与钢筋联合使用。在混凝土构件内部合理地配置钢筋，使钢筋承担拉力，混凝土承担压力，两种材料各自的优势得到充分发挥，从而使混凝土构件满足受力要求。目前，钢筋混凝土是使用最广泛的结构材料。

扫一扫：钢筋混凝土的由来

钢筋和混凝土之所以可以共同工作是由它们各自的性质决定的。首先，钢筋与混凝土有着近似相同的线膨胀系数，不会因为环境不同产生过大的应力。其次，钢筋与混凝土之间

有良好的黏结力,有时钢筋的表面被加工成有间隔的肋条(称为变形钢筋)来提高混凝土与
钢筋之间的机械咬合力,当仍不足以传递钢筋与混凝土之间的拉力时,通常将钢筋的端部弯起 180° 弯钩。此外,由于混凝土中的氢氧化钙提供的碱性环境,在钢筋表面形成了一层钝化保护膜,这使得钢筋相对于在中性与酸性环境下更不易腐蚀。钢筋混凝土板配筋如图 2-18 所示。

图 2-18　钢筋混凝土板配筋

3. 预应力混凝土

为了避免混凝土过早出现裂缝,在构件使用(加载)以前,通过人工张拉钢筋,利用钢筋的回缩力,使混凝土受拉区预先承受压力。这样当构件承受外荷载并产生拉力时,首先被受拉区混凝土中的预压力抵消,然后随着荷载增加,混凝土受拉,这就限制了混凝土的伸长,从而延缓或避免裂缝出现。该类构件称为预应力混凝土构件。

预应力混凝土的优点如下。

(1)抗裂性好,刚度大。

(2)节省材料,减轻自重。

(3)可以减小混凝土梁的竖向剪力和主拉应力。

(4)提高受压构件的稳定性。

(5)提高构件的耐疲劳性。

预应力混凝土中预应力的施加方法,根据张拉钢筋的先后顺序分为先张法和后张法。张拉钢筋的方法包括机械法、电热法和化学法。预应力混凝土根据预加应力值对构件截面裂缝控制程度的不同,可分为全预应力混凝土和部分预应力混凝土;根据预应力筋与混凝土之间有无黏结,可分为有黏结预应力混凝土和无黏结预应力混凝土等。

近年来,预应力混凝土得到迅速发展,在居住建筑、大跨和重载结构、大空间公共建筑、高层建筑、高耸结构、地下结构、海洋结构及道路桥梁领域得到广泛应用。

4. 其他品种混凝土

伴随着工程材料和施工技术的不断提高,普通混凝土已经不能完全满足工程需要。因此,研发和制备具有特殊用途和性能的混凝土,如高强混凝土、高性能混凝土、纤维混凝土、轻集料混凝土等,是十分必要的。

1)高强混凝土

作为一种新的建筑材料,高强混凝土因其抗压强度高、抗变形能力强、密度大、孔隙率低等优越性,在高层建筑结构、大跨度桥梁结构以及某些特种结构中得到广泛的应用。

高强混凝土最大的特点是抗压强度高,一般为普通混凝土的 4~6 倍,故可减小构件的截面,因此最适合用于高层建筑。同时,由于截面尺寸减小,自重减轻,因此高强混凝土框架柱具有较好的抗震性能。

此外,高强混凝土材料为预应力技术提供了有利条件,通过采用高强度钢材和人为控制应力,大大提高了受弯构件的抗弯刚度和抗裂度。因此施加预应力的高强混凝土结构在世界范围内被越来越多地应用于大跨度房屋和桥梁中。

另外,高强混凝土由于密度大,抗渗性和抗腐蚀性好,可被用来建造能承受冲击和爆炸荷载的原子能反应堆基础以及具有高抗渗和高抗腐要求的工业用水池等。

2)高性能混凝土

1950 年 5 月,美国国家标准与技术研究院(NIST)和美国混凝土协会(ACI)首次提出高性能混凝土的概念。高性能混凝土是一种新型高技术混凝土,采用常规材料和工艺生产,除具有混凝土结构所要求的各项力学性能外,还具有高耐久性、高工作性和高体积稳定性。

耐久性是材料抵抗自身和自然环境双重因素长期破坏作用的能力,即保证其经久耐用的能力。耐久性越好,材料的使用寿命越长。混凝土耐久性包括抗渗性、抗冻性及抗侵蚀性。

高性能混凝土的抗压强度已超过 200 MPa,抗冻性、抗渗性明显优于普通混凝土,并且有较好的自密实性。由于具有较好的抗渗性,因此其抗化学腐蚀性能显著优于普通混凝土。

概括来说,高性能混凝土能更好地满足结构功能和施工工艺的要求,能最大限度地延长混凝土结构的使用年限,降低工程造价。

3)纤维混凝土

以水泥浆、砂浆或混凝土为基材,以纤维为增强材料所形成的水泥基复合材料,称为纤维混凝土。

纤维可控制基体混凝土裂纹的进一步发展,从而提高混凝土的抗裂性。纤维的抗拉强度和延伸率大,使得混凝土的抗拉、抗弯、抗冲击强度及延伸率和韧性得以提高。纤维混凝土的主要品种有钢纤维混凝土、玻璃纤维混凝土、聚丙烯纤维混凝土、碳纤维混凝土、植物纤维混凝土等,其中钢纤维混凝土主要用于重要的隧道、地铁、机场、高架路床、溢洪道以及防爆防震工程等;玻璃纤维混凝土主要用于非承重与次要承重的构件;聚丙烯纤维混凝土可用于非承重的板、停车场等。

与普通混凝土相比,纤维混凝土虽有许多优点,但毕竟代替不了钢筋混凝土。人们开始在配有钢筋的混凝土中掺加纤维,使其成为钢筋-纤维复合混凝土,这又为纤维混凝土的应用开发了一条新途径。

4)轻集料混凝土

所谓轻集料是指为了减轻混凝土的重量以及提高热工效果而采用的集料,其表观密度要比普通集料小。轻集料混凝土是指采用了轻集料的混凝土,其表观密度不大于 1 900 kg/m³。与普通混凝土相比,轻集料混凝土具有表观密度小、自重轻、弹性模量低、极限应变大、热膨胀系数小、保温性好、抗震性好等优点。

轻集料混凝土适用于高层及大跨度建筑,应用于工业与民用建筑及其他工程时,可减轻结构自重,节约材料用量,提高构件运输和吊装效率,减少地基荷载及改善建筑物功能。

2.3.2　砂浆

砂浆是由胶凝材料、细集料、掺加料和水按一定比例配制而成的建筑工程材料。砂浆按用途不同分为砌筑砂浆、抹面砂浆和特种砂浆；按胶凝材料不同分为水泥砂浆、石灰砂浆和混合砂浆。

1. 砌筑砂浆

将砖、石、砌块等块材砌筑成为砌体的砂浆称为砌筑砂浆。砌筑砂浆起黏结、衬垫和传力作用，是砌体的重要组成部分。由于砌体结构大都要承受一定的荷载，这就要求砌筑砂浆应具有一定的抗压强度；同时砂浆还应具有足够的黏结力，以便将砖、石黏结成坚固的砌体。

砌筑砂浆以水泥砂浆或水泥石灰砂浆为主。水泥砂浆宜用于砌筑潮湿环境中的砌体以及强度要求较高的砌体，水泥石灰砂浆宜用于砌筑干燥环境中的砌体。

另外，为改善或提高砂浆的性能，可掺入一定的外加剂，但外加剂的品种和产量必须通过试验确定。

2. 抹面砂浆

抹面砂浆也称抹灰砂浆，以薄层抹于建筑物内、外表面，既保护建筑物并提高其耐久性，又使建筑物表面平整美观。

抹面砂浆一般分两层或三层进行，各层抹灰要求不同，所用的砂浆也不同。底层砂浆主要起与基层黏结的作用，其选择方法如下：①用于砖墙的底层抹灰，多选石灰砂浆；②有防水、防潮要求时选水泥砂浆；③混凝土基层的底层抹灰，多选水泥混合砂浆。中层砂浆主要起找平作用，多选石灰砂浆或水泥混合砂浆。面层主要起装饰作用，要求表面平整细腻，不易开裂，多采用细砂配制的混合砂浆。

3. 特种砂浆

除砌筑砂浆和抹面砂浆外，还有一些特殊用途的砂浆，如防水砂浆、绝热砂浆、耐腐蚀砂浆、膨胀砂浆等。

2.4　建筑钢材

钢材是土木工程中大量使用的建筑材料之一，在工程建设乃至国民经济中都占有重要的位置。17 世纪 70 年代，人类开始大量应用生铁作为建筑材料，到 19 世纪初发展到用熟铁、软钢建造桥梁和房屋。自 19 世纪中叶开始，钢材的品种、规格更加多样化，生产规模大幅度增长，强度不断提高，相应地，其连接工艺技术也得到了发展，为建筑结构向高层化、大跨化方向发展奠定了重要基础。

2.4.1　钢的定义及分类

理论上，把含碳量小于 2%、含杂质比较少的铁碳合金称为钢。钢具有强度高，塑性、韧性、工艺性能良好等特点，但易锈蚀，耐火性差。

钢按照化学成分的不同，可分为碳素钢和合金钢；按照冶炼方法的不同，可分为平炉钢、转炉钢、电炉钢等；按照脱氧程度的不同，可分为沸腾钢、半镇静钢、镇静钢；按照成型方法的不同，可分为锻钢、铸钢、热轧钢、冷拉钢。

钢材的力学性能主要包括抗拉性能、冲击韧性、耐疲劳性能等,其中抗拉性能是钢材最基本的性能,也是最重要的性能。

2.4.2　建筑钢材的分类

建筑钢材通常可分为钢结构用钢材和钢筋混凝土结构用钢材。钢结构用钢材品种主要有型钢、钢管、钢板等(图2-19)。其中,由钢锭经热轧加工制成的具有各种截面的钢材称为型钢(或型材)。按截面形状不同,型钢分为角钢、工字钢、槽钢等类型。

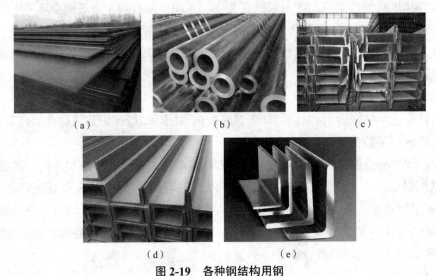

图2-19　各种钢结构用钢

(a)钢板　(b)钢管　(c)工字钢　(d)槽钢　(e)角钢

钢筋混凝土结构用钢材,按加工方法可分为热轧钢筋、冷轧钢筋、冷拔低碳钢丝、钢绞线等;按表面形状可分为光圆钢筋和螺纹钢筋;按钢材品种可分为低碳钢、中碳钢、高碳钢和合金钢等。我国钢筋按强度可分为Ⅰ、Ⅱ、Ⅲ、Ⅳ四个等级。

热轧钢筋是将钢锭加热后轧制而成的,分为热轧光圆钢筋和热轧带肋钢筋两种,主要用作钢筋混凝土和预应力混凝土结构的配筋,是土木建筑工程中使用量最大的钢材品种之一。直径为6.5~9 mm的钢筋大多卷成盘条,直径为10~40 mm的一般轧制成6~12 m长的直条。热轧钢筋应具备一定的强度,即屈服强度和抗拉强度,它是结构设计的主要依据。

钢筋的冷加工是指在常温下对钢筋进行冷拉或冷拔,以提高钢筋的屈服点,从而提高钢筋的强度,进而达到节省钢材的目的。钢筋经过冷加工后,在工程上可节省钢材,但塑性、韧性、可焊性都明显下降。用于预应力混凝土结构的钢丝,如钢绞线、刻痕钢丝、高强度钢丝等,都可采用冷加工的方法获得。

常见钢筋混凝土结构用钢材如图2-20所示。

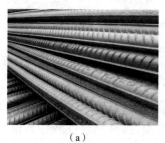  

(a) (b) (c)

图 2-20 常见钢筋混凝土结构用钢材

（a）热轧带肋钢筋 （b）盘条 （c）预应力钢绞线

2.5 建筑功能材料

以材料的力学性能以外的功能为特征的材料,称为建筑功能材料,它赋予建筑物防水、绝热、保温、美观、防火等功能。目前,国内外常用的建筑功能材料有防水材料、绝热材料、装饰材料等。

2.5.1 防水材料

防水材料是用来防止雨水、地下水及其他水分等侵入建筑物的材料。建筑物需要进行防水处理的部位主要是屋面、墙面、地面和地下室、卫生间等。

防水材料品种多,发展速度快,按材质分有沥青类防水材料、改性沥青类防水材料、高分子类防水材料;按外形分有防水卷材、防水涂料、密封材料(密封膏或密封胶条)。

1. 防水卷材

防水卷材(图 2-21)是具有一定宽度和厚度并可卷曲的片状定型防水材料。防水卷材可无渗漏连接工程基础与建筑物,它是整个工程防水的第一道屏障,对整个工程起着至关重要的作用。目前防水卷材有沥青防水卷材、高聚物改性沥青防水卷材和合成高分子防水卷材几类。

图 2-21 防水卷材

1)沥青防水卷材

此类卷材是我国传统的防水材料,由于易老化、耐用年限较短,属低档防水材料,目前已经逐步被后两个系列所取代。

2)高聚物改性沥青防水卷材

该类卷材是以合成高分子聚合物改性沥青为涂盖层,纤维织物或纤维毡为胎体,粉状、粒状、片状或薄膜材料为覆面材料制成的可卷曲的片状防水卷材。它具有高温不流淌、低温不脆裂、抗拉强度高、延伸率大的优点,因此被广泛应用。

3)合成高分子防水卷材

以合成橡胶、合成树脂或两者的共混体为基料,加上适量的化学助剂、填充料等,经不同工序(混炼、压延或挤出等)加工而成的可卷曲的片状防水材料称为合成高分子防水卷材。这类卷材具有弹性大、抗拉强度高、延伸率大、耐热性和低温柔性好、耐腐蚀、耐老化、可冷施工、单层防水、使用寿命长等优点,因此防水效果也很好。

2. 防水涂料

防水涂料是在常温下呈流态或半流态,可用刷、喷等工艺涂布在结构物表面并固化结成坚韧防水膜的物料的总称。

按液态类型不同,防水涂料可分为溶剂型、水浮型和反应型三种;按成膜物质的主要成分不同,防水涂料可分为沥青类、高聚物改性沥青类和合成高分子类三类。

图2-22 防水涂料施工

防水涂料固化成膜后的防水涂膜具有良好的防水性能,特别适合用于各种复杂、不规则部位的防水,能形成无接缝的完整防水膜。使用防水涂料时无须加热,既减少环境污染,又便于操作。涂布的防水涂料,既是防水层的主体,又是黏结剂,故施工质量容易保证,维修也比较简便,如图2-22所示。

2.5.2 绝热材料

绝热材料是指能阻滞热流传递的材料,又称热绝缘材料。绝热材料是保温、隔热材料的总称,一般是轻质、疏松、多孔的纤维状材料,主要用于建筑物的墙壁、屋面、热力设备及管道的保温以及制冷工程的隔热等。

传统的绝热材料有玻璃纤维、石棉、岩棉、硅酸盐等,新型绝热材料有气凝胶毡、真空板等。按其成分不同,绝热材料可以分为无机材料和有机材料两大类。

热力设备及管道保温用的材料多为无机绝热材料。此类材料具有不腐烂、不燃烧、耐高温等特点,如石棉、硅藻土、膨胀珍珠岩、膨胀蛭石及其制品、多孔混凝土、气凝胶毡、玻璃纤维等。

低温制冷工程多用有机绝热材料。此类材料具有表观密度小、导热系数低、原料来源广、不耐高温、吸湿时易腐烂等特点,如软木板、轻质纤维板、刨花板、泡沫塑料等。

绝热材料的使用一方面保证了建筑空间或热工设备的热环境,另一方面节约了能源。因此,有些国家将绝热材料看作继煤炭、石油、天然气、核能之后的"第五大能源"。现在,全球保温隔热材料正朝着高效、节能、薄层、隔热、防水、外护一体化方向发展,在发展新型材料及技术的同时,更强调针对性使用、规范化设计及施工,努力提高效率及降低成本。

2.5.3 装饰材料

建筑装饰材料,又称建筑饰面材料,是指铺设或涂装在建筑物表面起装饰和美化环境作用的材料。建筑装饰材料集材料、工艺、造型设计、美学于一身,除了起装饰作用,还起着保护建筑物主体结构和改善建筑物使用功能的作用,因而是建筑物不可或缺的部分。

装饰材料可按不同的方法分类,按材质不同,可分为塑料、金属、陶瓷、玻璃、木材、无机矿物、涂料、纺织品、石材等;按功能不同,可分为吸声材料、隔热材料、防水材料、防潮材料、防火材料、防霉材料、耐酸碱材料、耐污染材料等;按装饰部位不同,可分为外墙装饰材料、内墙装饰材料、地面装饰材料、顶棚装饰材料。

建筑装饰材料不仅要满足颜色、光泽、透明度、表面组织及形状尺寸等美感方面的基本要求,还应根据不同的装饰目的和部位,具有一定的强度、硬度、防火、阻燃、耐水、抗冻、耐污染、耐腐蚀、环保等性能。例如:建筑外部直接受到风吹、日晒、雨淋等各种自然因素的作用,选取的装饰材料应能有效地提高建筑物的耐久性,降低维修费用;选取室内装饰材料时应注重色彩、材质的合理搭配,不能对居住者产生负面影响。

建筑装饰功能的实现,在很大程度上受到装饰材料的光泽、质地、质感等装饰特性的影响。因此,熟悉各种装饰材料的性能、特点,按照建筑物种类、功能及使用环境条件,合理选用装饰材料,才能材尽其能、物尽其用,更好地表达设计意图。

2.6　土木工程材料未来的发展

经济的发展、社会的进步、节能减排以及环境保护的需要,对土木工程材料提出了更高、更多的要求。高强混凝土、高强钢材、新型复合材料、高分子材料、纳米技术材料等相继出现并得到迅速发展,轻质高强化、高性能化、可再生化、废料利用化、节能化和绿色化成为未来土木工程材料发展的主要趋势。

2.6.1　结构材料

未来混凝土的发展方向应该是高性能混凝土与超高性能混凝土。超高性能混凝土(Ultra-high Performance Concrete,UHPC)是过去 30 年中最具创新性的水泥基工程材料,实现了工程材料性能的大跨越。超高性能混凝土包含两个方面的"超高"——超高的耐久性和超高的力学性能。这种材料具备普通混凝土的施工性能,甚至可以实现自密实,可以常温养护,因此已经具备了广泛应用的条件。

未来钢材的性能与加工工艺应有显著改善和提高。工程上应用的钢绞线的设计强度可达 1 960 MPa,其在预应力混凝土结构中的广泛应用使大跨、重载的建筑和桥梁等工程得以实现。高强度钢索的应用,推动了斜拉桥、悬索桥的建设。由于轧制、焊接及加工工艺的发展,各种钢结构建筑与桥梁也得到空前的发展。不锈钢钢材也开始在沿海混凝土结构中应用,以延长结构的使用寿命。建筑钢材正向着高强化、极厚化等方向发展。

2.6.2　砌体材料

加气混凝土砌块、纤维水泥夹芯板、蒸汽加压混凝土板、轻集料混凝土条板和各地方就地取材(如石材、工业废料制品)做成的块材等新型材料正日益发展起来,并将逐步取代黏土砖。这些新型材料改善了砌体材料的传统性能,如增加了孔洞率、延性、强度,改进了形状,减轻了自重等,可以更好地节约能源,保护耕地,利用工业废渣等。轻质、高强、耐久、节能、多功能等正逐步成为未来新型砌体材料的发展方向。

2.6.3 新型材料

除了混凝土、钢材、砌体材料外,新型复合材料、高分子材料等也相继出现并得到迅猛发展。

复合材料是指将两种或两种以上的材料进行组合,利用各自的优越性开发出的高性能建筑材料。其中纤维增强材料应用最广,用量最大。目前的纤维增强材料已从简单的玻璃纤维发展到碳纤维(图 2-23)、芳纶纤维、玄武岩纤维、硼纤维、陶瓷聚烯烃纤维、PBO 有机纤维、金属纤维以及混杂纤维等。这些纤维既可以直接掺到混凝土中做增强材料或智能材料,也可以制成片材(图 2-24)或棒材作为结构构件的补强或加筋材料,还可以作为结构构件的防腐材料。如钢纤维增强混凝土、有机纤维增强混凝土等,利用纤维抗拉强度大的特点以及其与混凝土的黏结性,提高了混凝土的抗拉强度与冲击韧性。

图 2-23 碳纤维

图 2-24 纤维增强片材

扫一扫:智能化混凝土

扫一扫:形状记忆合金是如何被发现的

高分子材料是以聚合物为主料,配以各种填充料、助剂等调制而成的材料。目前,将高分子材料用于管材、门窗、装饰配件、外加剂等已非常普遍。今后将进一步改善制品的性能,如满足无毒、无污染、保温、隔热、防水、耐高温、耐高压、耐火等新的需求。同时有望将高分子材料运用于抗力结构,国外已有经聚合物处理的碳纤维钢筋用于混凝土结构中的案例。

2.6.4 绿色建材

1992 年,国际学术界明确提出了绿色材料的定义:绿色材料是指在原料选取、产品制造、应用过程和使用以后的再生循环利用等环节中,对地球环境负荷最小和对人类身体健康无害的材料,也称为"环境调和材料"。

绿色建材是指采用清洁生产技术,少用天然资源和能源,大量使用工业或城市固态废物生产的无毒害、无污染、无放射性,有利于环境保护和人体健康的建筑材料。与传统材料相比,绿色建材具有以下几个方面的基本特征。

(1)其生产所用原料尽可能少用天然资源,大量使用尾渣、垃圾、废液等废弃物。

(2)采用低能耗制造工艺和不污染环境的生产技术。

（3）在产品配制或生产过程中,不使用甲醛、卤化物溶剂或芳香族碳氢化合物,产品中不含汞及其化合物的颜料和添加剂。

（4）产品的设计以改善生产环境、提高生活质量为宗旨,即产品不仅不损害人体健康,还应有益于人体健康,产品具有多功能性,如抗菌、灭菌、防霉、除臭、隔热、阻燃、调温、调湿、消磁、防辐射、抗静电等。

（5）产品可循环或回收利用,无污染环境的废弃物。

由于融合了环境保护、清洁生产、低能耗制造等前沿技术,绿色建材代表了建筑科学与技术发展的方向,符合人类的需求和时代发展的潮流。因此,开发和应用绿色建材技术生产绿色建材产品,是建材行业实现可持续发展的必然选择。

课后思考题

1. 我国古代劳动人民建造万里长城时因地制宜选用材料,你知道是如何选用的吗?

2. 黏土砖有哪些优缺点? 那么用什么来取代它呢? 你有什么好办法?

3. 砖和砌块有什么区别?

4. 为什么说赵州桥是世界拱桥的鼻祖、桥梁建筑史上的奇迹?

5. 大理石和花岗岩有何区别? 建筑物装修时如何选用?

6. 早期使用的土木工程材料主要有哪些? 有何优缺点?

7. 钢材的特点有哪些?

8. 组成普通混凝土的各种成分的作用是什么?

9. 20 世纪 30 年代预应力钢筋混凝土的出现对土木工程来说有什么历史意义?

10. 介绍"绿色建材"在国内外的发展情况,并说明发展"绿色建材"有什么意义。

第3章　建筑工程

最初的建筑物是人类为了躲避风雨和野兽袭击而建造的。最初人们利用树枝或石块这些较易获取的天然材料,经过粗略加工后盖起了树枝棚、石头屋等原始建筑物。随着人类社会的进步和社会生产力的不断发展,人类对建筑物的要求日益复杂多样化,从最初用天然石材及竹等建造的简单建筑发展到用混凝土及钢材等建造的高楼大厦。

建筑物按照使用功能通常可以分为工业建筑、农业建筑和民用建筑,其中民用建筑又可分为居住建筑和公共建筑两大类。建筑物若按层数可分为单层建筑、多层建筑、高层建筑和超高层建筑。

3.1　基本构件

建筑物的最小单元是基本构件,基本构件可分为板、梁、柱、墙、拱等。

3.1.1　板

板指平面尺寸较大而厚度较小的受弯构件,通常水平放置,有时也斜向设置(如楼梯板)或竖向设置(如墙板)。板在建筑工程中一般用作楼板、屋面板、基础板、墙板等。

板按受力形式可分为单向板(图 3-1)和双向板(图 3-2)。单向板上的荷载沿一个方向传递到支承构件;双向板上的荷载沿两个方向传递到支承构件上。当矩形板为两边支承时为单向板;当有四边支承时,板上的荷载沿双向传递到四边,则为双向板。但是,当板的长边比短边长得多时,板上的荷载就主要沿短边方向传递到支承构件上,而沿长边方向传递的荷载则很少,可以忽略不计,这样的四边支承板仍被认定为单向板。

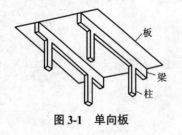

图 3-1　单向板

图 3-2　双向板

3.1.2　梁

梁是工程结构中的受弯构件,通常水平放置,有时也斜向设置以满足使用要求,如楼梯梁。梁的截面高度与跨度之比一般为 1/16~1/8。高跨比大于 1/4 的梁称为深梁;梁的截面高度通常大于截面宽度,但因工程需要,也有截面宽度大于截面高度的梁,称为扁梁;梁的高度沿轴线变化时,称为变截面梁。

梁按截面形式可分为矩形梁、T 形梁、倒 T 形梁、L 形梁、Z 形梁、槽形梁、箱形梁、空腹梁、叠合梁等;按所用材料可分为钢梁、钢筋混凝土梁、预应力混凝土梁、木梁及钢与混凝土组成的组合梁等(图 3-3)。

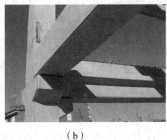

（a）　　　　　　　　　　　　　（b）

图 3-3　不同材料的梁

(a)钢梁　(b)钢筋混凝土梁

梁按支承方式可分为简支梁、悬臂梁、连续梁。简支梁 [图 3-4(a)] 的两端搁置在支座上,支座仅使梁不产生垂直移动,但可自由转动。为使整个梁不产生水平移动,在一端加设水平约束,该处的支座称为铰支座;另一端不加水平约束的支座称为滚动支座。悬臂梁 [图 3-4(b)] 的一端固定在支座上,该端不能转动,也不能产生水平和垂直移动,该处的支座称为固定支座;另一端可以自由转动和移动,称为自由端。连续梁 [图 3-4(c)] 是有两个或两个以上支座的梁。

梁按其在结构中的位置可分为主梁、次梁、连梁、圈梁、过梁等(图 3-5)。次梁一般直接承受板传来的荷载,再将板传来的荷载传递给主梁。主梁除承受板直接传来的荷载外,还承受次梁传来的荷载。连梁主要用于连接两榀框架,使其成为一个整体。圈梁一般用于砖混结构,将整个建筑围成一体,增强结构的抗震性能。过梁一般用于门窗洞口的上部,用以承受洞口上部结构的荷载。

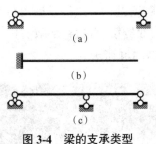

图 3-4　梁的支承类型

(a)简支梁　(b)悬臂梁　(c)连续梁

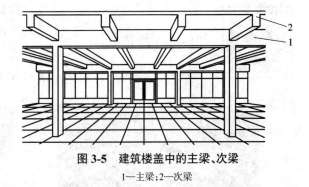

图 3-5　建筑楼盖中的主梁、次梁

1—主梁;2—次梁

3.1.3　柱

柱是工程结构中主要承受压力、有时也同时承受弯矩的竖向构件。柱按截面形式可分为方柱、圆柱、管柱、矩形柱、工字形柱、H 形柱、L 形柱、十字形柱、双肢柱、格构柱;按所用材

图 3-6 钢筋混凝土柱

料可分为石柱、砖柱、砌块柱、木柱、钢柱、钢筋混凝土柱、劲性钢筋混凝土柱、钢管混凝土柱和各种组合柱;按柱的破坏特征或长细比可分为短柱、长柱及中长柱;按柱的受力情况可分为轴心受压柱和偏心受压柱。

钢筋混凝土柱(图 3-6)是最常见的柱,广泛应用于各种建筑。钢筋混凝土柱按制造和施工方法可分为现浇柱和预制柱。

3.1.4 墙

墙是建筑物竖直方向的主要构件,用砖、石等砌成,主要起分隔、围护、承重等作用,另外还有隔热、保温、隔声等功能。

墙的分类方法有以下三种。

(1)按墙在建筑物中的位置不同,分为内墙和外墙。其中,分隔房间的内墙又称隔墙,位于房屋两侧的外墙称端墙或山墙,高出屋面的外墙称女儿墙。

(2)按墙在建筑物中的受力情况不同,分为承重墙和非承重墙。其中,承重墙与柱的作用类似,用于承受自身的重量和梁、板传来的荷载,以及用于抵抗水平方向的风荷载和地震作用。但与柱相比,作为承重构件的墙还可以起到围护和分隔的作用。非承重墙则是指不承受上部楼层重量的墙体,只起到分隔房间的作用。

(3)按墙体的施工方式不同,分为现场砌筑的砖墙、砌块墙,现场浇注的混凝土或钢筋混凝土板式墙,以及在工厂预制、现场装配的板材墙、组合墙等。

3.1.5 拱

拱为曲线结构,主要承受轴向压力,广泛应用于拱桥建筑(图 3-7、图 3-8),其典型应用

扫一扫:赵州桥

为砖混结构中的砖砌门窗圆形过梁,亦有拱形的大跨度结构。拱按铰数可分为三铰拱、无铰拱、双铰拱、带拉杆的双铰拱(简称拉杆拱),如图 3-9 所示。

图 3-7 河北赵州桥

图 3-8 美国贝永桥

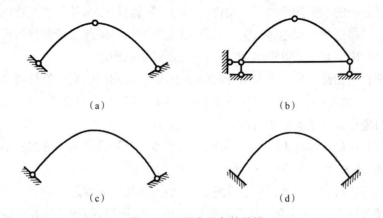

图 3-9　不同支承条件的拱

（a）三铰拱　（b）拉杆拱　（c）两铰拱　（d）无铰拱

3.2　房屋的组成

一座建筑一般是由基础、墙或柱、楼板层、地坪、楼梯、屋顶、门窗等几大部分构成的，如图 3-10 所示。它们在不同的部位发挥着各自的作用。

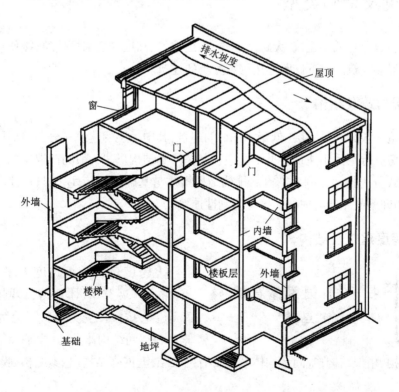

图 3-10　建筑物的基本组成

基础：基础是位于建筑物最下部的承重构件，承受着建筑物的全部荷载，并将这些荷载传给地基。

墙:墙是建筑物的承重构件和围护构件。作为承重构件,墙承受着建筑物由屋顶或楼板层传来的荷载,并将这些荷载传递给基础。作为围护构件,外墙起着抵御自然界各种因素对室内侵袭的作用;内墙起着分隔房间、创造室内舒适环境的作用。

楼板层:楼板层是楼房建筑中水平方向的承重构件,按房间层高将整栋建筑物沿水平方向分为若干部分。楼板层承受着家具、设备和人体的荷载以及本身自重,并将这些荷载传给墙。同时,还对墙身起水平支撑作用。

地坪:地坪是底层房间与土层相接触的部分,它承受底层房间内的荷载。不同地坪要求具有耐磨、防潮、防水、保温等不同的功能。

楼梯:楼梯是楼房建筑的垂直交通设施,供人们上下楼层和紧急疏散之用。

屋顶:屋顶是建筑物顶部的外围护构件和承重构件,抵御着自然界的雨、雪及太阳热辐射等;承受着建筑物顶部荷载,并将这些荷载传给垂直方向的承重构件。

门窗:门的作用主要是联系内外交通和分隔房间;窗主要用于采光和通风,同时也起分隔和围护作用。

一座建筑物除上述基本组成构件外,对不同使用功能的建筑,还有各种不同的构件和配件,如阳台、雨篷、散水等小构件。

3.3　建筑及结构类型

建筑按层数分为低层建筑、大跨度建筑、多层建筑、高层和超高层建筑,按使用性质分为民用建筑和工业建筑。以下仅阐述按层数分类的建筑。

3.3.1　低层建筑及结构

低层建筑一般为一至三层(低于 10 m)的建筑,其中一层的建筑又分为单层民用建筑和单层工业厂房。低层民用建筑多见于住宅、别墅等,其结构形式一般为砖混结构。单层工业厂房结构形式分为排架和刚架结构。排架结构指柱与基础为刚接,屋架与柱顶的连接为铰接;刚架结构即梁或屋架与柱的连接均为刚性连接。

3.3.2　大跨度建筑及结构

扫一扫:国家体育馆"鸟巢"

大跨度建筑是指跨度大于 60 m 的建筑,常用作展览馆、体育馆、影剧院、飞机机库等。它按整体受力形式可分为平面结构体系和空间结构体系,其中平面结构体系主要有折板结构、桁架结构;空间结构体系主要有网架结构、网壳结构、悬索结构、膜结构、薄壳结构等。

1. 网架结构

网架结构(图 3-11)为大跨度建筑中最常见的结构形式,因其为空间结构,故一般称之为空间网架。它是由多根杆件按照一定的网格形式通过节点连接而成的空间结构。构成网架的基本单元有三角锥、三棱体、正方体、截头四角锥等，由这些基本单元可组合成平面形状的三边形、四边形、六边形、圆形或其他任何形体。

图 3-11 网架结构

2. 网壳结构

网壳结构是由钢杆件组成的曲面网格结构。网壳与网架的区别在于前者为曲面，而后者为平面。网壳结构由于本身特有的曲面而具有较大的刚度，因而有可能做成单层，这是它不同于平板形网架的一个特点。

网壳结构是近 20 年发展起来的（图 3-12）。2014 年建成的大同煤矿集团塔山坑口电厂干煤棚，跨度达到 148 m。

图 3-12 网壳结构

3. 悬索结构

悬索为轴线受拉结构，它能够充分发挥材料的受拉性能。这种结构选用钢材后，无疑是一种理想的大跨度结构。目前达到的最大跨度为 160 m 左右。该结构中自然凹曲的悬索构成建筑优美的造型和独特的韵味。从结构上看，由于受力合理，能充分发挥材料性能，因此悬索结构重量轻，用钢量少且施工方便。

扫一扫：日本名古屋穹顶

4. 膜结构

膜结构可分为张拉膜结构和充气膜结构两大类。张拉膜结构通过柱及钢架支承或钢索张拉成型；充气膜结构靠室内不断充气，使室内外产生一定压力差，使屋盖膜布受到一定的向上的浮力，从而实现较大的跨度。

位于北京的"水立方"游泳馆（图 3-13）是一座外围护结构由多层气枕构成的充气式膜结构建筑，其中使用 ETFE（乙烯 – 四氟乙烯共聚物）膜材料近 100 t。

5. 薄壳结构

薄壳结构常见的形状有圆顶、筒壳、折板、双曲扁壳、双曲抛物面壳等。圆顶可为光滑的，也可为带肋的。悉尼歌剧院（图 3-14）是世界著名的建筑之一，其屋顶像一艘整装待发的航船，整个壳体结构用自然流畅的线条勾勒出悉尼歌剧院宛如天鹅般高雅的外形。该歌剧院成为澳大利亚的标志性建筑。

图 3-13 水立方游泳馆

图 3-14　悉尼歌剧院

3.3.3　多层建筑及结构

一般低于 8 层或总高度低于 24 m 的建筑称为多层建筑。多层建筑主要用作居民住宅、商场、办公楼、旅馆等。其常用结构形式为砖混结构、框架结构。

砖混结构中,通常墙体采用砖砌体,屋面和楼板采用钢筋混凝土结构,故称砖混结构。目前,我国的砖混结构最高已达 11 层,局部已达到 12 层。

框架结构指由梁和柱刚性连接而成骨架的结构。框架结构的优点是强度高、自重轻、整体性和抗震性能好。因其采用梁、柱承重,因此建筑布置灵活,可获得较大的使用空间,使用广泛,主要应用于多层工业厂房、仓库、商场、办公楼等建筑。

多层建筑可采用现浇钢筋混凝土结构,也可采用装配式或装配整体式结构。现浇钢筋混凝土结构整体性好;装配式和装配整体式结构采用预制构件,现场组装,整体性较差,但便于工业化生产和机械化施工。

3.3.4　高层和超高层建筑及结构

一般 9~40 层(总高度不超过 100 m)的建筑为高层建筑, 40 层以上、超过 100 m 的为超高层建筑。现代超高层建筑一定意义上是城市现代化的标志。目前,世界上已建成的最高的超高层建筑为阿联酋迪拜的哈利法塔(图 1-35),一共有 162 层,总高 828 m,是世界领先的独立式建筑。

我国已建成的领先的超高层建筑是位于上海陆家嘴金融中心的上海中心大厦,高度 632 m(图 1-36)。值得注意的是,高层大厦虽然体现了繁荣、活力与发展,但也有许多弊病。这些高楼都是集住宿、办公、购物、餐饮和娱乐于一体的综合建筑,在亚洲多数城市道路、水电、排污等基础设施尚不完善的情况下,会给市政带来巨大的压力。由于楼内部管道竖井多、敞开通道多、用火用电多、聚集人员多的“四多”特点,超高层建筑防火安全格外值得关注。

高层与超高层建筑的主要结构形式有框架结构、框架 - 剪力墙结构、剪力墙结构、筒体结构等。

扫一扫:上海中心大厦

1. 框架结构

框架结构(图 3-15)的受力体系由梁、柱组成,用于承受竖向荷载是合理的,在承受水平荷载方面能力很差。因此,其仅适用于高度不大、层数不多的房屋建筑。当房屋层数不多时,受风荷载的影响很小,竖向荷载对结构的设计起控制作用,但当层数较多时,水平荷载对结构设计具有很大的影响,框架结构就不适用了。

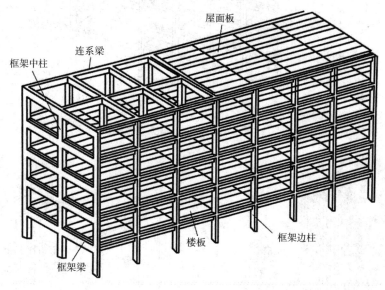

图 3-15　框架结构

2. 框架－剪力墙结构

剪力墙即钢筋混凝土墙体,因其抗剪能力很强,故称为剪力墙。在框架－剪力墙结构(图 3-16)中,框架与剪力墙协同受力,剪力墙承担绝大部分水平荷载,框架则以承担竖向荷载为主,这样可以大大减小柱子的截面。

剪力墙在一定程度上限制了建筑平面布置的灵活性。这种体系一般用于办公楼、旅馆、住宅及某些工艺用房。如 1997 年建成的广州中天大厦(图 3-17)为 80 层、322 m 高的框架－剪力墙结构。

3. 剪力墙结构

当房屋的层数更多时,横向水平荷载对结构设计起控制作用,宜采用剪力墙结构(图 3-18),即房屋的受力体系全部由纵横布置的剪力墙组成,剪力墙不仅承受水平荷载,而且承受竖向荷载。

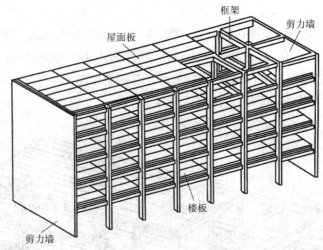

图 3-16　框架 - 剪力墙结构

图 3-17　广州中天大厦

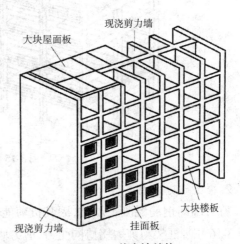

图 3-18　剪力墙结构

　　剪力墙结构因其空间分隔固定,建筑布置极不灵活,所以一般用于住宅、旅馆等建筑。如建成于 1976 年的广州白云宾馆(图 3-19),地上 33 层,地下 1 层,高 120 m,采用钢筋混凝土剪力墙结构,是我国第一座超过 100 m 的高层建筑。

图 3-19　广州白云宾馆

4. 筒体结构

筒体结构是以一个或多个筒体为承重结构的高层建筑体系,适用于层数较多的超高层建筑。在侧向风荷载的作用下,其受力类似于箱形截面的刚性悬臂梁,迎风面受拉,而背风面受压。

筒体结构可分为框筒体系、筒中筒体系、桁架筒体系、成束筒体系等。

1)框筒体系

框筒体系指内芯由剪力墙构成,周边为框架结构,如深圳的华联大厦(建成于 1988 年,图 3-20),地上 26 层,地下 1 层,高 100 m。

2)筒中筒体系

当周边的框架柱布置较密时,可将周边框架视为外筒,而将内芯的剪力墙视为内筒,这样就构成筒中筒体系,如广州的广东国际大厦(建成于 1991 年,图 3-21),地上 63 层,地下 3 层,高约 200 m。

图 3-20　深圳华联大厦

图 3-21　广东国际大厦

3)桁架筒体系

在筒体结构中,通过增加斜撑来抵抗水平荷载,以进一步提高结构承受水平荷载的能力,增加体系的刚度,这种结构体系称为桁架筒体系,如由著名华裔建筑师贝聿铭设计、于 1989 年建成的香港中银大厦(图 3-22)。

4)成束筒体系

成束筒体系是由多个筒体组成的结构体系。最典型的具有成束筒体系的建筑应为美国芝加哥的西尔斯大楼,地上 108 层,地下 3 层,高 442.3 m,包括两根 TV 天线高 527.2 m,采用钢结构成束筒体系(图 3-23)。

扫一扫:2020 年世界最高楼排名前十对比

图 3-22　香港中银大厦

图 3-23　芝加哥西尔斯大楼

3.4　特种结构

特种结构是指具有特殊用途的工程结构,包括高耸结构、海洋工程结构、管道结构、容器结构、核电站结构等等。本节介绍工业中常用的几种特种结构。

3.4.1　电视塔

电视塔通常为筒体悬臂结构或空间框架结构,一般由塔基、塔座、塔身、塔楼及桅杆五部分组成。目前,世界最高的电视塔是日本东京晴空电视塔(图 1-50),高 634 m;位于广州市中心的广州新电视塔(图 1-52),于 2009 年 9 月建成,高 600 m,是目前中国的第一高塔,世界第四高塔;上海东方明珠电视塔高 468 m,是我国第二、世界第七的高塔。

3.4.2　烟囱

烟囱是将烟气排入高空的高耸结构,一般有砖烟囱、钢筋混凝土烟囱和钢烟囱三类。

砖烟囱的高度一般不超过 50 m,可以就地取材,节省水泥和模板,耐热性能好,但是自重大,整体性和抗震性能差,施工较复杂,在温度应力作用下易开裂。

钢筋混凝土烟囱(图 3-24)多为高度超过 50 m 的烟囱,一般采用滑模施工,由基础、灰斗平台、烟道口、筒壁、内衬、筒首和信号平台组成。钢筋混凝土烟囱按内衬布置方式不同可分为单筒式、双筒式和多筒式。

钢烟囱自重小,抗震性能好,适用于地基差的场地,但耐腐蚀性差,需经常维护。钢烟囱按其结构可分为拉线式(高度不超过 50 m)、自立式(高度不超过 120 m)和塔架式(高度超过 120 m,图 3-25)。

图 3-24　钢筋混凝土烟囱

图 3-25　塔架式钢烟囱

3.4.3　水塔

水塔是储水和配水的高耸结构,是给水工程中常用的构筑物,用来保持和调节给水管网中的水量和水压。水塔由水箱、塔身和基础三部分组成。

水塔按建筑材料分为钢筋混凝土水塔、钢水塔、砖石塔身与钢筋混凝土水箱组合的水塔。其外形主要有圆柱形、倒锥壳形、球形和箱形等,如图 3-26 所示。法国有一座多功能的水塔,在最高处设置水箱,中部为办公用房,底层是商场。我国也有烟囱和水塔建在一起的双功能构筑物。

图 3-26　水塔外形

(a)圆柱形　(b)倒锥壳形　(c)球形　(d)箱形

3.4.4　水池

水池同水塔一样用于储水,多建造在地面或地下,是给水排水工程中的重要构筑物之一。水池主要包括净水厂、污水处理厂的各类水工构筑物以及民用水池,其中民用水池主要是地下储水池和游泳池等,如图 3-27 和图 3-28 所示。

图 3-27　过滤池

图 3-28　游泳池

水池按形状可分为圆形水池和矩形水池两种,按建筑材料不同可分为钢水池、钢筋混凝土水池、砖石水池等。其中钢筋混凝土水池具有节约钢材、构造简单、耐久性好等优点,应用比较广泛。

另外,水池按照施工方法可分为预制装配式水池和现浇整体式水池。目前用得比较多的是预制圆弧形壁板与工字形柱组成池壁的预制装配式圆形水池。

3.4.5　筒仓

图 3-29　钢筋混凝土筒仓

筒仓是储存粒状或粉状物体的立式容器,一般有钢筋混凝土筒仓(图 3-29)、钢筒仓和砖砌筒仓三类。

钢筋混凝土筒仓又可分为整体浇筑和预制装配、预应力和非预应力的筒仓。我国目前应用最广泛的是整体浇筑的普通钢筋混凝土筒仓,其在经济性、耐久性、抗冲击性等方面都有明显优势。筒仓按平面形状可分为圆形、矩形、多边形和菱形筒仓,目前我国以圆形和矩形筒仓为主。圆形筒仓受力合理,用料经济,应用比较广。

3.5　绿色建筑与智能建筑

3.5.1　绿色建筑

绿色建筑的"绿色",并非指一般意义上的立体绿化、屋顶花园,而是一种概念或象征。绿色建筑指充分利用环境自然资源,在不破坏环境基本生态平衡的条件下建造的一类建筑,又称为可持续发展建筑、生态建筑、回归大自然建筑、节能环保建筑等。绿色建筑评价体系共有六类指标,由高到低划分为三星、二星和一星。

绿色建筑的室内布局十分合理,尽量少用合成材料,充分利用阳光,节省能源,为居住者创造一种接近自然的感觉。绿色建筑以人、建筑和自然环境的协调发展为目标,在利用天然条件和人工手段创造良好、健康的居住环境的同时,尽可能地控制和减少对自然环境的使用和破坏,充分体现向大自然索取与回报大自然之间的平衡。

自 1992 年巴西里约热内卢联合国环境与发展大会以来,中国政府相继颁布了若干相关纲要、导则和法规,大力推动绿色建筑的发展。截至 2016 年 9 月底,中国取得绿色建筑标志的项目达 4 515 项,累计建筑面积 52 291 万 m²。随着绿色建筑实施的不断深入及国家对绿色建筑支持力度的不断增大,未来中国绿色建筑将继续迅猛发展。

3.5.2　智能建筑

智能建筑的国际定义:通过对建筑物的结构、系统、服务和管理四项基本要求以及它们的内在关系进行优化,提供一种投资合理,具有高效、舒适和便利环境的建筑物。

最新的国家标准《智能建筑设计标准》(GB 50314—2015)将智能建筑定义为"以建筑物为平台,基于对各类智能化信息的综合应用,集架构、系统、应用、管理及优化组合为一体,具有感知、传输、记忆、推理、判断和决策的综合智慧能力,形成以人、建筑、环境互为协调的整合体,为人们提供安全、高效、便利及可持续功能环境的建筑"。

智能建筑是随着人类对建筑内外信息交换、安全性、舒适性、便利性和节能性的要求产生的,同时智能建筑也是信息时代的必然产物。建筑智能化能够提高工作效率,提升建筑适用性,降低使用成本,必然成为未来建筑的发展趋势。

世界上第一幢智能大厦于 1984 年在美国哈特福德市建成。日本从 1985 年开始建设智能建筑,新建的大楼中有 60% 以上为智能型。中国台湾地区智能建筑的发展较早,到 1991年已建成 1 300 栋左右,香港特区智能建筑起步也较早,相继出现了汇丰银行大厦、立法会大厦及中银大厦等一批智能化程度较高的建筑。中国大陆的智能建筑于 20 世纪 80 年代末才起步,但迅猛的发展势头令世人瞩目,1989 年建的北京发展大厦为中国大陆第一幢智能建筑。

课后思考题

1. 以主体结构确定的建筑耐久年限是如何划分的?

2. 请分析单向板和双向板的受力形式。

3. 分析木楼板、钢筋混凝土楼板、压型钢板组合楼板的优缺点。

4. 分析平板、槽形板和空心板的优缺点。

5. 联系身边的建筑,分析砖混结构与框架结构有何不同。

6. 梁是如何进行分类的?

7. 单层建筑的发展趋势如何?

8. 网壳结构和网架结构的区别是什么?

9. 你如何看待现在的超高层建筑?

10. 怎样理解框支剪力墙结构? 在设计中要注意什么?

11. 谈谈你对未来建筑的设想。

第4章 桥梁工程

4.1 桥梁的组成和分类

4.1.1 桥梁的组成

桥梁的基本组成如图 4-1 所示,主要分为上部结构、支座系统、下部结构和附属结构四个部分。

1. 上部结构(Superstructure)

上部结构又称为桥跨结构,主要包括桥面板、桥面梁及拱、悬索等。其作用是承受桥面上车辆、行人的荷载。

2. 支座系统(Bearing)

支座系统是在桥跨结构与桥墩或桥台的支承处所设置的传力装置。支座不仅要传递很大的荷载,而且要保证桥跨结构按照设计要求能产生一定的变位。

3. 下部结构(Substructure)

下部结构是桥墩、桥台和墩台基础的总称。

(1)桥墩:设在两桥台之间,其作用是支承桥跨结构。

(2)桥台:设在桥身两端,除支承桥跨结构外,还与路堤衔接并防止路堤滑塌。

(3)墩台基础:是桥墩基础和桥台基础的统称,指桥墩或桥台埋入岩土中的扩大部分,其作用是将桥上荷载传至地基。

4. 附属结构(Accessory Structure)

附属结构包括桥面铺装、排水防水系统、栏杆、伸缩缝、灯光照明系统等。

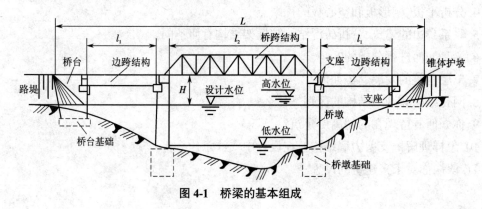

图 4-1 桥梁的基本组成

4.1.2　桥梁基本尺寸与术语

1. 水位

水位是指自由水面相对于某一基面的高程。在桥梁设计中相关的水位如下。

（1）低水位：枯水季节的最低水位。

（2）高水位：洪峰季节河流中的最高水位。

（3）设计水位：桥梁设计中按照规定的设计洪水频率计算所得的高水位。

（4）通航水位：在各级航道中，能保持船舶正常航行时的水位。

2. 跨径

（1）净跨径：对于梁式桥是设计水位上相邻两个桥墩（或桥台）之间的净距 L_0，如图 4-2 所示；对于拱式桥是每孔拱跨两个拱脚截面最低点之间的水平距离 l_0，如图 4-3 所示。

（2）总跨径：是指多孔桥梁中各孔净跨径的总和，它反映了桥下宣泄洪水的能力。

（3）标准跨径：对于梁式桥和板式桥，以两桥墩之间桥中心线长度或桥墩中线与桥台台背前缘线之间桥中心线的长度为准，一般用 L_K 表示，如图 4-2 所示；对于拱桥，标准跨径以净跨径为准。

（4）计算跨径：对于设有支座的桥梁，是指桥跨结构相邻支座中心间的距离 L_1，如图 4-2 所示；对于不设支座的桥梁（如拱桥），是上、下部结构相交面中心间的水平距离 L_0，如图 4-3 所示。桥梁的结构力学计算以计算跨径为准。

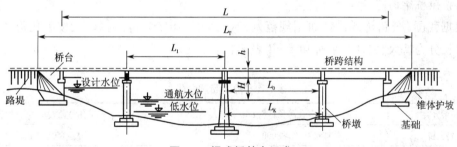

图 4-2　梁式桥基本组成

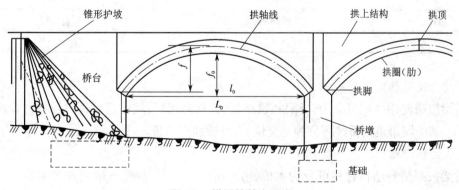

图 4-3　拱桥的基本组成

3. 长度

（1）桥梁全长：简称桥长。对于有桥台的桥梁，一般把桥梁两端桥台的侧墙或八字墙尾端点之间的距离 L 称为桥梁全长，如图 4-2 所示；对于没有桥台的桥梁，桥梁全长为桥跨结构行车道板的全长。

（2）桥梁总长：指桥梁两端桥台台背前缘间的距离 L_T，如图 4-2 所示。

4. 高度

（1）桥梁高度：指低水位与桥面的高差，对于跨线桥是指桥下道路路面与桥面的高差。

（2）桥梁建筑高度：指桥上行车路面与桥跨结构下边缘之间的高差 h，如图 4-2 所示。

（3）桥梁容许建筑高度：指桥面标高与通航净空顶部标高之差。桥梁建筑高度应小于桥梁容许建筑高度。

（4）桥下净空：指设计水位或通航水位至桥跨结构下边缘的距离 H，如图 4-2 所示。该距离应满足安全排洪及通航的要求。

（5）桥面净空：指桥梁行车道、人行道上方应该保持的空间界限。

（6）矢高：指拱桥中主拱圈拱顶与拱脚之间的高差，具体分为计算矢高和净矢高两种。计算矢高为拱轴线上拱顶与拱脚（起拱线）间的高差 f，如图 4-3 所示；净矢高为拱顶下沿与拱脚间的高差 f_0，如图 4-3 所示。

4.1.3　桥梁的分类

1. 按照桥梁的跨径和全长分类

根据我国《公路桥涵设计通用规范》（JTG D60—2015），可以将桥梁按单孔跨径、多孔跨径总长分为特大、大、中、小桥和涵洞（表 5-1）。

表 5-1　桥梁涵洞分类

桥梁分类	多孔跨径总长 L/m	单孔跨径 L_K/m
特大桥	$L > 1\,000$	$L_K > 150$
大桥	$100 \leqslant L < 1\,000$	$40 \leqslant L_K < 150$
中桥	$30 \leqslant L < 100$	$20 \leqslant L_K < 40$
小桥	$8 \leqslant L < 30$	$5 \leqslant L_K < 20$
涵洞	—	$L_K < 5$

2. 按照使用性质分类

桥梁按照使用性质可分为公路桥、铁路桥、公铁两用桥、城市道路桥、机耕桥、管线桥和渡槽桥。其中城市道路桥又可分为立交桥、人行桥和高架桥。

3. 按照桥身结构材料分类

桥梁按照桥身结构材料可分为木桥、圬工桥（以砖、石、混凝土砌块作为主要建造材料的桥梁）、钢筋混凝土桥、预应力混凝土桥和钢桥。

4. 按照桥跨结构的平面布置分类

桥梁按照桥跨结构的平面布置可分为正交桥、斜交桥和弯桥。

5. 按照上部结构的行车道位置分类

桥梁按照上部结构的行车道位置可分为上承式桥、中承式桥和下承式桥。

6. 按照受力体系分类

桥梁按照受力体系可分为梁式桥、拱桥、刚架桥、斜拉桥、悬索桥和组合体系桥。这几种桥梁类型是我们要研究的重点,将在下一节详细说明。

4.2　桥梁的结构形式

按照受力体系分类,桥梁有梁、拱、索三大基本体系,其中梁式桥以受弯为主,拱桥以受压为主,悬索桥以受拉为主。另外,由上述三大基本体系相互组合,派生出在受力上也具组合特征的多种桥型,如刚架桥、斜拉桥等。下面分别阐述各种桥梁体系的主要特点。

4.2.1　梁式桥

梁式桥是用梁或桁架梁作为主要承重结构的桥梁形式。在竖向荷载作用下,其无水平反力,弯矩较大。梁式桥通常用抗弯能力强的材料来建造,比如钢、木、钢筋混凝土、预应力钢筋混凝土等。梁式桥可分为简支梁桥、悬臂梁桥和连续梁桥(图 4-4)。

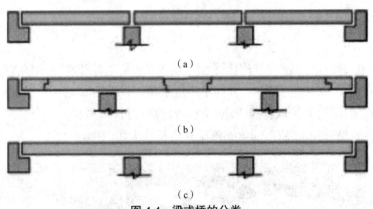

(a)

(b)

(c)

图 4-4　梁式桥的分类
(a)简支梁桥　(b)悬臂梁桥　(c)连续梁桥

梁式桥外形简单,制作、安装、维修方便,能就地取材,耐久性好,适应性强,整体性好且美观。梁式桥较好地利用了杆件材料的强度,在设计理论及施工技术方面发展得较成熟。但当跨径增大时,其自重随之增大,使桥梁跨越能力降低。

工程实例:南京长江大桥(图 4-5)、开封黄河大桥(图 4-6)。

扫一扫:南京长江大桥

图 4-5　南京长江大桥

图 4-6　开封黄河大桥

4.2.2　拱桥

拱桥是用拱作为桥身主要承重结构的桥梁形式。在竖向荷载作用下,桥墩或桥台将承受水平推力,同时这种推力将显著抵消荷载引起的在拱圈内的弯矩作用,所以拱桥承重结构以受压为主,通常用抗压能力强的圬工材料、钢筋混凝土等来建造。拱桥按照拱圈的静力体系,可分为三铰拱桥、二铰拱桥、无铰拱桥(图 4-7);按照桥面所在位置,可分为上承式拱桥、中承式拱桥和下承式拱桥。

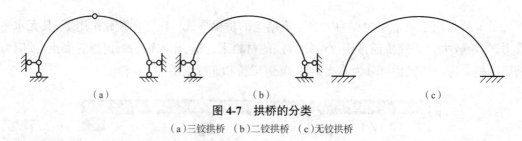

图 4-7　拱桥的分类
(a)三铰拱桥　(b)二铰拱桥　(c)无铰拱桥

拱桥的优点:跨越能力较大;与钢桥相比,可节省大量钢材和水泥;耐久性好,同时养护、维修费用少;外形美观,构造较简单,有利于广泛采用。拱桥的缺点:拱桥的建设对地基要求较高;对多孔连续拱桥,要采取特殊措施,工程造价高;对行车不利。

工程实例:晋城丹河大桥(图 4-8)、重庆巫山长江大桥(图 4-9)。

图 4-8　晋城丹河大桥

图 4-9　重庆巫山长江大桥

4.2.3　刚架桥

刚架桥是一种梁与墩台刚性连接成整体的桥梁形式。在竖向荷载作用下,柱脚处有水平反力和支撑弯矩。梁与墩柱连接处刚度较大。其受力介于梁式桥与拱桥之间,跨中正弯矩小。刚架桥可分为 T 形刚架桥、连续刚架桥、斜腿刚架桥(图 4-10)。

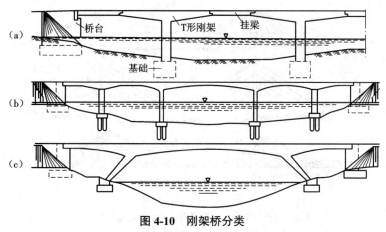

图 4-10　刚架桥分类

（a）T 形刚架桥　（b）连续刚架桥　（c）斜腿刚架桥

刚架桥外形尺寸小,桥下净空大,桥下视野开阔,混凝土用量少,但基础造价较高,钢筋的用量较大,且为超静定结构,会产生次内力。

工程实例:重庆石板坡长江大桥(图 4-11)、虎门珠江辅航道桥(图 4-12)。

图 4-11　重庆石板坡长江大桥

图 4-12　虎门珠江辅航道桥

4.2.4　斜拉桥

斜拉桥是将主梁用许多拉索直接拉在索塔上的一种桥梁形式。其可看作由拉索代替支墩的多跨弹性支承连续梁。斜拉桥由索塔、主梁、斜拉索组成。外荷载从主梁传递到斜拉索,再到索塔。桥承受的主要荷载是其自重,自重的主要来源是主梁。斜拉桥是主梁受压、受弯,斜拉索受拉的结构。斜拉桥按照拉索形式可分为辐射形斜拉桥、竖琴形斜拉桥和扇形斜拉桥(图 4-13)。

斜拉桥的优点:梁体尺寸较小,使桥梁的跨越能力增大;受桥下净空和桥面标高的限制小;抗风稳定性好,且不需要锚锭构造;便于无支架施工。斜拉桥的缺点:由于斜拉桥是多次超静定结构,所以计算起来比较复杂;索与梁或塔的连接构造比较复杂;施工中高空作业较多,且技术要求严格。

工程实例:南汊大桥(图 4-14)、苏通长江公路大桥(图 4-15)。

扫一扫:苏通大桥

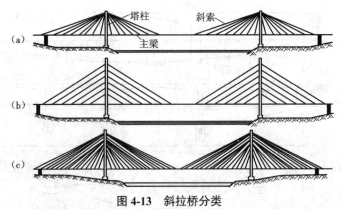

图 4-13 斜拉桥分类

（a）辐射形斜拉桥 （b）竖琴形斜拉桥 （c）扇形斜拉桥

图 4-14 南汉大桥

图 4-15 苏通长江公路大桥

4.2.5 悬索桥

悬索桥是以通过索塔悬挂并锚固于两岸（或桥两端）的缆索（或钢链）作为上部结构主要承重构件的桥梁形式。悬索桥主要承受拉力，一般用抗拉强度高的钢材（钢丝、钢缆等）制作。悬索桥主要由悬索、索塔、锚锭、吊杆、桥面系等部分组成。

悬索桥的优点：可以使用较少的材料跨越较长的距离；桥梁高度可以较大，容许船只在下面通过；造桥时不用在桥中心建立暂时桥墩，也可以在较深、较急的水流上建造。悬索桥的缺点：桥坚固性不强，大风情况下交通须暂时中断；不宜作为重型铁路桥梁；悬索桥对地基的要求很高，塔架会对地面施加非常大的作用力，假如地面本身比较软，塔架的地基将非常大并且造价昂贵；悬索锈蚀后不容易更换。

扫一扫：日本明石海峡大桥

工程实例：明石海峡大桥（图 4-16）、金门大桥（图 4-17）。

图 4-16 明石海峡大桥

图 4-17 金门大桥

4.2.6 组合体系桥

组合体系桥是两种以上桥型的组合形式。例如:布鲁克林大桥(图4-18)是斜拉桥与悬索桥的组合;九江长江大桥(图4-19)是桁拱体系组合桥。

扫一扫:布鲁克林大桥

图 4-18 布鲁克林大桥   图 4-19 九江长江大桥

4.3 桥梁工程的总体规划和设计要点

4.3.1 桥梁总体规划基本要求

桥梁是铁路、公路和城市道路的重要组成部分,特别是大、中型桥梁的建设对当地政治、经济、国防等都具有重要意义。因此,桥梁设计除应符合技术先进、安全可靠、适用耐久、经济合理的要求外,还应遵循美观和有利于环保的原则,并考虑因地制宜、就地取材、便于施工和养护等因素。

1. 安全可靠

(1)设计的桥梁结构在强度、稳定性和耐久性方面应有足够的安全储备。

(2)防撞栏杆应具有足够的高度和强度,人与车流之间应设防护栏,防止车辆冲入人行道或撞坏栏杆而落到桥下。

(3)对于交通繁忙的桥梁,应设计好照明设施,并有明确的交通标志,两端引桥坡度不宜太陡,以免发生车辆碰撞等引起的事故。

(4)对于河床易变迁的河道,应设计好导流设施,防止桥梁基础底部被过度冲刷;对于通行大吨位船舶的河道,除按规定加大桥孔跨径外,必要时应设置防撞构筑物等。

(5)对修建在地震区的桥梁,应按抗震要求采取防震措施;对于大跨柔性桥梁,尚应考虑风振效应。

2. 适用耐久

(1)桥面宽度能满足当前以及今后规划年限内的交通流量(包括行人通道)。

（2）桥梁结构在通过设计荷载时不出现过大的变形和过宽的裂缝。

（3）桥跨结构的下方要有利于泄洪、通航或车辆和行人通行。

（4）桥梁的两端要便于车辆的进入和疏散，而不致产生交通堵塞现象等。

（5）考虑综合利用，方便各种管线（水、电气、通信等管线）的搭载。

3. 经济合理

（1）桥梁设计应遵循因地制宜、就地取材和方便施工的原则。

（2）经济的桥型应该是造价和养护费用综合最省的桥型。设计中应充分考虑维修的方便和维修费用少，维修时尽可能不中断交通或使中断交通的时间最短。

（3）选择的桥位应满足地质、水文条件好，桥梁长度较短的要求。

（4）桥梁应建在能缩短河道两岸运距的位置，以促进该地区的经济发展，产生最大的效益。对于过桥收费的桥梁应能吸引更多的车辆通过，达到尽快回收投资的目的。

4. 环境保护和可持续发展

桥梁设计应考虑环境保护和可持续发展的要求。从桥位选择、桥跨布置、基础方案、墩身外形、上部结构施工方法、施工组织设计等各方面综合考虑环境要求，采取必要的工程控制措施，并建立环境监测保护体系，将不利影响减至最小。

4.3.2　桥梁平面设计

桥梁设计首先要确定桥位。桥位应在服从路线总方向的前提下，选在河道顺直、河床稳定、水面较窄、水流平稳的河段。中小桥的桥位应服从路线要求，而路线的选择应服从大桥的桥位要求。

桥梁的平曲线半径、平曲线超高和加宽、缓和曲线、变速车道设置等，均应满足相应等级线路的规定。

4.3.3　桥梁纵断面设计

桥梁纵断面设计包括确定桥梁总跨径、桥梁分孔、桥道标高、桥上和桥头引道的纵坡等。

1. 桥梁总跨径的确定

桥梁总跨径一般根据水文计算确定。其基本原则是：在桥梁的整个使用年限内，应保证设计洪水能顺利宣泄；河流中可能出现的流冰和船只、排筏等能顺利通过；避免因过分压缩河床而引起河道和河岸的不利变迁；避免因桥前壅水而淹没农田、房屋、村镇和其他公共设施等。对于桥梁结构本身来说，应避免因总路径缩短而引起的河床过度冲刷对浅埋基础带来的不利影响。

在某些情况下，为了降低工程造价，可以在不超过允许的桥前壅水和规范规定的允许最大冲刷系数的前提条件下，适当增大桥下冲刷，以缩短总跨长。例如，对于深埋基础，一般允许稍大一点的冲刷，使总跨径能适当减小；对于平原区稳定的宽河段，流速较小，漂流物也较少，主河槽也较大，这时，可以对河滩的浅水流区段进行较大的压缩，但必须对此进行慎重的校核，且注意压缩后的桥梁壅水不得危及河滩路堤以及附近农田和建筑物。

2. 桥梁分孔的确定

一座较长的桥梁应当分成若干孔,但孔径的划分不仅会影响到使用效果和施工难度等,而且在很大程度上会影响到桥梁的总造价。例如,采用的跨径越大,孔数越少,固然可以降低墩台的造价,但会使上部结构的造价增加;反之,则上部结构的造价降低,但墩台的造价却有所提高。因此,在满足下述使用和技术要求的前提下,通常采用最经济的分孔方式,即使上、下部结构的总造价趋于最低。桥梁分孔的要求如下。

(1)对于通航河流,分孔时首先应满足桥下的通航要求,桥梁的通航孔应布置在航行最方便的河域。对于变迁性河流,根据具体条件,应多设几个通航孔。

(2)对于平原区宽阔河流上的桥梁,通常在主河槽部分布置较大的通航孔,而在两侧浅滩部分按经济路径进行分孔。

(3)在山区深谷、水深流急的江河上或在水库上建桥时,为了减少中间桥墩,应加大跨径。如果条件允许,甚至可以采用特大跨径的单孔跨越。

(4)对于采用连续体系的多孔桥梁,应从结构的受力特性考虑,使边孔与中孔的跨中弯矩接近相等,合理地确定相邻跨之间的比例。

(5)如果河流中存在不利的地质段,如岩石破碎带、裂隙、溶洞等,在布孔时,为了使桥基避开这些区段,可以适当加大跨径。

(6)跨径的选择还与施工能力有关,有时选择较大的跨径虽然在技术经济上是合理的,但由于缺乏足够的施工能力和机械设备,也不得不放弃而改用较小跨径。

(7)对于城市桥梁,还应从与城市周围环境及已建桥梁相协调的角度出发,进行合理的布孔。

总之,大、中型桥梁的分孔是一个相当复杂的问题,必须根据使用要求、桥位所处的地形和环境、河床地质、水文等具体情况,通过技术经济等方面的分析比较,才能做出比较完美的设计方案。

3. 桥道标高的确定

对于跨河桥梁,桥道标高应满足桥下排洪和通航的要求;对于跨线桥,则应确保桥下安全行车。在平原区建桥时,桥道标高的抬升往往伴随着桥头引道路堤土方量的显著增加。在修建城市桥梁时,桥梁过高会使两端引道的延伸影响市容,或者需要设置立体交叉或高架线桥,这必然导致造价提高。因此应根据设计洪水位、桥下通航(或通车)净空等需要,并结合桥型、跨径等一起考虑,以确定合理的桥道标高。在有些情况下,桥道标高在路线纵断面设计中已做了规定。下面介绍确定桥道标高的有关问题。

(1)为了保证桥下流水净空,对于梁桥,梁底应比设计洪水位高出不少于 0.5 m,高出最高流冰水位 0.75 m;支座应高出设计洪水位不小于 0.25 m,高出最高洪水位不小于 0.50 m,如图 4-20 所示。如果支座部分有围护隔水,可不受此限制。当河流中有形成流冰阻塞的危险或有漂浮物通过时,桥下净空应按当地具体情况确定。对于有淤积的河床,桥下净空应适当加高。

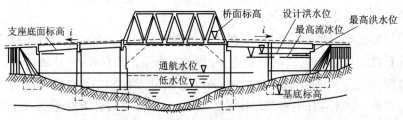

图 4-20　梁桥纵断面规划图

（2）在通航及通行木筏的河流上，桥梁必须设置保证桥下安全通航的通航孔。在此情况下，桥跨结构下缘的标高应高于通航净空高度。所谓通航净空，就是在桥孔中垂直于流水方向所规定的空间界限，任何结构构件和航运设施均不得伸入其内。

（3）进行跨越线路（铁路或公路）的立体交叉设计时，桥跨结构的标高应高于规定的车辆净空高度。公路、铁路的净空尺寸可查阅《公路桥涵设计通用规范》和《铁路桥涵设计规范》。

桥道标高确定后，就可根据两端桥头的地形和线路要求设计桥梁的纵断面。一般将桥梁的纵断面设计成具有单向或双向坡度的桥梁，既利于交通，美观效果好，又便于桥面排水（对于不太长的小桥，可以做成平坡桥）。

4. 桥上和桥头引道纵坡的设置

对于大、中型桥梁，为了便于桥面排水和降低桥头引道路堤高度，通常把桥面做成从桥的中间向桥头两端倾斜的双向纵坡。桥上纵坡坡度不宜大于 4%，桥头引道纵坡坡度不宜大于 5%。位于市镇混合、交通繁忙处的桥梁，桥上纵坡和桥头引道纵坡坡度均不得大于 3%。对桥上或桥头引道的纵坡发生变更的地方均应按规定设置竖曲线。

4.3.4　桥梁横断面设计

桥梁横断面设计主要取决于桥面宽度和不同桥跨结构横截面的形式。桥面宽度取决于行车和行人的需要，为保证桥梁的服务水平，应按照国家标准中的道路等级确定。图 4-21 为典型双向整体式桥梁横断面。对于城市桥梁或城市交通的公路桥，应考虑到城市交通工程的规划要求予以适当加宽；在弯道上的桥梁，应按路线要求予以加宽和设置超高；桥上人行道和自行车道的设置，应根据需要而定，并与前后路线布置配合。

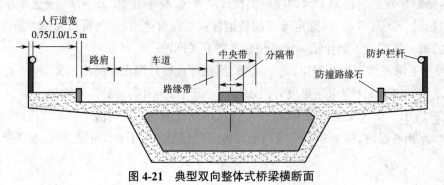

图 4-21　典型双向整体式桥梁横断面

4.4　桥梁的发展史及发展趋势

4.4.1　桥梁的发展史

桥梁是供铁路、道路、渠道、管线、车辆、行人等跨越河流、山谷、湖泊、低地或其他交通线路时使用的建筑结构。桥梁是交通线路的重要组成部分。在历史上,每当运输工具发生重大变化时,对桥梁的载重、跨度等方面就会提出新的要求,从而推动了桥梁工程技术的发展。其发展历程可分为古代、近代和现代三个时期。

1. 古代桥梁

在 18 世纪以前,桥梁一般是用木、石材料建造的,因此分为石桥和木桥。

1）石桥

石桥的主要形式是石拱桥。据考证,中国早在东汉时期就出现了石拱桥,如出土的东汉画像砖,刻有拱桥图形。现在尚存的赵州桥（图 4-22）,建于公元 595—605 年,净跨径为 37 m,首创在主拱圈上加小腹拱的空腹式拱。中国古代石拱桥的拱圈和墩一般都比较薄,比较轻巧,如建于公元 816—819 年的宝带桥（图 4-23）,全长 317 m,薄墩扁拱,结构精巧。

图 4-22　赵州桥

图 4-23　宝带桥

罗马时代,欧洲建造拱桥较多。如公元前 200—公元 200 年间在罗马台伯河建造了 8 座石拱桥。此外,出现了许多石拱水道桥,如现存于法国的加尔德引水桥。罗马时代拱桥多为半圆拱,跨径小但墩宽。11 世纪以后,欧洲开始出现尖拱桥。如英国在公元 1179—1209 年建成的泰晤士河桥（图 4-24）,为 19 孔、跨径约为 7 m 的尖拱桥。拱桥除圆拱、割圆拱外,还有椭圆拱和坦拱。

图 4-24　泰晤士河桥

石梁桥是石桥的另一种形式。中国陕西省西安市灞桥区的灞桥原为石梁桥,建于春秋时期,距今已有 2 000 多年。12—13 世纪泉州地区先后建造了几十座较大型的石梁桥,其中有洛阳桥(图 4-25)、安平桥(图 4-26)。

图 4-25　洛阳桥

图 4-26　安平桥

2)木桥

早期木桥多为梁桥,如秦代在渭水上建的渭桥,即为多跨梁式桥。木梁桥跨径不大,伸臂木桥可以加大跨径,八字撑木桥和拱式撑架木桥亦可以加大跨径,如 16 世纪意大利的巴萨诺桥为八字撑木桥。

木拱桥出现较早,公元 2 世纪在匈牙利多瑙河建成的特拉杨木拱桥,共有 21 孔,每孔跨径约为 36 m。中国在河南开封修建的虹桥(图 4-27),净跨约为 20 m,建于公元 11 世纪。

中国西南地区有用竹篾缆造的竹索桥。著名的竹索桥是四川灌县的珠浦桥(图 4-28),桥为 8 孔,最大跨径约为 61 m,总长 340 m,建于宋代以前。

图 4-27　虹桥

图 4-28　珠浦桥

2. 近代桥梁

18 世纪铁的生产和铸造,为桥梁提供了新的建造材料。但铸铁的抗冲击性能、抗拉性能差,易断裂,并非良好的造桥材料。19 世纪 50 年代以后,随着酸性转炉炼钢和平炉炼钢技术的发展,钢材成为重要的造桥材料。钢材的抗拉强度大,抗冲击性能好,尤其是 19 世纪 70 年代出现的钢板和矩形轧制断面钢材,为桥梁的部件在厂内组装创造了条件,使钢材应用日益广泛。

19 世纪 20 年代，J. 阿斯普丁发明了用石灰、黏土、赤铁矿混合煅烧而成的水泥。19 世纪 60 年代，J. 莫尼埃开始采用在混凝土中放置钢筋的方法，以弥补水泥抗拉性能差的缺点；19 世纪 70 年代，他主持建造了第一座钢筋混凝土桥。

近代桥梁的建造促进了桥梁科学理论的兴起和发展。1857 年圣沃南在前人对拱的理论、静力学和材料力学研究的基础上，提出了较完整的梁理论和扭转理论。这个时期连续梁和悬臂梁的理论相继建立起来，桥梁桁架分析方法也得到应用。19 世纪 70 年代后经德国人 K. 库尔曼、英国人 W. J. M. 兰金和 J. C. 麦克斯韦等人的努力，结构力学获得很大的发展，能够对桥梁各构件在荷载作用下产生的应力进行分析。这些理论的发展，推动了桁架、连续梁和悬臂梁的发展。19 世纪末，弹性拱理论已较为完善，促进了拱桥的发展。20 世纪 20 年代土力学的兴起，推动了桥梁基础的理论研究。

近代桥梁按建造材料划分，除木桥、石桥外，还有铁桥、钢桥、钢筋混凝土桥。

1）铁桥

铁桥包括铸铁桥和锻铁桥。铸铁性脆，宜受压，不宜受拉，适合做拱桥建造材料。世界上第一座铸铁桥是英国科尔布鲁克代尔附近的塞文河桥（图 4-29），建于 1779 年，为半圆拱，由 5 片拱肋组成，跨径 30.7 m。锻铁抗拉性能较铸铁好，19 世纪中叶，跨径大于 60 m 的公路桥都采用锻铁链吊桥。铁路因吊桥刚度不足而采用桁桥，如 1845—1850 年英国建造的布列坦尼亚双线铁路桥（图 4-30），为箱形锻铁梁桥。19 世纪中叶以后，梁的定理和结构分析理论相继建立起来，推动了桁架桥的发展。

图 4-29 塞文河桥

图 4-30 布列坦尼亚双线铁路桥

中国于 1705—1706 年修建了四川大渡河泸定铁链吊桥（简称泸定桥，图 4-31），桥长约 100 m，宽约 3 m，至今仍在使用。欧洲第一座铁链吊桥是英国的蒂斯河桥，建于 1741 年，跨径为 20 m，宽 0.63 m。1869—1883 年，美国建成纽约布鲁克林吊桥（图 4-32），跨度为 283 m+486 m+ 283 m（即左边跨长度 + 主跨长度 + 右边跨长度，下同）。这些桥的建造，提供了用加劲梁来减弱震动的经验。此后，美国建造的长跨吊桥，均用加劲梁来增大刚度，如 1937 年建成的旧金山金门大桥（图 4-33），以及同年建成的旧金山奥克兰海湾大桥（图 4-34），都是采用加劲梁的吊桥。

图 4-31　泸定桥

图 4-32　布鲁克林吊桥

图 4-33　金门大桥

图 4-34　海湾大桥

2）钢桥

19 世纪中期出现了根据力学设计的悬臂梁。1900—1917 年建造的加拿大魁北克大桥（图 1-29）是悬臂钢桥，该桥长 987 m，宽 29 m，高 104 m，桥悬臂长 177 m，支撑着长 195 m 的中心结构，整个总臂距为 549 m，是世界著名的大跨度悬臂桁架梁桥。

19 世纪末弹性拱理论逐步完善，促进了 20 世纪 20—30 年代较大跨钢拱桥的修建，较著名的有：纽约的岳门桥，建成于 1917 年，跨径为 305 m；纽约贝永桥，建成于 1931 年，跨径为 504 m；澳大利亚悉尼港湾大桥（图 1-31），建成于 1932 年，跨径为 503 m。3 座桥均为双铰钢桁拱桥。

3）钢筋混凝土桥

1905 年，瑞士建成塔瓦纳萨桥，跨径为 51 m，是一座箱形三铰拱桥，矢高 5.5 m。

1928 年，英国在贝里克的罗亚尔特威德建成 4 孔钢筋混凝土拱桥，最大跨径为 110 m。

1934 年，瑞典建成跨径为 181 m、矢高为 26.2 m 的特拉贝里拱桥。

3. 现代桥梁

20 世纪 30 年代，预应力混凝土和高强度钢材相继出现，材料塑性理论和极限理论的研究、桥梁振动的研究和空气动力学的研究以及土力学的研究等获得了重大进展，从而为节约桥梁建筑材料、减轻桥重、预计基础下沉深度和确定其承载力提供了科学的依据。

现代桥梁按建造材料可分为预应力钢筋混凝土桥、钢筋混凝土桥和钢桥。

1）预应力钢筋混凝土桥

1930 年，法国工程师弗雷西内经过 20 年的研究，用高强钢丝和混凝土制成预应力钢筋混凝土。这种材料克服了钢筋混凝土易产生裂纹的缺点，使桥梁可以用悬臂安装法、顶推法施工。随着高强钢丝和高强混凝土的不断发展，预应力钢筋混凝土桥的结构不断改进，跨度不断提高。如 1960 年建成的联邦德国芒法尔河谷桥，跨径为 90 m+108 m+90 m，是世界上第一座预应力混凝土桁架桥；中国 1980 年完工的重庆长江大桥，主跨 174 m。

2）钢筋混凝土桥

第二次世界大战以后，世界上修建了多座较大跨径的钢筋混凝土拱桥，如 1963 年通车的葡萄牙亚拉达拱桥，跨径为 270 m，矢高 50 m；1964 年完工的澳大利亚悉尼港的格莱兹维尔桥，跨径为 305 m。

中国 1964 年建造了钢筋混凝土双曲拱桥。桥由拱肋和拱波组成，纵向和横向均有曲度，横向也用拱波形式。拱肋和拱波分段预制，因此可用轻型吊装设施安装。这样，在缺乏重型运输工具和重型吊装机具的情况下，也可以修建较大跨径拱桥。第一座试验双曲拱桥建于中国江苏无锡，跨径为 9 m。此后，1972 年建成湖南长沙湘江大桥（图 4-35），它是一座16 孔双曲拱桥，大孔跨径为 60 m，小孔跨径为 50 m，总长 1 250 m。

3）钢桥

第二次世界大战后，随着强度高、韧性好、抗疲劳和耐腐蚀性能好的钢材的出现，用焊接平钢板和角钢、板钢材等加劲所形成的轻而高强的正交异性桥面板的出现，以及高强度螺栓的应用等，钢桥得到了很大发展。

钢板梁和箱形钢梁同混凝土相结合的桥型，以及正交异性桥面板同箱形钢梁相结合的桥型，在大、中跨径的桥梁上广泛运用。1968 年中国建成的南京长江大桥（图 4-36），是长江上第一座中国自行设计和建造的双层式铁路、公路两用桥梁。上层为公路桥，长度为4 589 m；下层为双轨复线铁路桥，长度为 6 772 m。1972 年意大利建成的斯法拉沙桥，跨径达 376 m，是目前世界上跨径最大的钢斜腿刚架桥。

图 4-35　湖南长沙湘江大桥

图 4-36　南京长江大桥

20 世纪 60 年代以后，钢斜拉桥发展起来。第一座钢斜拉桥是瑞典建成的斯特伦松德海峡桥，建于 1956 年，跨径为 74.7 m+182.6 m+74.7 m；1971 年英国建成的厄斯金钢斜拉桥，主跨为 305 m；1975 年法国建成的圣纳泽尔桥，主跨为 404 m。

4.4.2　桥梁的发展趋势

随着技术的不断发展和材料的不断更新,世界桥梁发展蒸蒸日上,尤其是中国,以势不可挡的速度,建造出许多桥梁的"世界之最"。例如:世界上首座主跨超过千米的斜拉桥——苏通长江公路大桥(图1-40);世界上最长的桥——丹昆特大桥(图4-37);世界上最高的桥——北盘江大桥(图4-38);世界上最长的跨海大桥,被评为"新世界七大奇迹之一"——港珠澳大桥(图1-42)等等。

扫一扫:港珠澳大桥

纵观桥梁发展史,可以看到世界桥梁必将迎来更大规模的建设高潮,同时也会面临更大的建设难题,对工程师提出更大的挑战。

1. 大跨度桥梁向更长、更大、更柔的方向发展

(1)研究大跨度桥梁在气动、地震和行车动力作用下结构的安全和稳定性,拟将截面做成适应气动要求的各种流线型加劲梁,以增大特大跨度桥梁的刚度。

图 4-47　丹昆特大桥

图 4-48　北盘江大桥

(2)采用以斜缆为主的空间网状承重体系。

(3)采用悬索加斜拉索的混合体系。

(4)采用轻型而刚度大的复合材料做加劲梁,采用自重轻、强度高的碳纤维材料做主缆。

2. 不断开发和应用新材料

新材料应具有高强、高弹模、轻质的特点,研制超高强硅粉和聚合物混凝土、高强双相钢丝纤维增强混凝土、纤维塑料等一系列材料,以取代目前桥梁用的钢和混凝土。

3. 在设计阶段采用高速发展的计算机技术

以计算机为辅助手段,进行有效的快速优化和仿真分析,运用智能化制造系统在工厂生产部件,利用 GPS(全球定位系统)和遥控技术控制桥梁施工。

4. 开展大型深水基础工程建设

目前世界桥梁基础尚未超过 100 m 深海基础工程,下一步须进行 100~300 m 深海基础的实践。

5. 设立监测和管理系统

使用后将通过自动监测和管理系统保证桥梁的安全和正常运行,一旦发生故障或损伤,将自动报告损伤部位和养护对策。

6. 重视桥梁美学及环境保护

桥梁是人类最杰出的建筑之一,美国旧金山金门大桥,澳大利亚悉尼港湾大桥,英国伦敦桥,日本明石海峡大桥,中国上海杨浦大桥、南京长江二桥、香港青马大桥等都是一件件宝贵的空间艺术品,成为陆地、江河、海洋和天空的景观,成为城市标志性建筑。宏伟壮观的澳大利亚悉尼港湾大桥与别具一格的现代悉尼歌剧院融为一体,成为今日悉尼的象征。因此,21 世纪的桥梁结构必将更加重视建筑艺术造型,重视桥梁美学和景观设计,重视环境保护,达到人文景观同环境景观的完美结合。

课后思考题

1. 桥梁由哪几部分组成? 每部分的作用分别是什么?

2. 桥梁的分类方式有几种?

3. 按照受力体系进行分类,桥梁有几种基本体系? 各有什么特点?

4. 桥梁的设计原则是什么?

5. 桥梁纵断面设计包括哪些内容?

6. 桥梁平面设计的要求是什么?

7. 桥面标高的确定主要考虑哪些因素?

8. 桥梁设计中有几种水位? 不同水位的含义及作用分别是什么?

9. 如何看待桥梁的发展趋势?

第5章　道路工程与铁路工程

俗话说："要致富,先修路。"道路是交通的基础,是国家经济活动的基础和人民生活的基础设施。道路的主要功能是作为城市与城市、城市与乡村、乡村与乡村之间的联系通道。

改革开放以来,我国的交通事业发展迅速,从 20 世纪 90 年代开始,我国高速公路以每年约 3 000 km 的速度增长,其建设规模和速度实为世界罕见。2009—2018 年我国公路总里程呈稳步上升态势。2013 年底,我国公路总里程达到 435.62 万 km,总里程数已超越美国跃居世界第一。截至 2018 年末,我国公路总里程达到 484.65 万 km。

道路是一种带状的二维空间人工构造物,它包括路基、路面、桥梁、涵洞、隧道等工程实体。道路的设计一般分为几何(线形)设计和结构设计两方面。

5.1　道路工程

5.1.1　道路的分类

道路是供各种车辆和行人等通行的工程设施,按其使用特点可分为公路、城市道路、厂矿道路、林区道路及乡村道路。

1. 公路分级与技术标准

公路按照交通功能分为干线公路、集散公路和支路三类。其中干线公路细分为主要干线公路和次要干线公路,集散公路细分为主要集散公路和次要集散公路。

公路按交通部颁发的《公路工程技术标准》(JTG B01—2014),根据交通量、使用任务和性质可划分为高速公路、一级公路、二级公路、三级公路和四级公路五个技术等级。

(1)高速公路为专供汽车分向、分车道行驶,全部控制出入的多车道公路。高速公路的年平均日设计交通量宜在 15 000 辆小客车以上。

(2)一级公路为供汽车分向、分车道行驶,可根据需要控制出入的多车道公路。一级公路的年平均日设计交通量宜在 15 000 辆小客车以上。

(3)二级公路为供汽车行驶的双车道公路。二级公路的年平均日设计交通量宜为 5 000~15 000 辆小客车。

(4)三级公路为供汽车、非汽车交通混合行驶的双车道公路。三级公路的年平均日设计交通量宜为 2 000~6 000 辆小客车。

(5)四级公路为供汽车、非汽车交通混合行驶的双车道或单车道公路。双车道四级公路年平均日设计交通量在 2 000 辆小客车以下;单车道四级公路年平均日设计交通量在 400 辆小客车以下。

公路的技术标准是国家颁布的法定技术准则,它反映一个国家公路建设的政策和技术要求,一般包括"几何标准""载重标准""建筑界限标准"和"交通工程沿线设施标准",在公路设计时必须严格遵守。

2. 城市道路的分类

城市道路是城市总体规划的主要组成部分,见图5-1。

按照道路在城市道路网中的地位、交通功能及对沿线建筑物的服务功能,我国《城市道路工程设计规范》(CJJ 37—2012)将城市道路分为四类。

1)快速路

快速路为双向行车道,中央设有分隔带,进出口全部或部分采用立体交叉控制,为城市中大量、长距离和快速交通服务,如北京的三环路和四环路、上海的外环线等。

图 5-1　城市道路

2)主干路

主干路为连接城市主要分区的干路,以交通功能为主,一般为三幅或四幅路。如上海的内环高架路,已形成申字形的平面线形,为连接城市各区和主要部分的交通干路。

3)次干路

次干路与主干路组成道路网,起集散交通之用,兼有服务功能。一般情况下快慢车混合使用。

4)支路

支路为次干路与街坊路的连接线,解决局部地区交通,以服务功能为主。道路两侧有时还建有商业性建筑等。

城市道路的设计年限规定为:快速路与主干路为 20 年;次干路为 15 年;支路为10~15 年。

5.1.2　道路的组成和设计

1. 路线和线形组成

1)路线

一般所说的路线是指公路的中线,而公路中线是一条三维空间曲线,通常称为路线线形,由直线和曲线组成。

　　道路中线在水平面上的投影称为路线的平面;沿着中线竖直剖切,再展开就称为纵断面;中线各点的法向切面是横断面。道路的平面、纵断面构成了道路的线形组成。

　　在道路线形设计中,为了便于确定道路中线的位置、形状和尺寸,我们需要从路线平面、路线纵断面和空间线形(通常是用线形组合、透视图法、模型法来进行研究)三个方面来研究(图 5-2)。

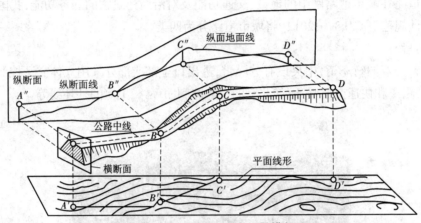

图 5-2　道路的平面、纵断面及横断面

　　2)平、纵面线形

　　线形是道路的骨架,它不仅对行车的速度、安全、舒适、经济及道路的通行能力起决定性作用,而且直接影响道路构造物设计、排水设计、土石方数量、路面工程及其他构造物,同时对沿线的经济发展、土地利用、工农业生产、居民生活及自然景观、环境协调也有很大的影响。道路建成后,要想再对路线线形进行改造,其困难是较大的。

　　2.结构组成

　　道路是交通运输的建筑结构物,它不仅承受荷载的作用,而且受自然条件的影响。其结构组成主要包括路基、路面、路面排水结构物、道路特殊结构物和沿线附属设施五个部分,具体分为路基、路面、桥涵、隧道、路线交叉、交通工程及沿线设施。

　　1)路基

　　路基是道路结构体的基础,是由土、石材料按照一定尺寸、结构要求所构成的带状土工结构物,承受由路面传来的荷载。所以它既是线路的主体,又是路面的基础,其质量直接影响道路的使用品质。作为路面的支承结构物,路基必须具有足够的强度、稳定性和耐久性。道路路基的结构、尺寸用横断面表示。由于地形的变化和挖填高度的不同,路基横断面也各不相同。路基的基本横断面形式有路堤、路堑、半填半挖路基和不填不挖路基四种基本类型。

　　I.路堤

　　高于原地面的填方路基称为路堤,通常有一般路堤、沿河路堤和护脚路堤等类型(图 5-3)。路堤高于天然地面,一般通风良好,易于排水,因此路基经常处于干燥状态。路堤为人工填筑,对填料的性质、状态和密实度可以按要求加以控制,因此路堤病害少,强度和稳定性较易保证,是常用的路基形式。

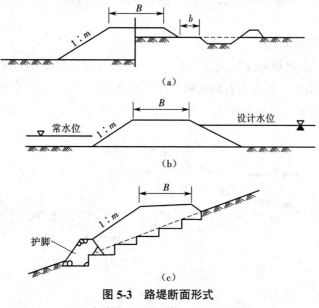

图 5-3　路堤断面形式

（a）一般路堤　（b）沿河路堤　（c）护脚路堤

Ⅱ. 路堑

低于原地面的挖方路基称为路堑。典型路堑为全挖断面,路基两边均需设置边沟。陡峻山坡上的半路堑,因填方有困难,为避免局部填方,可挖成台口式路基;在整体坚硬的岩层上,为节省土石方工程,有时可采用半山洞路基,但要确保安全可靠,不得滥用。挖方路基横断面的基本形式如图 5-4 所示。

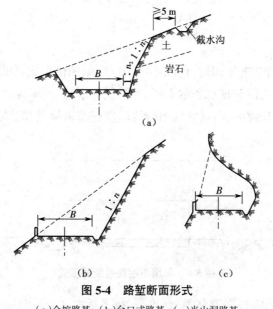

图 5-4　路堑断面形式

（a）全挖路基　（b）台口式路基　（c）半山洞路基

路堑低于天然地面,通风和排水不畅;路堑是在天然地面上开挖而成的,其土石性质和地质构造取决于所处地的自然条件；路堑的开挖破坏了原地层的天然平衡状态，所以路堑的病害比路堤多。设计和施工时，除要特别注意做好路堑的排水外，还应对其边坡的稳定性予以充分注意。

Ⅲ. 半填半挖路基

半填半挖路基是路堤和路堑的综合形式，一般设置在较陡的山坡上，其基本形式如图5-5所示。这种路基在工程上兼有路堤和路堑的设置要求，它的特点是移挖作填，节省土石方，是一种比较经济的路基断面形式。

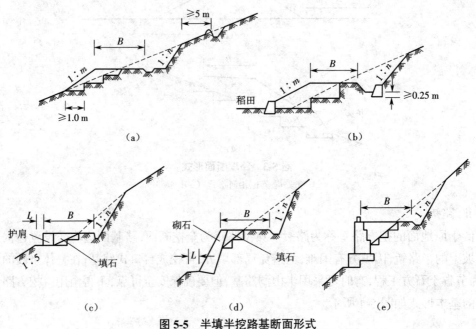

图 5-5　半填半挖路基断面形式
（a）一般路基　（b）矮墙路基　（c）护肩路基　（d）砌石路基　（e）挡墙路基

Ⅳ. 不填不挖路基

原地面与路基标高基本相同时，构成不填不挖路基断面形式，如图5-6所示。这种形式的路基虽然节省土石方，但对排水非常不利，容易发生水淹、雪埋等病害，只适用于干旱的平原区、地下水位较低的丘陵区、山岭区的山脊线以及过城镇街道和受地形限制处。

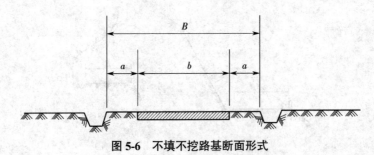

图 5-6　不填不挖路基断面形式

道路路基的横断面应根据道路类型、等级、技术标准，结合当地的地形、地质、水文等情况，从以上各种基本类型中选用，并注意路基的排水和防护。

2)路面

路面是在路基顶面的行车部分用各种混合料铺筑而成的层状结构物。路面是直接供车辆行驶之用的部分,它的质量直接影响行车的速度、安全和运输成本。高等级公路铺筑了良好的路面,能够保证车辆高速、安全、舒适地行驶,并且可以节约运输成本,充分发挥高等级公路的功能。但是,高等级路面的造价较高,路面工程占公路造价的比重较大,因此应根据公路的等级和任务,合理选择路面结构,精心设计,科学施工,使路面在设计使用年限内具备良好的使用性能,以便节约投资,提高运输效益。

从路面使用性能(功能性能和结构性能)看,对路面的主要要求包括具有足够的强度和刚度,具有足够的稳定性,具有足够的耐久性、表面平整度、表面抗滑性、抗透性、低噪声和低扬尘性。路面结构如图 5-7 所示。

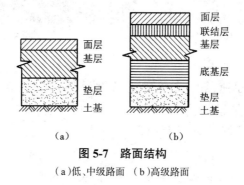

图 5-7 路面结构
(a)低、中级路面 (b)高级路面

路面的面层一般按路面使用的主要材料划分,如水泥混凝土路面、沥青路面、砂石路面等。但在进行路面结构设计时,从路面结构在行车荷载作用下的力学特性出发,将路面划分为柔性路面、刚性路面和半刚性路面(见表 5-1)。

表 5-1 路面面层类型及使用范围

公路等级	采用路面等级	面层类型
高速和一、二级公路	高级路面	沥青
		水泥
二、三级公路	次高级路面	沥青
四级公路	中级路面	碎(砾)石(泥结或级配)
		半整齐石块
		其他粒料

3)路面排水结构物

为了确保路基稳定,免受地面水和地下水的侵害,公路还应修建专门的排水设施。地面水的排水系统按其排水方向不同,分为纵向排水和横向排水。纵向排水有边沟、截水沟和排水沟等。横向排水有桥梁、涵洞、路拱、过水路面、透水路面和渡水槽等,其中过水路面指的是通过平时无水或流水很少的宽浅河流而修筑的在洪水期间容许水流浸过的路面(图5-8)。

4)道路特殊结构物

公路的特殊结构物有隧道、悬出路台、防石廊(图 5-9)、挡土墙和防护工程等。

图 5-8　过水路面　　　　　　　图 5-9　防石廊

5)沿线附属设施

为了保证行车安全、迅速、舒适和美观,还需要设置交通管理设施、交通安全设施、服务设施和环境美化设施,这些统称为沿线附属设施。其中交通管理设施是为了保证行车安全,沿线设置的交通标志、路线标志和交通信号。

3. 道路的设计

路线设计是指确定路线空间位置和各部分几何尺寸的工作,为了研究与使用的方便,把它分解为路线平面设计和路线纵断面设计。二者是相互关联的,既分别进行,又综合考虑。道路的设计主要包括平面线形设计、纵断面设计和横断面设计三个方面。

路线设计的范围,仅限于路线的几何性质,不涉及结构。

1)平面线形设计

Ⅰ. 平面线形确定

道路平面线形一般采用直线、圆曲线、缓和曲线以及三者的组合。

平面线形设计是在考虑行驶的舒适性、安全性和工程的经济性基础上,确定各组成要素的大小和位置以及组合方式。例如:过长的直线容易使驾驶员疲劳;圆曲线半径过短容易导致汽车行驶时不稳定等;线形组合不当会造成线形不美观,使驾驶员感到紧张以及留下安全隐患等。

Ⅱ. 超高

车辆在曲线路段行驶时受到离心力的作用,为了抵消离心力在曲线段横断面上设置的外侧高于内侧的单向横坡叫作超高。当汽车行驶在超高段时,汽车部分自重抵消部分离心力,从而提高弯道行驶的舒适和安全性,如图 5-10 所示。

Ⅲ. 弯道加宽

一般在弯道内侧相应增加路面、路基宽度,称为弯道加宽。加宽值与弯道半径、设计车辆的轴距有关,还要考虑驾驶员操作过程中的不稳定摆动所需的附加加宽。双车道加宽如图 5-11 所示。

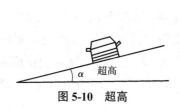

图 5-10　超高

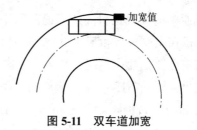

图 5-11　双车道加宽

Ⅳ. 视距

为了保证行车安全,司机应该看到前方行驶路线上的一定距离,以便在发现障碍物或对面来车或其他情况下能及时采取停车、避让、错车或超车等措施,设计中将完成这些操作所必要的距离叫视距。

2)纵断面设计

纵断面设计应根据道路的性质、任务、等级和地形、地质、水文等因素,考虑路基稳定、排水及工程量等要求,对纵坡的大小、长短、前后纵坡情况、竖曲线半径及与平面线形的组合关系等进行综合设计,从而设计出纵坡合理、线形平顺圆滑的理想线形,以达到行车安全、快速、舒适及工程费较省、运营费用较少的目的。

纵断面设计线一般由直线和竖曲线组成。

直线即均匀坡度线,包括上坡和下坡,是用坡度和水平长度表示的。对于过长、过陡的纵坡,汽车上坡比较困难,下坡频繁刹车,影响行车安全。因此,对纵坡有一定要求,其主要技术指标有最大纵坡、最大坡长和最小纵坡、最小坡长等。

在直线的坡度转折处,为平顺过渡要设置竖曲线,竖曲线的主要作用是缓和纵向变坡处行车动量变化而产生的冲击作用以及确保纵向行车视距等。按坡度转折形式不同,竖曲线有凹有凸,其大小用半径和水平长度表示。

3)横断面设计

道路横断面设计的主要任务是根据行车对公路的要求,结合当地的地形、地质、气候、水文等自然因素,选用合理的路基横断面形式,以满足行车舒适、工程经济、路基稳定且便于施工和养护的要求。

道路横断面是指中线上各点沿法向的垂直剖面,它由横断面设计线和地面线组成。其中横断面设计线包括行车道、路肩、分隔带、边沟、变边坡、截水沟、护坡道以及取土坑、弃土坑、环境保护措施等。城市道路的横断面组成中包括机动车道、非机动车道、人行道、绿化带、分车带等。高速公路、一级公路和二级公路还设有爬坡车道、避险车道。

横断面图中地面线是表征地面起伏变化的线,它是通过现场实测或大比例尺地形图、航测相片、数字地面模型等途径获得的。

5.1.3　高速公路

为了满足现代交通的大流量、高速度、重型化、安全、舒适的要求,高速公路应运而生。德国是世界上修建高速公路最早的国家,1932

扫一扫:"7918"国家高速网

年建成通车的波恩至科隆的高速公路是世界上最早的高速公路,如图 5-12 所示。此后,许多国家都在主要城市和工业中心之间修建高速公路,形成了全国性的高速公路网。

高速公路的建设情况反映了一个国家和地区的交通发达程度,乃至经济发展的整体水平。世界各国的高速公路没有统一的标准,命名也不尽相同。加拿大、澳大利亚把高速公路命名为 Freeway,美国命名为 Interstate Highway(州际高速公路),德国命名为 Autobahn,法国命名为 Autoroute,英国命名为 Motorway。

图 5-12　世界第一条高速公路

高速公路一般能适应 120 km/h 或者更高的速度,路面有四个以上车道的宽度。中间设置分隔带,采用沥青混凝土或水泥混凝土高级路面,设有齐全的标志、标线、信号及照明装置;禁止行人和非机动车在路上行走,与其他线路相交时采用立体交叉、行人跨线桥或地道方式通过。

从定义可以看出,高速公路应符合下列四个条件。

(1)只供汽车高速行驶。

(2)设有多车道、中央分隔带,将往返交通完全隔开。

(3)设有平面、立体交叉口。

(4)全线封闭,出入口控制,只准汽车在规定的一些立体交叉口进出公路。

1. 高速公路线形设计标准

1)路线平面线形的选择

路线平面线形通常是直线、圆曲线、缓和曲线三种基本线形要素的组合。

Ⅰ. 直线

直线是采用较多的线形,它具有最直接、方向最明确、易于布设等特点,然而直线线形缺乏灵活性,难以适应地形、地物,不易与周围景观相协调,因而在应用上受限制。而且,直线过长易使驾驶者感到疲劳,造成车速过快,并使驾驶者目测车距产生误差从而引发事故,因此,直线设计应该慎重。但是,对于长桥梁、长隧道及其连接线区段,考虑到施工方便、经济以及安全因素,还是应该灵活地采用直线。

以曲线为主的道路,要求驾驶者必须经常集中注意力来进行驾驶操作,同时车辆在沿线弯道行驶时,展现在驾驶者面前的是不断变化的自然景色,使驾驶显得更加有趣和多样化。国外如日本、德国等一些发达国家,强调高速公路平面线形以曲线为主的理念。例如日本的本州高速公路(图 5-13)全部为曲线,东名线 96% 为曲线。从北京近些年设计的高速公路来看,以曲线为主的设计方法正在越来越多地被采用,如京沈高速(图 5-14)、京开高速、八达岭高速、京承高速、首都机场北线高速等。

图 5-13　日本本州高速公路　　　　　　　　图 5-14　京沈高速公路

京沈高速公路是国家高速公路网 G1 京哈高速公路的重要组成部分,于 1996 年 9 月开始分段施工,2000 年 9 月 15 日全线贯通,是"九五"期间国家重点建设项目。京沈高速公路,从北京至沈阳,全长约 658 km。京沈高速公路的完工,形成一条新的东北三省出入关快速通道,与同三(同江至三亚)、京沪(北京至上海)、京珠(北京至珠海)等国道主干线连为一体,是沟通东北与华北、华南的交通运输大动脉。

实践证明,曲线线形舒顺流畅、平纵线形配合优美,能较好地适应地表、地物变化,具有柔和的几何形态,更符合驾乘人员的心理特点。

直线的设计通常分为长直线和最小直线设计。平面线形设计时,即使在以曲线为主的线形设计中,直线都占有一定的比例,因此在路线线形设计中,要重视直线的设计。

Ⅱ. 圆曲线

汽车在圆曲线上行驶时,由于受离心力的作用,行车条件变坏,圆曲线半径越小,发生事故的趋势越大,所以在线形设计时,只要地形条件许可,都应尽量选用较大的圆曲线半径。在实际设计中,选用多大的圆曲线半径不是单纯的理论问题,半径的选取与设计速度、地形地物、经济能力、技术能力、相邻曲线的均衡协调、曲线间直线长度等诸多因素有关。

Ⅲ. 缓和曲线

直线同圆曲线(半径小于不设超高的圆曲线的最小半径)或不同半径的圆曲线之间相互连接时,规范规定其间应设置缓和曲线。由于汽车行驶轨迹非常接近回旋线,加上回旋线线形美观、顺滑、柔和,能诱导视觉,符合驾驶者的视觉和心理要求,因此缓和曲线一般采用回旋线。

2)平、纵面组合设计

高速公路线形设计,必须注重路线的平、纵面组合设计,应充分考虑驾驶者在视觉上和心理上的要求。竖曲线与平曲线一一对应,两者重合,竖曲线完全包在平曲线之内,是平、纵线型最好的组合,对于长而缓的平曲线,应当采用平顺而流畅的纵坡,且平、竖曲线都应采用较大的半径。

2. 高速公路沿线设施

高速公路沿线设施包括高速公路交通安全设施、监控系统、收费系统(图 5-15)、通信系统、供配电与照明系统、服务设施、沿线建筑设施等。

高速公路服务区又称高速公路服务站(图 5-16),是高速公路沿线设施中典型的服务设施。高速公路服务区提供住宿(含停车)、餐饮、加油、汽车修理四大功能。

图 5-15　高速公路收费站

图 5-16　高速公路服务区

5.2　铁路工程

5.2.1　铁路的分类

1. 按铁路线路的数量划分

按铁路线路的数量划分,可将铁路分为单线铁路、双线铁路和多线铁路。

单线并非只作单向行驶,而是只有两根铁轨,只能跑一趟列车,可双向运行,但同一时间在某个区间内只能有去一个方向的列车,如果有对向列车就要在车站会车。与单线相对应的就是复线,即双线,也就是有两条铁路线路,四根铁轨,分为上行和下行两个方向,每条线路只通行去一个方向的列车。

2. 按铁路的轨距划分

轨距是铁路轨道两条钢轨之间的距离,以钢轨的内距为准。按铁路的轨距不同,可将铁路分为标准轨距铁路(轨距为 1 435 mm)、宽轨铁路(轨距 >1 435 mm)和窄轨铁路(轨距 <1 435 mm)三种。具体的轨距依不同国家的标准而有所不同,如轨距为 1 000 mm 的米轨,轨距为 762 mm 和 610 mm 的窄轨,轨距为 1 520 mm、1 600 mm 和 1 676 mm 等。

3. 按行车速度划分

按列车运行速度的快慢不同,可将铁路分为普通铁路和高速铁路。普通铁路列车运行速度小于 200 km/h,在我国根据列车的等级,设置为货车(最高时速 80~120 km)、通勤车

（最高时速 80 km）、普通旅客列车（最高时速 120 km）、快速旅客列车（最高时速 120~160 km）和特快旅客列车（最高时速 160 km）。这里的高速铁路，含我国划定为快速铁路的动车组，列车运行速度不低于 200 km/h。我国动车组列车根据运行速度分为四个等级：A（时速 200 km，8 编组，座车）；B（时速 200 km，16 编组，座车）；C（时速 300 km，8 编组，座车）；D（时速 250 km，16 编组，卧铺车）。2017 年 6 月 26 日在京沪高铁正式双向首发的具有完全自主知识产权、达到世界先进水平的复兴号动车组列车（CR400），时速高达 350 km，使我国成为世界上高铁商业运营速度最快的国家。

4. 按所有权划分

按铁路的所有权，可将铁路分为国家铁路、地方铁路、合资建设铁路和铁路专用线。专用铁路是在大型企业厂区内自建的铁路，一般都自备动力和运输工具，在内部形成运输生产的铁路运输系统。铁路专用线是指由企业或者其他单位管理的与国家铁路或者其他铁路线路接轨的岔线。专用铁路与铁路专用线都是企业或者其他单位修建的主要为本企业内部运输服务的，两者所不同的是，铁路专用线仅仅是一条线，其长度一般不超过 30 km，其运输动力使用的是与其接轨的铁路的动力。

5. 按铁路等级划分

铁路等级是根据铁路线在铁路网中的作用、性质和远期客货运量以及最大轴重和列车速度等条件，对铁路划定的级别。设计铁路时，首要任务就是确定铁路等级。

根据运输性质的不同，我国铁路分为客运专线铁路、客货共线铁路和货运专线铁路三类，根据其在路网中的作用、性质、主要运输任务、旅客列车设计行车速度和客货运量划分为七级。

1）客运专线铁路

新建客运专线铁路（或区段）的等级，根据其在铁路网中的作用、性质、旅客列车设计行车速度可分为高速铁路和快速铁路两级。高速铁路在客运专线网中起骨干作用，其最高设计行车速度为 250 km/h 及以上；快速铁路是在客运专线网中起联络、辅助作用，为区域或地区服务且最高设计行车速度不高于 250 km/h 的客运专线铁路，根据其在铁路干线网中的作用和服务区域的不同，通常可将快速铁路分为快速客运干线铁路和城际铁路。

2）客货共线铁路

铁路网中客货列车共线运行，旅客列车设计行车速度小于或等于 160 km/h，货物列车设计行车速度小于或等于 120 km/h 的标准轨距铁路，称为客货共线铁路。根据《铁路线路设计规范》（GB 50090—2006）规定，新建和改建客货共线铁路（或区段）的等级，根据其在铁路网中的作用、性质、旅客列车设计行车速度和客货运量划分为以下四个等级：Ⅰ. 级铁路，在铁路网中起骨干作用，或近期年客货运量大于或等于 20 Mt；Ⅱ. 级铁路，在铁路网中起联络、辅助作用，或近期年客货运量小于 20 Mt 且大于或等于 10 Mt；Ⅲ. 级铁路，为某一地区或企业服务，近期年客货运量小于 10 Mt 且大于 5 Mt；Ⅳ. 级铁路，为某一地区或企业服务，近期年客货运量小于 5 Mt。

3）货运专线铁路

货运专线铁路运输的大宗散货主要为煤炭、矿石和粮食等，通常按重载运输考虑。重载铁路的列车单列运输量至少在 5 000 t 以上,总重可达 1 万 ~2 万 t,轴重可达 30 t,行车密度可达 1 万 t/km。货运专线铁路实际上是客货共线铁路客车对数为零、牵引质量大于 5 000 t 的特例,一般按客货共线铁路的重载铁路级的标准进行设计。

5.2.2　铁路的组成

铁路轨道简称路轨、铁轨、轨道等,能提供光滑坚硬的媒介令火车以最小的摩擦力向前行进。

轨道主要由道床、轨枕、钢轨、连接零件、防爬设备及道岔等部件组成。两条平行的钢轨固定放在轨枕上,轨枕之下为道床,如图 5-17 所示。

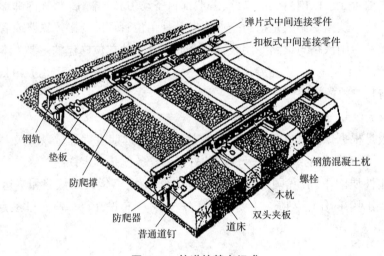

图 5-17　轨道的基本组成

1. 道床

道床是轨道的重要组成部分,是轨道框架的基础。道床通常指的是铁路轨枕下面,路基面上铺设的道砟垫层。其主要作用是支承轨枕,把轨枕上部的巨大压力均匀地传递给路基面,并固定轨枕的位置,阻止轨枕纵向或横向移动,在大大减小路基变形的同时还缓和了机车车辆轮对钢轨的冲击,便于排水。

2. 轨枕

轨枕的作用是支承钢轨,保持钢轨的位置,并将钢轨传递来的压力均匀地传递给道床。轨枕要求坚固、有弹性和耐久,并且造价要低廉,铺设和养护要方便。

轨枕按制作材料分为木枕和钢筋混凝土枕两种。木枕的弹性和绝缘性较好,受周围介质的温度变化影响小,重量轻,加工和在线路上更换简便,并且有足够的位移阻力,经过防腐处理的木枕,使用寿命也大大延长,为 15 年左右。

随着森林资源的减少和人们环保意识的增强,20 世纪初,有些国家开始生产钢枕和钢筋混凝土枕,以代替木枕。然而,因为钢枕的金属消耗量过大,体积也笨重,没有推广开来。许多国家从 20 世纪 50 年代起开始生产钢筋混凝土枕。我国主要使用钢筋混凝土枕。

3. 钢轨

钢轨是铁路轨道的主要组成部件。它的作用在于引导机车车辆的车轮前进,承受车轮的巨大压力,并将压力传递到轨枕上。钢轨必须为车轮提供连续、平顺和阻力最小的滚动表面。在电气化铁道或自动闭塞区段,钢轨还可兼作轨道电路。

4. 连接零件

连接零件包括接头连接零件和中间连接零件(也称钢轨扣件)。接头连接零件是用来连接钢轨和钢轨接头的零件,包括夹板、螺栓、螺帽和弹性垫圈等。中间连接零件的作用是将钢轨扣紧在轨枕上,使钢轨与轨枕连为一体。

现代化轨道为彻底改善轨道连接零件的缺点,采取连续焊接的方式,以连续焊接钢轨取代钢轨接头,以减少轨道的维修工作,并可增加使用年限,此种钢轨称为长焊钢轨。

5. 防爬设备

防爬设备装设于钢轨底下,以其一侧顶住轨枕(及垫板),除了防止钢轨因车轮滚动所造成的纵向爬行外,还可控制钢轨因温度升高而产生的延伸现象。

6. 道岔

道岔是使列车由一组轨道转到另一组轨道上去的装置。每一组道岔由转辙器、岔心、两根护轨和岔枕组成,由长柄以杠杆原理拨动两根活动轨道,使车辆轮缘依开通方向驶入预定进路。

5.2.3　铁路工程设计

铁路工程设计主要包括铁路选线设计、线路平面设计和线路纵断面设计。

1. 铁路选线设计

铁路选线设计是整个铁路工程设计中一项关系全局的总体性工作。选线设计的主要工作内容如下。

(1)根据国家政治、经济和国防的需要,结合线路经过地区的自然条件、资源分布、工农业发展等情况,规划线路的基本走向(即方向),选定铁路的主要技术标准。

(2)根据沿线的地形、地质、水文等自然条件和村镇、交通、农田、水利设施,设计线路的空间位置。

(3)研究布置线路上的各种建筑物,如车站、桥梁、隧道、涵洞、路基、挡墙等,并确定其类型和大小,使其总体上互相配合,全局上经济合理。

2. 线路平面设计

线路平面是指铁路中线在水平面上的投影,由直线和曲线连接而成。一条理想的铁路线,其区间平面应尽可能取直。一般在平坦地带的铁路线以直线为主,只有在绕避障碍或趋向预定目标时,才采用曲线。在地形复杂的山区,线路平面往往迂回曲折,出现大量曲线,有时候,曲线长度甚至超过直线。

在一般情况下,一条曲线的半径始终不变的,通称单曲线。为了适应特殊地形,有时需要在一个曲线上采用几个不同的半径形成复曲线。在线路平面上最常见的是单曲线。

在线路平面设计中,曲线半径是影响工程费用和运营条件的基本因素,通常应按照地形条件和设计行车速度的要求,规定最小半径。

3. 线路纵断面设计

根据中线平面位置反映的地面标高,绘制铁路线中线的地形纵断面,然后在上面设计坡度线,即得出线路纵断面图。为保证坡度的可行性,纵断面设计必须和平面设计紧密配合、互相协调,逐段地交替进行。线路纵断面的设计对铁路工程指标或运营指标都有重要影响。

纵断面设计的基本内容包括确定最大坡度、坡段连接与坡度折减问题。

1）坡度值和坡段长度

坡道用坡度值和坡段长度表示,其中坡度值是指坡道线路中心线与水平线夹角的正切值,铁路线路坡度的大小通常用千分率来表示。坡段长度是指一个坡段两端变坡点间的水平距离。坡段越长,列车运行越平顺,但太长往往不能适应地形变化,引起工程量增加;而太短时,列车跨越的变坡点过多,变坡点产生的附加应力相互叠加,影响列车的安全和平顺。坡段最小长度通常不应短于半个远期货物列车的长度。

2）线路限制坡度及坡度折减

坡道会给列车的运行造成不利影响。坡度过大,上坡时机车牵引力可能不足,造成速度降低,同时下坡时,为防止速度过快,必须频繁制动,容易导致刹车不灵等事故。所以,要求对坡度加以限制。

3）坡段连接

在纵断面线上,平道和坡道的交点（边坡点）处的运行条件突然变化,容易导致车钩产生附加力。坡度变化越大,越容易造成断钩事故,因此需要用竖曲线连接两个相邻坡段。

4）纵断面图

纵断面图横向表示线路的长度,竖向表示高程。在图中应标明连续里程、线路平面示意图、百米桩和加桩、地面里程、设计坡度、路肩设计高程、工程地质特征等。

5.2.4　高速铁路

铁路现代化的一个重要标志是大幅度地提高列车的运行速度。高速铁路（High Speed Railway）是发达国家于 20 世纪 60—70 年代逐步发展起来的一种城市与城市之间的运输工具。世界上首条高速铁路是 1964 年日本在本州岛建造的东海道新干线。我国 2008 年 8 月 1 日开通运营第一条高速铁路,即时速为 350 km 的京津城际高速铁路。截至 2014 年底,我国高速铁路营运里程达 1.6 万 km,居世界第一。

日本、法国、德国等是当今世界高速铁路技术发展水平最高的几个国家。归纳起来,当今世界上建设高速铁路有下列几种模式。

（1）日木新干线模式。全部修建新线,旅客列车专用,如图 5-18 所示。

（2）德国 ICE（Inter City Express）模式。全部修建新线,旅客列车及货物列车混用,如图 5-19 所示。

图 5-18　日本高速列车　　　　　　　　　图 5-19　德国高速列车

（3）英国 APT（ Advanced Passenger Train ）模式。既不修建新线,也不大量改造旧线,主要采用由摆式车体的车辆组成的动车组,旅客列车及货物列车混用,如图 5-20 所示。

（4）法国 TGV（ Train à Grande Vitesse ）模式。部分修建新线,部分旧线改造,旅客列车专用,如图 5-21 所示。

图 5-20　英国高速摆式列车　　　　　　　图 5-21　法国 TGV 高速列车

高速铁路为城市之间的快速交通来往和旅客出行提供了极大方便,同时也对铁路选线与设计等提出了更高的要求。

轨道平顺性是影响列车提速的至关重要的因素。轨道不平会导致车辆振动,产生轮轨附加动力。因此,高速铁路必须严格地控制轨道的几何状态,以提高轨道的平顺性。

另外,高速列车的牵引动力是实现高速行车的重要技术之一,它又涉及许多新技术。如:新型动力装置与传动装置,牵引动力的配置不能局限于传统机车牵引方式,而要采用分散的或相对集中的动车组方式;新的列车制动技术、适应高速行车要求的车体及行走部分的结构、减少空气阻力的新的外形设计等。

高速铁路的信号与控制系统是高速列车安全、高密度运行的基本保证。它是集微机控制与数据传输于一体的综合控制与管理系统,也是铁路适应高速运营、控制与管理而采用的最新综合性高技术,一般统称为先进列车控制系统(Advanced Train Control System),如列车自动防护系统、卫星定位系统、车载智能控制系统、列车调度决策支持系统、列车微机自动监测与诊断系统等。

中国把铁路提速作为加快铁路运输业发展的重要战略, 1997 年 4 月 1 日,中国铁路启动第一次大提速,时速首次达到 140 km; 1998 年、2000 年和 2001 年,中国铁路实施了三次

提速；2004 年 4 月 18 日，中国铁路开始启动第五次大面积提速，主要干线列车时速达到

扫一扫：中国高速铁路的
定义和建设规划

200 km；2007 年 4 月 18 日，中国铁路进行了第六次大面积提速，最高时速达 250 km，此次提速最大的亮点是时速达 200 km 及以上的动车组的投入使用。目前京沪高速铁路设计速度达 380 km/h，运营速度达 300 km/h。

5.2.5　城市轨道交通

根据 2007 年发布的《城市公共交通分类标准》（CJJ/T 114—2007）中的定义，城市轨道交通为采用轨道结构进行承重和导向的车辆运输系统，依据城市交通总体规划的要求，设置全封闭或部分封闭的专用轨道线路，以列车或单车形式，运送相当规模客流量的公共交通方式。

城市轨道交通包括地铁系统、轻轨系统、单轨系统、有轨电车、磁浮系统、自动导向轨道系统和市域快速轨道系统。此外，随着交通系统的发展，已出现其他一些新的交通系统。

城市轨道交通是城市公共交通的骨干，具有节能、省地、运量大、全天候、无污染（或少污染）又安全等特点，属绿色环保交通体系，符合可持续发展的要求，特别适用于大中城市。

1. 地铁

地铁，即地下铁路的简称，原本指在地下运行的城市轨道交通系统，但随着城市轨道交通系统的发展，实际上地铁有时会因建造环境不同而将部分路线铺设在地上。

地铁是沿用地下铁路系统的形式逐步发展形成的一种用电力牵引的快速大运量城市轨道交通模式。

地铁的主要优点如下。

（1）节省土地：由于一般大都市的市区地价高昂，将铁路建于地下，可以节省地面空间。

（2）减少噪声：铁路建于地下，可以减少地面的噪声。

（3）减少干扰：由于地铁的行驶路线与其他运输系统（如地面道路）不重叠，不交叉，因此行车受到的交通干扰较少，可节省大量通勤时间。

（4）节约能源：在全球变暖的环境下，地铁由于行驶速度稳定，节省大量通勤时间，成为最佳大众交通运输工具，从而减少了民众开车出行的能源消耗。

（5）减少污染：一般的汽车使用汽油或柴油作为能源，而地铁使用电能，没有尾气的排放，不会污染环境。

（6）运量大：地铁的运输能力要比地面公共汽车大 7~10 倍，是其他城市交通工具所不能比拟的。

（7）准时：正点率一般比公共汽车高。

（8）速度快：地铁列车在地下隧道内风驰电掣地行进，行驶的最高时速普遍在 80 km，可超过 100 km，甚至有的达到了 120 km。

地铁在许多城市的交通中已担负起主要的乘客运输任务。莫斯科地铁是世界上最繁忙

的地铁之一,1 000万莫斯科市民平均每天每人要乘一次地铁,地铁担负了该市客运总量的44%。东京是亚洲第一个开通地铁的城市。截至2020年7月,东京都轨道交通路网运营线路达到13条,总里程为304.1 km。巴黎地铁的日客运量已经超过1 000万人次。1904年正式开通的纽约地铁是目前世界上规模最大的地铁系统,拥有486座地铁站。

中国第一条地铁是1971年开通的北京地铁。上海地铁于1990年初开始兴建,到1993年开通第一条路线,目前已经成为世界上运营线路最长的地铁系统。

2. 城市轻轨

城市轻轨是城市轨道建设的一种重要形式,也是当今世界上发展最为迅猛的轨道交通形式。轻轨的机车重量和载客量要比一般列车小,所使用的铁轨质量轻,每米只有50 kg,因此叫作"轻轨"。城市轻轨具有运量大、速度快、污染小、能耗少、准点运行、安全性高等优点。

城市轻轨与地下铁道、城市铁路及其他轨道交通形式构成城市快速轨道交通体系,它可以有效缓解人口与交通资源、汽车与交通设施之间的紧张关系。轻轨作为改善城市交通现状的有效载体,成为现代化大都市的重要选择,它在很大程度上方便了乘客出行,使居民享受更高品质的生活。轻轨符合绿色交通的标准,轨道延伸之处的大规模市政配套设施建设,有利于环境综合治理。

2000年在上海建成的明珠线(图5-22)是我国第一条城市轻轨。明珠线轻轨交通一期工程全长24.975 km,沿线共设19座车站,全线无缝线路铺设,除了与上海火车站连接的轻轨车站以外,其余全部采用高架桥结构形式。

图5-22　上海明珠线

3. 有轨电车

有轨电车(图5-23)是一种公共交通工具,亦称路面电车,简称电车,属轻铁(以电力推动的列车,亦称为电车)的一种。有轨电车是采用电力驱动并在轨道上行驶的轻型轨道交通车辆。有轨电车通常在街道上行走,一般不超过五节车厢。由于电车以电力驱动,车辆不会排放废气,因而它是一种无污染的环保交通工具。

图 5-23　有轨电车

1879 年,德国工程师维尔纳·冯·西门子在柏林的博览会上首先尝试使用电力带动轨道车辆。此后俄罗斯的圣彼得堡、加拿大的多伦多都进行过开通有轨电车的商业尝试。1887年,匈牙利布达佩斯引进了第一辆有轨电车。1888 年,美国弗吉尼亚州的里士满也开通了有轨电车。

对于中型城市来说,有轨电车是实用廉宜的选择,相较于地下铁路,有轨电车所需的投资要少很多,有轨电车无须在地下挖掘隧道;相较于其他路面交通工具,有轨电车能更有效地降低交通意外的概率。

如今很多地方开始在城市中改建或新增现代有轨电车线路,如法国斯特拉斯堡、瑞士日内瓦、西班牙巴塞罗那以及我国的大连、沈阳、长春、天津、上海等城市。截至 2019 年底,我国有轨电车总运营里程达 417.414 km,总轨道里程达 366.898 km。

4. 空中轨道列车

空中轨道列车(简称空轨,图 5-24)是悬挂式单轨交通系统。轨道在列车上方,由钢铁或水泥立柱支撑在空中。由于将地面交通移至空中,在无须扩展城市现有公路设施的基础上可缓解城市交通拥堵。又由于它只将轨道移至空中,而不是像高架轻轨或骑坐式单轨那样将整个路面抬入空中,因此克服了其他轨道交通系统的弊病,在建造和运营方面具有很多突出的特点和优点。

图 5-24　空中轨道列车

20 世纪 80 年代,在德国联邦政府的支持下,这种全新的轨道交通系统开始研制。空中轨道列车属于轻型、中等速度的交通运输工具。由于具有建设成本最低,工程建设速度最快,占地面积最小,可拆卸可移动,全过程自动化,环保低噪节能,适应复杂地形、特殊地质、任何天气,外形美观整洁,安全舒适,视野开阔,快捷、高效、便利等优点,空中轨道列车既可以作为城市繁华区、居民聚集区、风景旅游区、大型商圈、博览会等区域的交通工具,又可作为机场、地铁、火车站、长途客运站之间的中转接续工具。

5. 磁悬浮列车

磁悬浮列车是一种现代高科技轨道交通工具,它利用电磁系统产生的吸引力和排斥力将车辆托起,使整个列车悬浮在铁路上,同时利用电磁力进行导向,并利用直流电机将电能直接转换成推进力推动列车前进。

磁悬浮列车主要由悬浮系统、推进系统和导向系统三大部分组成,尽管可以使用与磁力无关的推进系统,但在绝大部分设计中,这三部分的功能均由磁力来完成。磁悬浮列车分为超导型和常导型两大类。简单地说,从内部技术而言,两者在系统上存在着是利用磁斥力还是利用磁吸力的区别。

1922 年,德国工程师赫尔曼·肯佩尔(Hermann Kemper)提出了电磁悬浮原理,并在 1934 年获得世界上第一项有关磁悬浮技术的专利。日本于 1962 年开始研究常导磁悬浮铁路。2003 年在日本山梨县,时速高达 500 km 的磁悬浮列车首次进行了试验。我国对磁悬浮铁路的研究起步较晚,1989 年我国第一台小型磁悬浮原理样车在湖南长沙的国际科技大学建成,试验运行速度为 10 m/s。上海磁悬浮列车(图 5-25)是世界上第一段投入商业运行的高速磁悬浮列车,设计最高运行速度为 430 km/h,仅次于飞机的飞行速度。

图 5-25　上海磁悬浮列车

目前,磁悬浮铁路已经逐步从探索性的基础研究进入实用性开发研究的阶段。磁悬浮列车的行车速度高于传统铁路,但低于飞机,是弥补传统铁路与飞机之间速度差距的一种有效运输工具。

尽管磁悬浮列车优点很多,并且在研制和应用方面取得了较大的发展,但随着高速型常规铁路的快速发展,给磁悬浮铁

扫一扫:磁悬浮铁路

路带来了强有力的挑战。与高铁建设相比,磁悬浮铁路的造价十分昂贵,这就使磁悬浮铁路投资大,回收期长,项目投资风险高;同时,磁悬浮列车的速度优势并不明显,磁悬浮列车的车速可达到 400~500 km/h,但是目前运营中的高铁速度也可达到 300 km/h 以上。另外,磁悬浮列车还有不成熟的技术环节,如突然情况下的紧急制动能力并不可靠等。

课后思考题

1. 高速公路有哪些特点? 有哪些优势?

2. 城市道路有哪些要求?

3. 铁路定线一般要考虑哪些因素?

4. 如何进行道路的设计?

5. 如何进行公路选线?

6. 公路路基的横断面形式有哪几种?

7. 高级路面的结构是怎样的?

8. 公路特殊结构物在什么情况下需要使用?

9. 在高速公路的建设中会出现哪些矛盾?

10. 简述铁路工程的发展。

11. 铁路选线设计的主要工作内容有哪些?

12. 怎样考虑铁路路基稳定性问题?

13. 当今世界上建设高速铁路有哪几种模式?

14. 高速铁路的实现涉及哪些内容?

15. 磁悬浮铁路的发展前景如何?

第6章 港口工程

港口是指具有船舶安全进出、停泊、靠泊、补充给养,旅客集散,货物装卸、驳运、储存等功能,并为船舶提供补给、修理等技术服务和生活服务,具有相应的码头设施,由一定范围的水域和陆域组成的区域。港口是水陆交通的集结点和运输枢纽,由于港口是联系内陆腹地和海洋运输的一个天然界面,因此人们也把港口作为国际物流的一个特殊节点。

6.1 港口的分类与组成

6.1.1 港口的分类

1. 按港口功能和用途分类

港口按其功能和用途不同,可分为综合性商港或贸易港、专业港、客运港、渔港、军港和避风港等。

(1)综合性商港或贸易港:以商船为主要服务对象,以各种货物运输为主。港区内可划分为若干个不同的专业码头,如集装箱码头、普通件杂货码头、散货码头、油码头等。

(2)专业港:以某种单一货物的运输为主,为大型工矿企业运输原材料或制成品,如专运石油的油港(如大连新港)、专运矿石的矿石港(如宁波北仑港)、专运煤的煤港等。

(3)客运港:专门停泊客轮和转运快件货物。

(4)渔港:供渔船停泊和作为渔业捕捞、加工的基地,如浙江沈家门港。

(5)军港:为军用舰艇提供停泊、补给、修理等服务,并进行沿岸防守。

(6)避风港:供船舶在航运途中躲避风暴、海浪和取得补给、进行小修等。

2. 按港口设置地点分类

港口按其设置地点不同,可分为海港、河口港、河港、运河港和湖港等。

(1)海港。海港是沿海修建,为远洋船泊和各种海船服务的港口。海港分为两种:一种是受到外围岛屿、半岛、河道等天然地形的掩护,可免于风浪侵袭的天然港(如汕头、厦门等地的港口);另一种是在天然掩护得不到充分保证的情况下需修建外堤(防波堤)等设施来掩护的人工港(如烟台等地的港口)。

(2)河口港。河口港位于通航河道的入海口或受潮汐影响的近海河段,可兼为内河船舶服务,如上海、广州、天津等地的港口。

(3)河港。河港是沿河修建的港口,如武汉、南京、重庆等地的港口。

(4)运河港。运河港是沿人工开挖的河道修建的港口,如常州、济宁等地的

扫一扫:纽约港

港口。

扫一扫:大连港

（5）湖港（水库港）。湖港是沿湖边或水库边修建的港口,如岳阳、丹江等地的港口。

3. 按港口所在位置分类

港口按其所在位置不同,可分为海岸港、河口港和内河港,前两者可统称为海港。

6.1.2　港口的组成

港口由水域和陆域两大部分组成。

1. 港口水域

港口水域包括进港航道、港池和锚地,某港口水域布置见图 6-1。

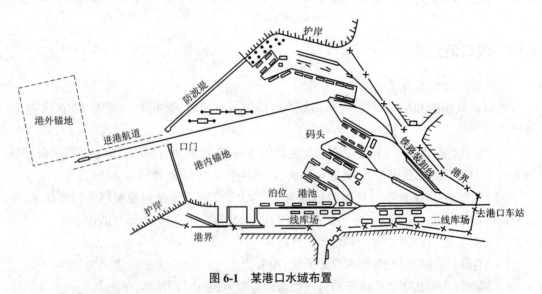

图 6-1　某港口水域布置

1）进港航道

进港航道必须有足够的深度和宽度以及适当的位置、方向和弯道曲率半径,避免强烈的横风、横流和严重淤积。进港航道分为天然航道和人工航道。天然航道位于深水岸段,低潮或低水位时天然水深要满足船只航行要求,一般需标示最方便安全的线路;如天然航道不能满足航行要求,或要求船只能够随时进出港口,则需开挖人工航道。大型船舶的航道宽度为80~300 m,小型船舶的为 50~60 m。

2）港池

港池是指直接和港口陆域毗连,供船舶靠离码头、临时停泊和调头的水域。港池尺度应根据船舶尺度、船舶靠离码头方式、水流和风向的影响及调头水域布置等确定。港池分为开敞式港池、封闭式港池和挖入式港池。开敞式港池不设闸门或船闸,港池内水面随水位变化而升降,是港口最普通的形式。封闭式港池用闸门或船闸将港池内外水域分隔,用以控制水位,适用于潮差较大的地区。其优点是港池内水面保持在较稳定的高水位上,减少土方开挖和码头高度,减少泥沙淤积;缺点是船舶进出港口要过闸。挖入式港池是在岸地上开挖而成的,多用于岸线长度不足、地形条件适宜的地方。其优点是可延长码头岸线,多建泊位,掩护条件较好;缺点是开挖土方量较大。

3)锚地

锚地是指有天然掩护或人工掩护条件,能抵御强风浪的水域,船舶可在此锚泊、等待靠泊码头或离开港口。如果港口缺乏深水码头泊位,也可在此进行船转船的水上装卸作业。内河驳船船队还可在此进行编、解队和换拖(轮)作业。

扫一扫:维多利亚港

扫一扫:新加坡港

2. 港口陆域

港口的陆域部分由码头、港口仓库及货场、铁路及道路、装卸及运输机械、港口辅助生产设备等组成,具体可分为进港陆上通道(铁路、道路、运输管道等)、码头前方装卸作业区和港口后方区。某港口码头及货场见图 6-2。

图 6-2　某港口码头及货场

码头前方装卸作业区供分配货物,布置码头前沿铁路、道路,装卸机械设备和快速周转货物的仓库或堆场(前方库场)及候船大厅等。

港口后方区供布置港内铁路、道路,较长时间堆存货物的仓库或堆场(后方库场),港口附属设施(车库、停车场、机具修理车间、工具房、变电站、消防站等)以及行政、服务房屋等。

6.1.3　港口的主要特征指标

港口的主要特征指标有港口水深、码头泊位数、码头线长度及货物吞吐量。

1. 港口水深

港口水深通常指船舶能够进出港口作业的某一控制水深。它是港口的重要特征之一,表明港口条件和可供船舶使用的基本界限。增大水深可接纳吃水更大的船舶,但会增加挖泥量,增加港口水工建筑物的造价和维护费用。

2. 码头泊位数

码头泊位数根据货种分别确定。除提供装卸货物和上下旅客所需的泊位数,在港内还要有辅助船舶和修船码头的泊位。

3. 码头线长度

码头线长度根据可能同时停靠码头的船长和船舶间的安全距离确定。

4. 货物吞吐量

货物吞吐量指在一定时期内由水运进出港区范围,并经过装卸的货物数量。它是衡量港口生产任务的主要指标,是进行港口规划建设的依据。

港口的规模一般按年吞吐量划分,年吞吐量大于 3 000 万 t 的为特大型港口,年吞吐量在 1 000 万至 3 000 万 t 之间的为大型港口,小于 1 000 万 t 的为中小型港口。

6.1.4　港口的规划与布置

1. 港口规划

港口建设牵涉面广,关系到邻近的铁路、公路和城市建设,关系到国家的工业布局和工农业生产的发展。规划之前要对拟建港口或港区所在地的经济和自然条件进行全面的调查和必要的勘测,拟定新建港口或港区的性质、规模,选择具体港址,提出工程项目设计方案,然后进行技术经济论证,分析判断建设项目的技术可行性和经济合理性。

在港口锚地进行船舶转载的货物数量(以吨计)应计入港口吞吐量。港口的货物吞吐量是指一个港口每年从水运转陆运和从陆运转水运的货物数量总和(以吨计)。它是港口工作的基本指标。

港口吞吐量的预估是港口规划的核心。港口的规模、泊位数目、库场面积、装卸设备数量以及集疏运设施等皆以吞吐量为依据进行规划设计。远景货物吞吐量是远景规划年度进出港口货物可能达到的数量。因此,要调查研究港口腹地的经济和交通现状及未来发展,以及对外贸易的发展变化,从而确定规划年度内进出口货物的种类、包装形式、来源、流向、年运量、不平衡性、逐年增长情况以及运输方式等。有客运的港口,同时还要确定港口的旅客运量、来源、流向、不平衡性及逐年增长情况等。

船舶是港口最主要的直接服务对象,港口的规划与布置,港口水、陆域的面积与尺度,以及港口建筑物的结构,皆与到港船舶密切相关,因此船舶的性能、尺度及今后的发展趋势也是港口规划设计的主要依据。

2. 港址选择

港址选择是指在沿海(河)地区建设新港或改建、扩建老港的过程中,通过多方案比较,选定技术上可能、经济上合理的港口位置。它是沿海(河)地区区域规划和城市总体规划的重要组成部分。港址选择一般要考虑以下条件。

（1）自然条件：它是决定港址的首要条件，主要包括港区地质、地貌、水文、气象及水深等因素。

（2）技术条件：着重考虑港口总体布置在技术上能否合理地进行设计和施工，包括防波堤、码头、进港航道、锚地、回转池、施工所需建材和"三通"条件等。

（3）经济条件：着重分析港口性质、规模、腹地、建港投资、港口管理和运营等方面是否经济合理。此外，还应进行区域经济地理和城市地理比较，以港口布局效果为中心，进行综合分析和评价。

港址选择是一项复杂而重要的工作，是港口规划工作的一个重要步骤。一个优良的港址应满足下列基本要求。

（1）有广阔的经济腹地，以保证有足够的货源，且港址位置适合经济运输，与其腹地进出口货物重心靠近，使货物总运费最省。

（2）与腹地有方便的交通运输联系。

（3）与城市发展相协调。

（4）有发展余地。

（5）能满足船舶航行与停泊要求。

（6）有足够的岸线长度和陆域面积，用以布置前方作业地带、库场、铁路、道路及生产辅助设施。

（7）战时港口常作为海上军事活动的辅助基地，也常成为作战目标而遭破坏。故在选址时，应注意能满足船舰调动的迅速性、航道进出口与陆上设施的安全隐蔽性以及疏港设施及防波堤的易于修复性等。

扫一扫：鹿特丹港

（8）对附近水域生态环境和水、陆域自然景观尽可能不产生不利影响。

扫一扫：釜山港

（9）尽量利用荒地劣地，少占或不占良田，避免大量拆迁。

3. 港口布置

制定港口布置方案是规划阶段重要的工作之一，不同的布置方案在许多方面会影响到国家或地区发展的整个过程。港口布置必须遵循统筹安排、合理布局、远近结合、分期建设等原则。图 6-3 所示为港口布置的形式。

这些形式可归纳为以下三类：

（1）自然地形的布置形式，如图 6-3（f）、（g）、（h）所示；

（2）挖入内陆的布置形式，如图 6-3（b）、（c）、（d）所示；

（3）填筑式的布置形式，如图 6-3（a）、（e）所示。

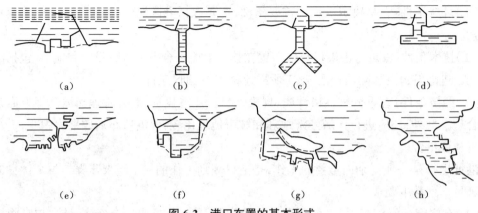

图 6-3　港口布置的基本形式

（a）突出式（虚线表示原海岸线）　（b）挖入式航道和调头地　（c）Y形挖入式航道
（d）平行的挖入式航道　（e）老港口增加人工港岛　（f）天然港　（g）天然离岸岛　（h）河口港

挖入内陆的布置形式，一般来说，为合理利用土地提供了可能性。在泥沙质海岸，当有大片不能耕种的土地时，宜采用这种建港形式。但这种布置形式下，狭长的航道可能使侵入港内的波高增加，因此必须进行模型研究。

扫一扫：神户港

如果港口岸线已被充分利用，泊位长度已无法延伸，但仍未能满足增加泊位数的要求，这时只要水域条件适宜，可采用在水域中填筑一个人工岛的办法。

6.2　港口水工建筑物

港口水工建筑物一般包括防波堤、码头、修船和造船水工建筑物等。进出港船舶的导航设施（航标、灯塔等）和港区护岸也属于港口水工建筑物的范围。港口水工建筑物的设计，除满足一般的强度、刚度、稳定性（包括抗地震的稳定性）和沉陷的要求外，还应特别注意波浪、水流、泥沙物的作用及环境水（主要是海水）对建筑物的腐蚀作用，并采取相应的防冲、防淤、防渗、抗磨、防腐等措施。

6.2.1　防坡堤

防波堤是位于港口水域外围，用以抵御风浪，保证港内有平稳水面的水工建筑物。有时，防波堤也兼用于防止泥沙和浮冰侵入港内。防波堤内侧常兼作码头。

1. 按堤线布置形式分类

防波堤按堤线布置形式分为单突堤、双突堤、岛堤和混合堤四类。突堤的堤线一端与岸相连，另一端伸向水域；岛堤的堤线位于水面，与岸不相连；混合堤是突堤和岛堤的组合。具体见图 6-4。

为使水流归顺，减少泥沙侵入港内，堤轴线常布置成环抱状，底端与岸线连接，顶端形成港口口门（图 6-5）；也有离岸布置成与岸线大致平行，口门设在堤的两端。口门数量和口门宽度应满足船舶在港内停泊、进行装卸作业时水面平稳,进出港口安全方便的要求。

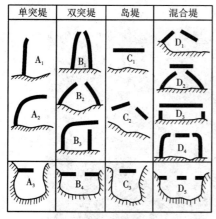

图 6-4　防波堤按堤线布置形式分类

图 6-5　某港口双突式防波堤布置

2. 按断面形状对波浪的影响分类

防波堤按其断面形状对波浪的影响可分为斜坡式、直立式、混合式、透空式、浮式以及配有喷气消波设备和喷水消波设备等多种类型。一般多采用前三种类型,见图 6-6。

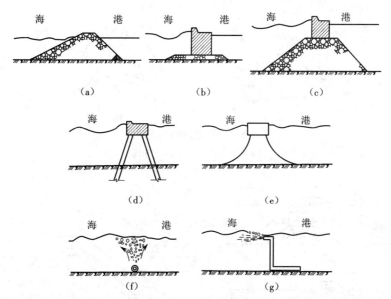

图 6-6　防波堤断面形状

(a)斜坡式　(b)直立式　(c)混合式　(d)透空式　(e)浮式　(f)配有喷气消波设备　(g)配有喷水消波设备

1)斜坡式防波堤

斜坡式防波堤常用的有堆石防波堤和堆石棱体上加混凝土护面块体的防波堤(图 6-7)。斜坡式防波堤对地基承载力的要求较低,可就地取材,施工较为简易,不需要大型起重设备,损坏后易于修复。波浪在坡面上破碎,反射轻微,消波性能较好,一般适用于软土地基。缺点是材料用量大,护面块石或人工块体因重量较小,在波浪作用下易滚落走失,须经常修补。人工块体一般有预制混凝土四脚锥体和预制混凝土扭工字块体(图 6-8),此外还有四脚空心方块和钩连块体中的扭工字块体。图 6-9 表示三种斜坡式防波堤的断面构造。

图 6-7　人工块体护坡

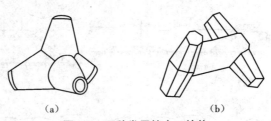

（a）　　　　　　　　（b）

图 6-8　两种常用的人工块体

（a）四脚锥体　（b）扭工字块体

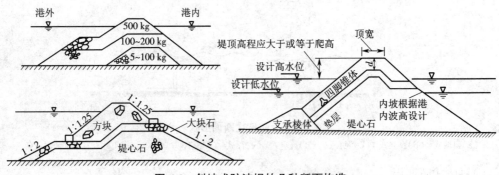

图 6-9　斜坡式防波堤的几种断面构造

2）直立式防波堤

直立式防波堤根据受力不同，可分为重力式和桩式两种。

重力式防波堤一般由墙身基床和胸墙组成，墙身大多采用混凝土方块或封底钢筋混凝土沉箱结构砌筑而成，靠建筑物本身重量保持稳定，结构坚固耐用，材料用量少，其内侧可兼作码头,适用于波浪及水深均较大而地基较好的情况。缺点是波浪在墙身前反射,消波效果较差。

桩式防波堤一般由钢板桩或大型管桩构成连续的墙身,板桩墙之间或墙后填充块石,其强度和耐久性较差,适用于地基土质较差且波浪较小的情况。

直立式防波堤的几种断面构造见图 6-10。

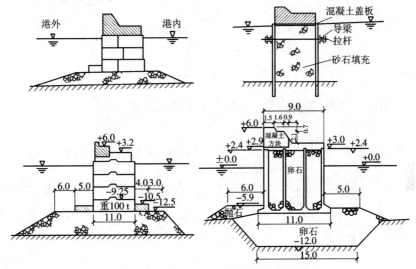

图 6-10 直立式防波堤的几种断面构造

3)混合式防波堤

混合式防波堤的下部采用抛石基床,上部为直墙结构,是直立式上部结构和斜坡式堤基的综合体,适用于水较深的情况(图 6-11)。混合式防波堤又分为两种:一种是上部直墙的底面高于或接近低水位;另一种是上部直墙的底面坐落在低水位以下足够深度处,以减轻波浪对下部抛石基床的破坏作用。

目前防波堤建设日益走向深水,大型深水防波堤大多采用沉箱结构。在斜坡式防波堤上和混合式防波堤的下部采用的人工块体的类型也日益增多,消波性能愈来愈好。图 6-12 和图 6-13 分别表示防波堤的堤头构造、平面和纵断面布置。

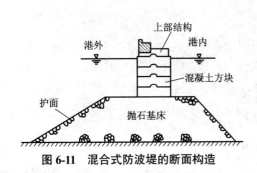

图 6-11 混合式防波堤的断面构造

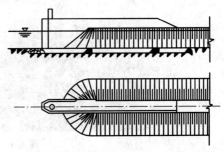

图 6-12 斜坡式防波堤的直立式堤头构造

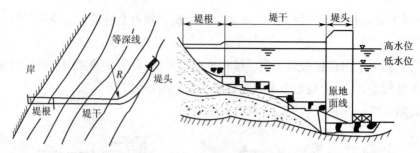

图 6-13　防波堤的平面和纵断面布置图

6.2.2　码头

码头是供船舶停靠、装卸货物和上下旅客的水工建筑物。

1. 码头的断面形式

码头的断面形式有直立式、斜坡式、半直立式和半斜坡式四种(图 6-14)。

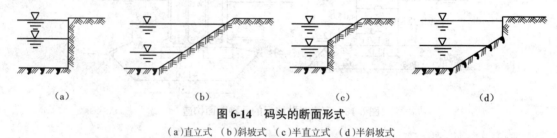

图 6-14　码头的断面形式
(a)直立式　(b)斜坡式　(c)半直立式　(d)半斜坡式

(1)直立式码头。这种码头多建在水位变幅不大的港口,码头前沿面与水面垂直,便于船舶停靠和机械直接开到码头前沿,可以提高装卸效率,因此被广泛采用,见图 6-15。

图 6-15　直立式码头

(2)斜坡式码头。这种码头多建在全年水位变幅大的内河河段,岸坡较长,借助岸边的趸船(一种无动力装置的矩形平底船)供船舶停靠、旅客上下船或货物装卸,趸船也称为浮码头(图 6-16)。若趸船随水位变化沿斜坡道方向移动,可只设固定斜坡道,这种码头由于装卸环节多,机械难以靠近码头前沿,装卸效率低;若趸船随水位变化垂直升降,可用活动引桥(图 6-17)将趸船与岸连接,这种码头一般用作客运码头、卸鱼码头、轮渡码头以及其他辅助码头。受天然或人工掩护的海港港池内,有时也采用趸船作为浮码头。

图 6-16 趸船

图 6-17 活动引桥

(3)半直立式码头和半斜坡式码头。这两种码头一般多建在内河或水库中的小港,它们的直立段或斜坡段顶端高程根据高、低水位持续时间的长短而定。

2. 码头的结构形式

1)重力式码头

重力式码头由胸墙、墙身、抛石基床、墙后回填体或减压抛石棱体等构成。重力式码头依靠建筑物自重、结构范围的填料重量和地基的强度来保持稳定,阻止码头滑动、倾覆和基础变形。

根据墙身构件,重力式码头分为方块式、沉箱式、扶壁式和整体浇筑式等。方块式码头由预制混凝土块体(实心、空心或异型块体)砌筑而成(图 6-18)。其特点是经久耐用,便于修理,适用于地基较好、有大量砂石等建筑材料的地方。沉箱式码头是将一巨型钢筋混凝土薄壁浮箱从预制场拖运至水域现场,定位下沉到整平的基床上而成的(图 6-19)。其特点是整体性好,抗震性强,现场施工速度快,适用于地基良好的深水海港。扶壁式码头的墙身由预制的或现浇的钢筋混凝土扶壁构件组成,扶壁由主板、底板和肋板浇筑成一整体。整体浇筑式码头是就地浇筑混凝土的整体式结构,要在干地上施工,一般适用于内河或水库港口(图 6-20)。

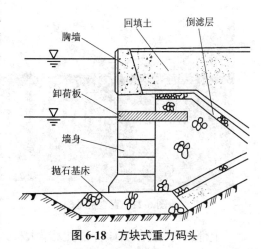
图 6-18 方块式重力码头

图 6-19　沉箱式重力码头

图 6-20　整体浇筑式重力码头

2）高桩式码头

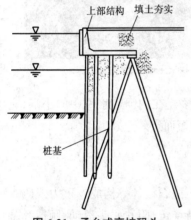

图 6-21　承台式高桩码头

高桩式码头由桩基和上部结构（桩台）组成，桩的下部打入土中，上部高出水面，见图 6-21。桩基在地基表面以上的长度较大，它既是码头的基础，又是主要受力构件，按材料不同可分为木桩、钢桩和钢筋混凝土桩。高桩式码头的上部结构构成码头顶面，和桩基连成一个整体，所承受的荷载和外力通过桩基传给地基。高桩式码头属透空式结构，波浪和水流可在码头平面以下通过，对波浪不发生反射，不影响泄洪，并可减少淤积，适用于软土地基。近年来广泛采用长桩、大跨结构，并逐步用大型预应力混凝土管柱或钢管柱代替断面较小的桩，而成为管柱码头。图 6-22 和图 6-23 分别为直立桩和斜桩基础。

图 6-22　直立桩基础

图 6-23　斜桩基础

上部结构（桩台）有梁板式、无梁大板式、框架式和承台式等多种结构。

梁板式高桩码头的桩台由钢筋混凝土或预应力钢筋混凝土面板、纵横梁和靠船构件等组成。图 6-24 为梁板式桩台施工过程。无梁板式高桩码头是将大块面板直接支承在桩帽上，不设纵横梁，结构比较简单。框架式高桩码头的桩台由面板、纵梁、框架等组成，刚度较大，但结构复杂，要求施工水位低，适用于水位差较大的地区。图 6-25 为框架式桩台的施工过程。承台式高桩码头的桩台一般采用 L 形现浇混凝土结构，上面回填沙土再做铺面层。

由于现浇承台较窄,须在承台下面设板桩挡住回填土,土压力通过板桩顶端传给承台,所以承台需要较多斜桩或叉桩支承。

图 6-24 梁板式桩台施工 　　　　图 6-25 框架式桩台施工

桩台有宽桩台和窄桩台之分。宽桩台可直接与岸边相接,岸坡保持自然稳定,不需要或只需要小型的挡土结构;窄桩台须在桩台后面填土与岸相连,需要设挡土结构,如板桩、挡土墙等。长江中下游水位变幅大,岸坡较长,修建的框架式高桩码头一般由平行岸线的前平台和垂直岸线的引桥组成,平面上呈 T 形或 Π 形布置。前平台供船舶停靠、货物装卸和临时堆放;引桥连接前平台与后方陆域,供人通行和货物输送。这种结构形式与宽桩台相比,造价较低。

3)板桩式码头

板桩式码头由板桩、拉杆、锚锭结构、导梁和胸墙等组成,板桩打入土中构成连续墙,由板桩入土部分所受的被动土压力和锚锭结构的拉力共同抵消地面使用荷载和墙后填土产生的侧压力,保证结构的整体稳定性(图 6-26)。水深较大的板桩码头可用多拉杆锚锭。锚锭结构有锚锭板、锚锭桩和锚锭板桩等。板桩码头按材料分为木板桩、钢板桩和钢筋混凝土板桩码头。板桩码头自重轻,用料省,结构简单,施工速度快,除特别坚硬或过于软弱的地基外,均可采用,但由于主要靠打入土中的板桩来挡土,而板桩是一种较薄的构件,又承受较大的土压力,结构整体性和耐久性较差,故一般用于墙高不大于 10 m 的情况。图 6-27 为施工中的钢板桩码头。

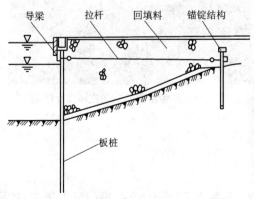 

图 6-26 板桩式码头 　　　　图 6-27 施工中的钢板桩码头

4）混合式码头

根据当地的地质、水文、材料、施工条件和码头使用要求等,还可采用混合式结构,如重力式与板桩相结合、梁板式高桩结构与板桩相结合(图 6-28)、L 形墙板与锚锭结构相结合(图 6-29)等构筑而成。

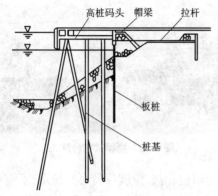

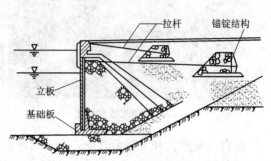

图 6-28　高桩与后板桩式混合码头　　　　　图 6-29　L 形墙板与锚锭式混合码头

6.2.3　修船和造船水工建筑物

修船和造船水工建筑物有船台滑道型和船坞型两种。

1. 船台滑道型

此种类型将船舶分成水下和水上两个部分进行维修。首先待修船舶通过船台滑道被拉曳到船台上,修理船体水下部分,然后沿相反方向下水,停泊在修船码头进行船体水上部分的修理,安装或更换船机设备。新建船舶在船台滑道上组装并油漆船体水下部分后下水,在舰装码头安装船机设备和油漆船体水上部分,见图 6-30 和图 6-31。

图 6-30　船台滑道　　　　　　　图 6-31　船台承载着船舶在滑道上移动

2. 船坞

船坞又分为干船坞和浮船坞。

1）干船坞

干船坞为三面封闭、一面设有坞门的水工建筑物,底部低于水面,坞门与水路相通(图

6-32）。待修船舶进坞后，关闭坞门，把水抽干，修好船体水下部分后灌水，使船起浮，打开坞门，使船出坞。新建船舶在坞内组装船体结构，油漆船体水下部分和安装部分船机设备后出坞，然后进行下一步工作。图 6-33 为干船坞中的我国第一艘航空母舰"辽宁号"（原为"瓦良格号"）。

图 6-32　干船坞

图 6-33　干船坞中的辽宁号航母

2）浮船坞

浮船坞由侧墙和坞底组成，可以在水中移动。修船时先向坞舱灌水使坞下沉，拖入待修船舶后，排出坞舱水，使船舶坐落坞底进行修理。在浮船坞新建船舶的建造情况和干船坞相似。浮船坞可系泊在船厂附近水面上，也可用拖轮拖至他处使用，见图 6-34~ 图 6-36。

图 6-34　拖动中的浮船坞

图 6-35　进入浮船坞维修的船舶

船台滑道和船坞均要求有坚固的基础，以承受船体传递的巨大压力。在软弱地基上修建时，一般采用桩基础。在透水性土上修建大型船坞时，一般采用减压排水式结构，用打板桩法或采取人工排水设施降低地下水位，减小空坞时地下水对坞底板产生的巨大浮托力和坞墙的侧压力。重力式船坞利用钢筋混凝土坞体的自重抵御水的浮托力，早先的船坞多是这种形式。锚锭式船坞利用固设在坞底板下良好地基内的锚锭结构抵御水的浮托力，一般用于摩阻力大的土中。减压排水式船坞利用排水管道系统排出坞底板下的地下水，从而消除或减小坞底部水的浮托力，一般用于透水性较小的黏性土中，对于透水性大的砂性土，不宜采用这种形式。减压排水系统位于船坞底板下，由排水层、透（排）水管和检修井组成，渗过截水系统进入坞底的水通过排水层及排水管排出并进入坞室两侧的排水沟排向水体。随着船舶的吨位越来越大,船坞的尺寸也越来越大,以船坞自重解决水的浮托力所需的费用成本越来越高,所以大多数船坞设计优先考虑减压排水式结构。

图 6-36　停靠在岸边的浮船坞

6.2.4　护岸建筑

护岸建筑是指为防止河流或海洋侵蚀岸堤及波浪或海浪的局部冲刷而造成的坍岸等灾害,使主流线偏离被冲刷地段而修筑的保护岸堤的水工建筑物。港口及航道护岸工程按其方法可分为直接护岸和间接护岸两大类:直接护岸工程即利用护坡和护岸墙等建筑物加固天然岸边,抵抗侵蚀和波浪的冲刷;间接护岸工程即利用在沿岸建筑的丁堤或潜堤,促使岸滩前发生淤积,以形成稳定的新岸坡。图 6-37 为海滨地区某护岸工程。

图 6-37　海滨地区某护岸工程

1. 直接护岸建筑

护岸工程可采用直接护岸方式,其护岸建筑可采用斜坡式、直立式或斜坡式与直立式组合的结构形式:斜坡式结构适用于岸坡较缓、水深较浅、地基较差、石料来源丰富、用地不紧张的地段和就地修坡的岸坡,一般用于护坡(图 6-38);直立式结构适用于岸坡较陡、水深较深、地基较好、岸线纵深较小和用地紧张的地段,一般用于护岸墙(图 6-39);组合式护岸一般在下部为斜坡式,起护坡作用,在上部为直立式,起护岸作用,这样布置既可减少护坡总面积,亦可保护墙脚(图 6-40)。

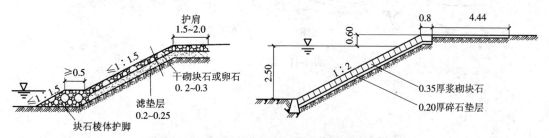

图 6-38　斜坡式块石护坡结构的两种构造(单位:m)

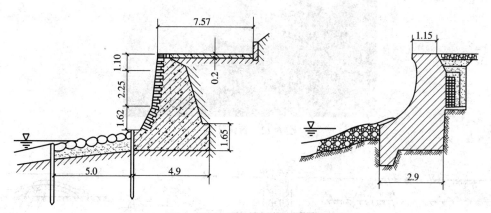

图 6-39　直立式护岸墙结构的两种构造(单位:m)

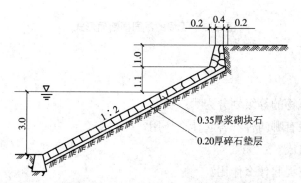

图 6-40　斜坡与直立组合式结构的构造(护坡和护岸墙的混合结构)(单位:m)

2. 间接护岸建筑

间接护岸方法一般使用以下两类建筑物:潜堤和丁堤。潜堤是指堤顶在静水位以下的防护堤,主要用来消浪,保滩促淤(图 6-41)。丁堤是端部与堤岸相接呈"T"字形的建筑物(图 6-42 为黄河某处丁堤群),主要功能为保护河岸不受水流直接冲蚀而产生淘刷破坏,同时在改善航道、保护水生态多样化方面发挥着作用。它能够阻碍和削弱斜向波和沿岸流对海岸的侵蚀作用,促进坝田淤积,形成新的海滩,达到保护海岸的目的。图 6-43 为丁堤的不同横断面形式。

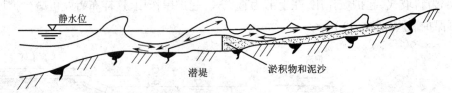

图 6-41　潜堤促淤

图 6-42　黄河丁堤

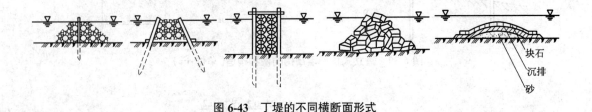

图 6-43　丁堤的不同横断面形式

课后思考题

　　1. 港口水工建筑物的等级划分为哪三级?

　　2. 护岸工程一般有哪两种? 各起什么作用?

　　3. 港口由什么组成?

　　4. 港口内的防波堤起什么作用?

　　5. 一个优良港址应具备的条件是什么?

　　6. 如何在潟湖海岸建港?

　　7. 港口工程的工程可行性研究要注意什么问题?

　　8. 挖入内陆的港口布置形式的适用性如何?

　　9. 码头的作用是什么?

　　10. 试比较各种码头的布置形式的优缺点。

　　11. 如何根据实际情况来选择码头的结构形式?

12. 在港口工程建设中,防波堤的功能是什么?

13. 各种防波堤有何局限性?

14. 为什么港口要有护岸建筑? 护岸方法有哪些?

15. 间接护岸建筑有哪些? 它们是如何工作的?

第7章 水利水电工程

7.1 水利工程

7.1.1 基本概念

水利工程用于控制和调配自然界的地表水和地下水,是为除害兴利而修建的工程。水利工程通过修建坝、堤、溢洪道、水闸、进水口、渠道、渡槽、筏道、鱼道等不同类型的水工建筑物以实现其目标(图7-1)。水利事业随着社会生产力的发展而不断发展,成为人类社会文明和经济发展的重要支柱。

图7-1 典型水利工程的水工建筑物

水利活动起源很早,有文字记载的水利活动可以追溯到六七千年前。水利在中国有着重要地位和悠久历史,历代有为的统治者都把兴修水利作为治国安邦的大计。如四川的都江堰、关中的郑国渠、沟通长江与珠江水系的灵渠及京杭大运河等都是我国古代水利工程的代表(图7-2)。

图7-2 都江堰与京杭大运河淮安船闸

伴随着各种新型建筑材料、设备、技术，如水泥、钢材、动力机械、电气设备和爆破技术等的发明和应用，人类改造自然的能力大大提高。而人口的大量增长和城市的迅速发展，也

扫一扫：都江堰水利
工程

对水利工程提出了新的要求。19 世纪末，人们开始建造水电站和大型水库以及综合型水利枢纽，水利工程也随水文学、水力学、应用力学等基础学科的进步逐渐向大规模、高速度和多目标开发的方向发展。

7.1.2　水利工程的特点

水利工程具有下列特点。

（1）很强的系统性和综合性。单项水利工程是同一流域、同一地区内各项水利工程的有机组成部分，这些工程既相辅相成，又相互制约。单项水利工程自身往往是综合性的，各服务目标之间既紧密联系，又相互矛盾。水利工程和国民经济的其他部门也是紧密相关的。规划设计水利工程必须从全局出发，系统地、综合地进行分析研究，才能得到最经济合理的优化方案。

（2）对环境有很大影响。水利工程建设不仅对所在地区的经济和社会产生影响，而且对江河、湖泊以及附近地区的自然面貌、生态环境、自然景观，甚至对区域气候，都将产生不同程度的影响。规划设计时必须对这种影响进行充分估计，充分发挥水利工程的积极作用，消除其消极影响。

扫一扫：世界高坝

（3）工作条件复杂。水利工程中各种水工建筑物都是在难以确切把握的气象、水文、地质等自然条件下进行施工和运行的，承受水的推力、浮力、渗透力、冲刷力等多种荷载的作用，工作条件较其他建筑物更为复杂。图 7-3 给出部分水利工程事故的照片。

图 7-3　水利工程决堤事故

（4）水利工程的效益具有不确定性，因每年水文状况的不同而不同，农田水利工程还与气象条件的变化有密切联系。

（5）水利工程一般规模大，技术复杂，工期较长，投资较大。拟兴建的水利工程项目，要

严格遵守基本建设程序,做好前期工作,并纳入国家各级基本建设计划后才能开工。水利工程建设程序一般分为两大阶段:工程开工前为前期工作阶段,包括河流规划、可行性研究、初步设计、施工图设计等;工程开工后到竣工验收为施工阶段,包括工程招标、工程施工、设备安装、竣工验收等。

扫一扫:阿斯旺水坝

7.1.3 水利工程的类型及分类

水利工程的类型很多,其中蓄水工程(图7-4)指水库和塘坝,不包括专为引水、提水工程修建的调节水库;引水工程是指从河道、湖泊等地表水体自流引水的工程,不包括从蓄水、提水工程中引水的工程;提水工程是指利用扬水泵站从河道、湖泊等地表水体提水的工程,不包括从蓄水、引水工程中提水的工程;调水工程是指水资源一级区或独立流域之间的跨流域调水工程,蓄、引、提工程中均不包括调水工程的配套工程;地下水源工程是指利用地下水(分为浅层地下水和深层承压水)的水井工程。

图7-4 三峡大坝蓄水工程

扫一扫:长江三峡水利
枢纽工程

扫一扫:南水北调工程

水利工程按其使用目的和服务对象分类,如表7-1所示。

表7-1 水利工程按其使用目的和服务对象分类

水利工程类型	作用
防洪工程	防止洪水灾害
灌溉和排水工程	防止旱、涝、渍灾,为农业生产服务
水力发电工程	将水能转化为电能
港口工程	改善和创建航运条件
水土保持工程	防止水土流失

续表

水利工程类型	作用
环境水利工程	防止水质污染和维护生态平衡
水利枢纽工程	同时为防洪、灌溉、发电、航运等多种目标服务

7.2　农田与水利工程

农田水利工程主要包括灌溉工程和排涝工程,其作用主要是调节农田水分状况和改变、调节地区水情。其中,农田水分状况是指农田中的土壤水、地面水、地下水的状况及其相关的土壤养分、通气、热状况等,它在很大程度上影响了农作物的生长和产量。

7.2.1　灌溉与排水

1. 灌溉

为了保证作物正常生长,必须供给充足的水分。在自然条件下,往往因降水量不足或分布不均匀,不能满足作物对水分的要求,因此需要人为进行灌溉,以补充天然降雨之不足。

1)灌溉取水

灌溉水源是可用于灌溉的地表水、地下水和经过处理并达到利用标准的污水的总称。灌溉取水工程的作用是将灌溉用水从水源引入渠道,以满足农田灌溉、水力发电、工业及生活供水等需要,因灌溉取水工程位于渠道的首部,所以也称为渠首工程。

目前常常根据水源的不同,采用不同的灌溉取水方式。常见的灌溉取水方式有无坝取水、有坝取水、水库取水等。

Ⅰ.无坝取水

无坝取水是指不设拦河闸或壅水坝,从天然河道中直接引水的取水方式,适用于河流水位较高的地方修建进水闸,借水位较高而灌溉区较低的情况。无坝取水工程在河道上游水位较高的地方修建进水闸,借较长的引水渠来取得自流灌溉所需要的水头,如图 7-5 所示。

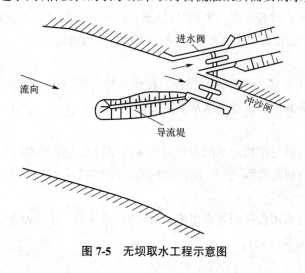

图 7-5　无坝取水工程示意图

无坝取水由于工程简单,投资少,对天然河道的影响较小,因此在水利建设中得到广泛应用。

但是,无坝取水由于没有调节河流水位和流量的能力,完全依靠河流水位高于渠道的进口高程而自流引水,因此引水流量受河流水位变化的影响很大。

Ⅱ.有坝取水

有坝取水是在河川水位较低时,不适合采用无坝取水方式的情况下,在河道中选择适当地点修建壅水坝或拦河节制闸建坝取水,如图7-6所示。

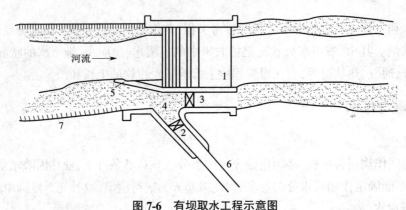

图7-6　有坝取水工程示意图
1—壅水坝;2—进水闸;3—排沙闸;4—沉沙池;5—导水墙;6—干渠;7—堤防

有坝取水可避免河流变化的影响,并能稳定引水流量。但是修建闸坝费用相当多,河床也需要有适合的地质条件。此外,由于有坝取水改变了河流原来的平衡状态,导致上下游河床发生了变化,因此可能破坏河流生态平衡,并带来环境和气候的变化。

Ⅲ.水库取水

水库是指在山沟或河流的狭口处建造拦河坝而形成的人工湖泊,水库建成后,可起防洪、蓄水灌溉、供水、发电、养鱼等作用。

水库既可调节流量又可抬高水位。当河流的流量、水位均不能满足灌溉要求时,就须在河流的适当地点修建水库进行调节,解决来水和用水之间的矛盾。

采用水库取水方式时必须修建大坝、溢洪道、进水闸等建筑物,工程较大,且有相应的库区淹没损失,但水库能充分利用河流水资源,这是优于其他取水方式之处。

Ⅳ.水泵站引水

当河流水量比较丰富,但灌区位置较高,修建其他自然引水工程困难或不经济时,可通过修建水泵站引水灌溉。引水流量依水泵能力而定。

2)灌溉方法

灌溉方法是指为满足作物对水的需求而将灌溉水转化为土壤水所采取的方式。目前使用的灌溉方法主要有地面灌溉、喷灌、滴灌和微灌,如图7-7所示。

Ⅰ.地面灌溉

地面灌溉是将地面水直接引入农田内,也称为自流灌溉。由于地势关系,有时需抬高水源的水位才能引水入田。

　　地面灌溉的田间工程简单,易于实施,因此是采用最广泛的方法。地面灌溉可分为畦灌、沟灌、格田灌溉和漫灌四种。

图 7-7　各种灌溉方法
(a)地面灌溉　(b)喷灌　(c)滴灌　(d)微灌

　　Ⅱ.喷灌

　　喷灌设施由管道和喷头组成,当需要灌溉时,打开管道上的阀门,水便通过喷头(或喷嘴)射至空中,以雨滴状态降落田间。喷灌具有节省水量、不破坏土壤结构、调节地面气候且不受地形限制等优点。

　　Ⅲ.滴灌

　　滴灌是按照作物需求,通过低压管道系统与安装在毛管上的灌水器,将作物需要的水和养分一滴一滴均匀而又缓慢地滴入作物根区土壤中的灌溉方法。滴灌不破坏土壤结构,是一种省水的灌溉方式。

　　Ⅳ.微灌

　　微灌是按照作物需求,通过管道系统与安装在末级管道上的灌水器,将作物生长所需的水和养分以较小的流量,均匀、准确地直接输送到作物根部附近土壤的一种灌溉方法。与传统的全面积湿润的地面灌和喷灌相比,微灌只以较小的流量湿润作物根区附近的部分土壤,因此微灌又称为局部灌溉技术。

2. 农田排水

农田排水的目的是排除农田中多余的地表水和地下水。排水系统是指排水的收集、输送、处理、排放等设施组成的总体,包括各级排水沟、管、水闸、泵站等建筑物。其中,排水沟要求挖到一定的深度,以使排水系统的水位降低,从而有利于作物的生长,同时,排水沟须有适当的纵坡,以便使排水流入河流、湖泊或海洋。

排水系统一般可分为明沟排水系统和暗沟排水系统两类。

明沟排水是相对于暗沟或埋管排水而言的,是在地面上开挖出小沟(小渠),其断面通常是梯形或矩形,沟底顺排水方向不断降低(正坡),水靠自身重力流动。明沟排水系统由毛沟、支沟、干沟等组成,并应尽量利用天然排水沟。

暗沟排水系统常使用混凝土管、陶管、埋块石等,在缺乏石料的地区可用竹、树枝的梢梱来代替,上面用土覆盖好。暗沟不仅能排地表水,而且能排地下水,但是造价过高,只有在特殊的情况下才采用。一般大面积农田排水都采用明沟排水。

灌区的排水系统必须与灌溉渠密切配合,在布置灌渠时,就应同时布置排水系统,有灌有排,统一规划布置,避免灌排干扰。

7.2.2　农田水利工程中的设施

农田水利基础设施建设,关系到水资源的可持续利用、粮食生产的安全和国内外的安定,因此农田水利工程设施对农业发展意义重大。农田水利工程中的设施一般包括灌溉泵站、排水泵站以及渠系建筑物。

1. 灌溉泵站

当灌区的位置比较高,水源的水不可能进行自流灌溉时,一般根据当地的具体情况,在水库上游或下游、河边、渠道上设置水泵站,进行抽水灌溉。

泵站的建筑物布置形式一般分为有引水渠泵站布置形式和无引水渠泵站布置形式两种。当水源与出水池之间地形比较平缓,且相距较远时,通常采用有引水渠的形式。这种形式的特点是水泵进水受水源影响小,泵站的防洪问题容易解决,但是对于泥沙多的水源,容易使进水池淤积,以致影响正常运行。因此,可在地形条件允许的情况下设置排沙设施,定期冲淤排沙。

当站址所处地形较陡或灌区距水源较近时,常采用无引水渠布置形式,即将泵站修建在水源岸边,直接从水源取水。这种形式的特点是泵房受水源水位影响很大,防洪问题较难解决,但可减少土方开挖并可取消进水闸。

2. 排水泵站

排水泵站是在排水管道的中途和终点需要提升废水时设置的泵站,称为中途泵站和终点泵站。

排水泵站的主要组成部分是泵房和集水池。泵房中设置由水泵和动力设备组成的机组。动力设备通常是电动机,设有配电盘。泵房顶部设起重设备,供安装和检修时起吊机组用。集水池中设置机械或人工消除垃圾的格栅,拦挡粗大的和容易截住的悬浮物,以防水泵阻塞。另外,集水池要有一定的储水容积以利水泵的启动。

3. 渠系建筑物

渠系建筑物是为保证渠道正常工作和发挥其各种功能而在渠道上兴建的水工建筑物。

渠系建筑物按其作用的不同,主要可分为以下几类。

（1）渠道:指人工开挖或填筑的水道,用来输送水流以满足灌溉、排水、通航或发电等需要。一个灌区内的灌溉或排水渠道,一般分干、支、斗、农四级,如图 7-8 所示。

图 7-8　灌溉渠道

（2）调节及配水建筑物:指渠道中用以调节水位和分配流量的建筑物,如节制闸、分水闸、斗门等。

（3）交叉建筑物:指输送渠道水流穿过山梁和跨越或穿越溪谷、河流、渠道、道路时修建的建筑物,分平交建筑物与立交建筑物两大类,常用的立交建筑物有渡槽、倒虹吸管、涵洞、隧洞等。

（4）落差建筑物:指在地面落差集中或陡峻地段所修建的连接上下游段,或在泄水与退水建筑物中连接渠道与河、沟、库、塘的建筑物,如跌水、陡坡、跌井等。

（5）渠道泄水及退水建筑物:指为了防止渠道水流由于超越允许最高水位而酿成决堤事故,保护危险渠段及重要建筑物安全,放空渠水以进行渠道和建筑物维修等目的所修建的建筑物,如溢流堰、泄水闸、排洪槽、虹吸泄水道、退水闸等。

（6）冲沙和沉沙建筑物:指为了防止和减少渠道淤积而在渠首或渠系中设置的冲沙和沉沙设施,如沉沙池、冲沙闸等。

扫一扫:长江三峡
水电站

渠系建筑物选择何种形式,主要根据灌区规划要求、工程任务,并全面考虑地形、地质、建筑材料、施工条件、运营管理、安全经济等各种因素后,进行比较确定。

7.3　水电工程

7.3.1　水电开发的方式和主要类型

水可以周而复始地循环供应,永不枯竭,这是水力发电突出的优点,同时水力发电对环境的污染较小,成本要比火力发电低很多,因此水力发电在我国得到广泛的应用。

根据河道的水流条件、地质地形条件以及集中落差的不同方法,水电站可分为坝式水电站、引水式水电站、抽水蓄能电站以及潮汐电站。

1. 坝式水电站

坝式水电站是由河道上的挡水建筑物壅高水位而形成发电水头的水电站,是河流水电开发中广泛应用的一种形式。坝式水电站适宜建在河道坡降较缓且流量较大的河段,可分为河床式、坝后式、溢流式、混合式等。

图 7-9　河床式水电站

扫一扫:葛洲坝水电站

形成了坝后式水电站,如图 7-10 所示。

坝后式水电站的特点是厂房布置在坝后或者附近,水头取决于坝高。坝后式水电站一般修建在河流的中上游,其优点是库容较大,调节性能好。另外,大坝和厂房各成自己的建筑物体系,相对来说结构较为简单。

坝后式水电站比较普遍,如万家寨水电站、三门峡水电站。另外,著名的三峡水电站也采用了坝后式水电站的形式。

1)河床式水电站

河床式水电站的水电站厂房和坝(或闸)并排建造在河床中,厂房本身起挡水作用而成为挡水建筑物的一部分,如图 7-9 所示。

河床式水电站一般修建在河流的中下游,其特点是因受地形影响,只能建造高度不大的坝(或闸),且水电站的水头低,引用的流量大,所以厂房尺寸也大,从而足以靠自身重量来抵抗上游水压力而维持稳定。河床式水电站的典型例子是广西西津水电站、湖北葛洲坝水电站等。

2)坝后式水电站

当水头较大时,厂房本身抵抗不了水的推力,于是将厂房移到坝后,由大坝挡水,就

图 7-10　坝后式水电站

3）溢流式水电站

在洪水流量大、河谷狭窄、并列布置厂房和泄洪建筑物难度大以及地质条件不适宜处，可修建溢流式水电站。

溢流式水电站是将厂房布置在河岸的地下洞室内或者设法把溢流坝和厂房结合起来，从厂房上溢流或者从厂房泄水的电站。溢流式水电站的厂房布置比较紧凑，由于厂房通常布置在河床中央，泄洪时下游水流条件较好。

2. 引水式水电站

引水式水电站是全部或者主要由引水系统集中水头和引用流量开发水能的水电站，如图 7-11 所示。

引水式水电站可分为无压引水式水电站和有压引水式水电站。在丘陵地区，引水道上、下游的水位相差较小，常采用无压引水式水电站；在高山峡谷地区，引水道上、下游的水位相差很大，常建造有压引水式水电站。

图 7-11　引水式水电站

引水式水电站的主要建筑物根据位置和用途可分为首部枢纽建筑物、引水道及其辅助建筑物以及厂房枢纽三个部分。

与坝式水电站相比，引水式水电站引用的流量常较小，同时又无蓄水库调节径流，水量利用率较差，综合利用效益较小。但引水式水电站因无水库淹没损失，工程量又较小，单位造价往往较低，这是它优于其他水电站之处。

世界上已建成的引水式水电站——奥地利赖瑟克山水电站，最大水头达 1 767 m；挪威考伯尔夫水电站有世界上最长的引水道，长达 39 km；中国已建成的引水式水电站——四川省凉山州昭觉县苏巴姑水电站，最大水头为 1 175 m。

3. 抽水蓄能电站

抽水蓄能电站是利用电力负荷低谷时的电能抽水至上水库，在电力负荷高峰期再放水至下水库发电的水电站，又称蓄能式水电站。抽水蓄能电站可将电网负荷低时的多余电能转变为电网高峰时期的高价值电能，并且适合承担事故备用任务，还可提高系统中火电站和核电站的效率。

我国抽水蓄能电站的建设起步较晚，但由于发展迅速，因此近年来建设的几座大型抽水蓄能电站技术均已处于世界先进水平。

抽水蓄能电站按电站有无天然径流分为纯抽水蓄能电站和混合式抽水蓄能电站两类。

（1）纯抽水蓄能电站：没有或只有少量的天然来水进入上水库以补充蒸发、渗透损失，而作为能量载体的水体基本保持一个定量，只是在一个周期内，在上、下水库之间往复利用。纯抽水蓄能电站厂房内安装的全部是抽水蓄能机组，其主要功能是调峰填谷、承担系统事故备用等任务，而不承担常规发电和综合利用等任务。

（2）混合式抽水蓄能电站：其上水库有天然径流汇入，可安装常规水轮发电机组利用水流量发电,以承担系统的负荷,因而其电站厂房内所安装的机组,一部分是常规水轮发电机组,另一部分是抽水蓄能机组。相应地,这类电站的发电量也由两部分构成,一部分为抽水蓄能发电量,另一部分为天然径流发电量。所以这类水电站的功能,除了调峰填谷和承担系统事故备用等任务外,还有常规发电和满足综合利用要求等任务。

图 7-12　潮汐电站

4. 潮汐电站

潮汐电站是一种利用涨潮落潮时的潮位差来将海洋或潮汐能量转换成电能的电站,也是唯一实际应用的海洋能电站,如图 7-12 所示。

潮汐电站通过在海湾或有潮汐的河口筑起水坝,形成水库。涨潮时水库蓄水,落潮时海洋水位降低,水库放水,以驱动水轮发电机组发电,这种机组的特点是水头低、流量大。

1912 年德国建成世界第一座实验性小型潮汐电站——布苏姆潮汐电站;1968 年投入运行的法国朗斯河口潮汐电站安装 24 台 1 万 kW 的水轮发电机组,年发电量约为 5 亿 kW·h,是 20 世纪 80 年代世界上最大的潮汐电站;1985 年中国建成的浙江江厦潮汐电站装机容量 3 200 kW,目前居世界第三位。

7.3.2　水电站建筑物

1. 水电站建筑物的布置

1)河床式水电站建筑物的布置

这种布置适用于较低水头,一般在 40 m 以下,多修建在河流的中下游河床坡降较平缓的地段或灌溉渠道上。其特点是厂房与坝并列建造于河床中,厂房成为挡水结构的一部分。

我国最大的低水头水电站是长江葛洲坝水电站,属于河床式水电站类型。水电站厂房是挡水建筑物的一部分。

2)坝后式水电站建筑物的布置

当水头较高,超过 40 m 时,由于压力大,厂房本身的重量不足以维持其稳定。因此,厂房位于拦河坝的下游侧,不受上游水压力影响。

3)引水式水电站建筑物的布置

由于地形、地质条件,坝后不能布置电站或无坝引水,则采用这种布置方式。水流通过进水口进入有压隧洞,通过调压室到压力水管,然后引向厂房内的水轮机。

2. 水电站建筑物的作用

水电站通常具有下列几类建筑物,其作用如下。

1)挡水建筑物

挡水建筑物一般为坝或闸,用以截断河流,集中落差,形成水库。

2）泄水建筑物

泄水建筑物用来下泄多余的洪水或放水以降低水库水位,如溢洪道、泄洪隧洞、放水孔或泄水孔等。

3）水电站进水建筑物

水电站进水建筑物又称进水口或取水口,是将水引入引水道的进口。

4）水电站引水建筑物

水电站引水建筑物用来把水库的水引入水轮机。根据水电站的地形、地质、水文气象等条件和水电站的类型,可以采用明渠、隧洞、管道。有时引水道中还包括沉沙池、渡槽、涵洞、倒虹吸管和桥梁等交叉建筑物及将水流自水轮机泄向下游的尾水建筑物。

5）水电站平水建筑物

当水电站负荷变化时,水电站平水建筑物用来平衡引水建筑物（引水道或尾水道）中的压力和流速的变化,如有压引水道中的调压室及无压引水道中的压力前池等。

6）发电、变电和配电建筑物

发电、变电和配电建筑物包括安装水轮发电机组及其控制设备的厂房、安装变压器的变压器场和安装高压开关的开关站。它们集中在一起,常称为厂房枢纽。

7.4　防洪工程

7.4.1　防洪工程的分类

防洪工程按功能和兴建目的可分为挡、泄（排）和蓄（滞）几类。

1. 挡

挡主要是运用工程措施"挡"住洪水对保护对象的侵袭,如用河堤、湖堤防御河、湖的洪水泛滥;用海堤和挡潮闸防御海潮;用围堤保护低洼地区不受洪水侵袭等。利用具有挡水功能的防洪工程,是最古老和最常用的措施。用挡的办法防御洪水将改变洪水自然宣泄和调蓄的条件,并且抬高天然洪水位。但是,由于有些河、湖洪水位变幅较大,且受泥沙淤积等自然演变和人类开发、利用洪泛区等活动的影响,洪水位还有不断增高的趋势;另外,一般堤线都较长,筑堤材料和地基的选择余地较小,结构不能太复杂,堤身不宜太高,因此用"挡"的办法防御洪水在技术经济上受到一定限制。

2. 泄（排）

泄（排）主要是增加泄洪能力。常用的措施有修筑河堤、整治河道（如扩大河槽、裁弯取直）、开辟分洪道等,是平原地区河道采用的较为广泛的措施。

3. 蓄（滞）

蓄（滞）的主要作用是拦蓄（滞）调节洪水、削减洪峰、减轻下游防洪负担,如利用水库、分洪区（含改造利用湖、洼、淀等）工程等。水库除起防洪作用外,还能蓄水调节径流,利用水资源,发挥综合效益,因此成为近代河流开发中普遍采取的措施。但修水库投资大,还要淹没土地、迁移人口,有些地方还淹没矿藏,带来损失。

开辟分洪区,分蓄(滞)河道超额洪水也是很多河流防洪系统中的重要组成部分,一般都利用人口较少的地区。在山区实施水土保持措施,可起蓄水保土作用,遇一般暴雨,对拦减当地的洪水有一定效果。

7.4.2　防洪工程的形式

防洪工程的形式包括堤坝、河道整治、分洪工程以及水库等。

1. 堤坝

堤坝是堤和坝的总称,也泛指防水、拦水的建筑物和构筑物。

现代的水坝主要有两大类:土石坝和混凝土坝。近年来,大型堤坝都采用高科技的钢筋水泥建筑。

土石坝是用土或石头建造的宽坝,因为底部承受的水压比顶部的大得多,所以底部较顶部宽。土石坝多是横越大河建成的,用的都是既普通又便宜的材料。由于物料较松散,能承受地基的动摇,但水会慢慢渗入堤坝,降低堤坝的坚固程度,因此工程师会在堤坝表面加上一层防水的黏土,或设计一些通道,让一部分水流走。

混凝土坝多用混凝土建成,通常建在深而窄的山谷,因为只有混凝土才能承受堤坝底部的高水压。混凝土坝可以细分为混凝土重力坝、混凝土拱坝、混凝土支墩坝等。

2. 河道整治

河道整治是指按照河道演变规律,因势利导,调整、稳定河道主流位置,改善水流、泥沙运动和河床冲淤部位,以适应防洪、航运、供水、排水等国民经济建设要求的工程措施。河道整治包括控制和调整河势、裁弯取直、河道展宽和疏浚等。

(1)控制和调整河势的建筑物:可修建丁坝、顺坝、锁坝、护岸、潜坝、鱼嘴等,有的还用环流建筑物。对单一河道,抓住河道演变过程中的有利时机进行河势控制,一般在凹岸修建整治建筑物,以稳定滩岸,改善不利河湾,固定河势流路;对分汊河道,可在上游控制点、汊道入口处及江心洲的首部修建整治建筑物,稳定主、支汊,或堵塞支汊,变心滩为边滩,使分汊河道成为单一河道。在多沙河流上,还可利用透水建筑物使泥沙沉淀,淤塞河道。

(2)河道裁弯工程:用于过分弯曲的河道。

(3)河道展宽工程:用于堤距过窄或有少数突出山嘴的卡口河段,通过退堤以展宽河道,有的还采用退堤和扩槽相结合的方式对河道进行整治。

(4)疏浚:可通过爆破、机械开挖及人工开挖完成。在平原河道,多采用挖泥船等进行机械疏浚,切除弯道内的不利滩嘴,浚深、扩宽航道,以提高河道的通航能力;在山区河道,通过爆破和机械开挖,拓宽、浚深水道,切除有害石梁、暗礁,以整治滩险,满足航运和浮运竹木的要求。

3. 分洪工程

分洪工程是当河道洪水位将超过保证水位或流量将超过安全泄量时,为保障保护区安全而采取的分泄超额洪水的措施。

分洪工程已在世界上大江大河的防洪工程中广泛应用,是很多河流防洪体系的重要组成部分,一般包括进洪设施、分洪道、分(蓄)洪区及其安全避洪设施以及排洪设施等。

根据分洪工程布局的不同,可概括分为以下两种类型。

(1)以分洪道为主体构成的分洪工程:由进洪设施分泄的洪水,经由分洪道直接分流入海、入湖,或进入其他河流,或绕过防洪保护区在其下游返回原河道。这类分洪工程也称分洪道或减河。

(2)以分(蓄)洪区为主体构成的分洪工程:由进洪设施分泄的洪水直接或经分洪道进入由湖泊或洼地围成的分(蓄)洪区,分(蓄)洪区起蓄洪或滞洪的作用。这类分洪工程有时也称蓄洪工程。如长江中游的荆江分洪工程、汉水下游的杜家台分洪工程、淮河中游的城西湖等分(蓄)洪工程、黄河下游的东平湖分洪工程等。

4. 水库

水库是我国防洪工程广泛采用的措施之一。在防洪区上游河道适当位置兴建能调蓄洪水的综合利用水库,可以拦蓄洪水,削减进入下游河道的洪峰流量,从而达到减免洪水灾害的目的。水库对洪水的调节作用有两种不同方式,一种起滞洪作用,另一种起蓄洪作用。

水库防洪一般用于拦蓄洪峰或错峰,常与堤防、分洪工程、防洪非工程措施等配合组成防洪系统,通过统一的防洪调度共同承担其下游的防洪任务。用于防洪的水库一般可分为单纯的防洪水库及承担防洪任务的综合利用水库,也可分为溢洪设备无闸控制的滞洪水库及有闸控制的蓄洪水库。

防洪水库应在河流或地区防洪规划的基础上选择防洪标准、防洪库容和水库泄洪建筑物形式、尺寸及水库群各水库防洪库容的分配方案。

课后思考题

1. 什么是水利工程? 水利工程的三大任务是什么?

2. 水利工程与其他工程相比,有什么特点?

3. 为什么要南水北调?

4. 水电站建筑物有哪几类? 其作用是什么?

5. 什么叫灌溉工程和排涝工程?

6. 对集中建站还是分散建站,应如何考虑?

7. 排水沟道的作用是什么?

8. 什么叫灌溉排水系统?

9. 水力发电的优点是什么?

10. 什么叫坝后式水电站? 其特点是什么?

11. 河床式水电站的建筑物是如何布置的? 试举例说明。

12. 水电站建筑物的作用有哪些?

13. 潮汐电站有何优点?

14. 什么叫防洪规划? 其原则和内容是什么?

15. 防洪工程包含哪些内容?

16. 堤坝有何作用?

17. 水库是如何实现防洪的?

18. 何谓"四横三纵"?

第8章 基础工程

8.1 岩土工程勘察

"万丈高楼平地起"是土木工程的基本特征,任何土木工程结构,包括建筑物,都通过基础支承于岩土体上,即建筑物的全部荷载都由其下的地层承担,该部分地层称为地基,将上部结构的荷载传递给地基土,连接上部结构与地基土的下部结构称为基础。对于地基来说,不加处理直接用作建筑物的地基的天然土层称为天然地基;经过加固上部土层,提高上部地层的承载力的地基称为人工地基。一个优秀的工程不仅要做到上部结构设计符合要求,结构的地基也需要满足稳定性要求和变形验算,这就需要进行岩土工程勘察(Geotechnical Investigation)。岩土工程勘察是围绕工程的要求,对建设场地的工程地质条件、水文地质条件、地震效应等进行探测、分析并评价,编制勘察文件的活动。

各项工程建设在设计和施工之前,都必须按基本建设程序进行岩土工程勘察。岩土工程勘察是一项基础性的工作。很多工程案例表明,不重视岩土勘察工作可能造成很严重的后果,例如历史上著名的加拿大特朗斯康谷仓倾覆(图8-1)事故、虎丘塔的倾斜问题等。

图8-1 加拿大特朗斯康谷仓倾覆

加拿大特朗斯康谷仓平面呈矩形,长59.44 m,宽23.47 m,高31 m,容积为36 368 m³。谷仓为圆筒仓,每排13个圆筒仓,共5排,即由65个圆筒仓组成。谷仓的基础为钢筋混凝土筏基,厚61 cm,基础埋深3.66 m。谷仓于1911年开始施工,1913年秋完工。谷仓自重为20 000 t,相当于装满谷物后满载总重量的42.5%。从1913年9月起往谷仓中装谷物,仔细地装载,使谷物均匀分布。10月,当谷仓装了31 822 m³谷物后,发现1 h内竖直沉降达30.5 cm。谷仓向西倾斜,并在24 h内倾倒,仓身倾斜近27°。谷仓西端下沉7.32 m,东端上抬1.52 m,如图8-1所示。1913年10月18日谷仓倾倒后,上部的钢筋混凝土筒仓坚如磐石,仅有极少的表面裂缝。调查发现,谷仓的地基在设计和施工前未进行岩土工程勘察,仅根据邻近结构物的基槽开挖试验结果,计算得到地基的承载力为 352 kPa,并应用于谷仓。事故后的勘察发现,该建筑物的基础下埋藏有厚达 16 m 的高塑性淤泥质软黏土层。谷仓加载使基础底面上的平均荷载达到 330 kPa,超过了地基的极限承载力 280 kPa,因而地基发生了强度破坏而产生整体滑动。

8.1.1　岩土工程勘察阶段

建设工程项目设计一般分为场址选择、初步设计和施工图设计三个阶段。为了提供各设计阶段所需的工程地质资料,岩土工程勘察工作也相应地划分为可行性研究勘察、初步勘察、详细勘察三个阶段。对于工程地质条件简单、建筑物占地面积不大的场地或有建设经验的地区,可适当简化勘察工作;对于工程地质条件复杂或有特殊施工要求的重要建筑物地基,尚应进行施工勘察。

1. 可行性研究勘察

可行性研究勘察是从总体上判断规划区域是否满足工程建设要求。可以通过实地考察,根据当地已有建筑物或附近地区的工程地质资料初步判断当地的工程地质条件,初步确定场地方案。在选取场地时要主动避开工程地质条件恶劣的地区,如易发生滑坡、泥石流的山体,以保证后续工作顺利开展。

2. 初步勘察

场地选取完毕后要进行初步勘察,确定场地地层构造、土层的物理力学性质、地下水位埋深等,评价场地内建筑物施工区域的稳定性,使拟建工程避开不良地质区域,确定建筑总平面布置方案,同时为拟建物地基基础方案提供资料。

3. 详细勘察

初步勘察完成后要进行详细勘察。详细勘察的目的是为施工方案的设计提供详细资料,包括对各类工程地质参数进行量化,评价地基的承载力及稳定性,对工程设计、施工提出建议。详细勘察提供的资料是以后设计方案、施工方案实施的主要依据。

4. 施工勘察

在施工过程中有时会遇到基槽开挖后岩土条件与原勘察资料不符、桩基工程施工需进一步查明持力层、需查明地下管线或地下障碍物等情况,此时需要进行施工勘察。

8.1.2　岩土工程勘察的方法

岩土工程勘察的方法有工程地质测绘、工程地质勘探、原位测试、室内试验、现场监测。

1. 工程地质测绘

工程地质测绘一般在可行性研究勘察和初步勘察阶段进行,详细勘察时可对某些特殊问题补充调查。在调查了场地的工程地质条件以后,绘制一定比例的工程地质图。测绘比例尺的选取与拟建场地的地质条件复杂程度,拟建物的类型、规模及设计阶段有关:一般可行性研究勘察选用 1:50 000~1:5 000 的比例尺,初步勘察选用 1:10 000~1:1 000 的比例尺,详细勘察选用 1:2 000~1:500 的比例尺。在工作中应充分利用遥感影像资料,以有效减少测绘的工作量,提高测绘的准确度。

2. 工程地质勘探

工程地质勘探是在工程地质测绘的基础上,进一步对场地的工程地质条件进行定量评价。勘探方法有坑探(图 8-2)、钻探、地球物理勘探、触探等。

(1)坑探是通过挖掘坑、槽、井、洞直接观察岩土层的天然状态以及各地层的地质结构,能直接获得符合实际的原状结构土样。考古发掘采用的是坑探方法(图 8-3)。

图 8-2　岩土工程勘察时的探坑

图 8-3　考古发掘时的探坑

(2)钻探(图 8-4)是用钻机在地层中钻孔,以鉴别和划分地表下的地层,并可以沿孔深取样。它是工程地质勘探中使用最广的方法,能反映工程地质剖面的详细情况,为基础寻找良好的持力层,为现场测试或长期观测提供钻孔。钻探取得的土(岩)体如图 8-5 所示。

图 8-4　钻探

图 8-5　钻探取得的土(岩)体

(3)地球物理勘探简称物探,是利用专业仪器,通过研究物理场的差异来探测地质构造及岩石、土层的性质,如图 8-6 所示。物探是一种间接测量方法,比坑探和钻探更经济、迅速,可作为坑探和钻探的先行探测。

(4)触探是使用外力将测试探头插入土层,根据贯入、回转和起拔时的阻力测定土质的物理力学性质,分为静力触探、动力触探和冲击振动触探等。触探的主要作用有两个:①定性划分不同性质的土层,进行触探分层;②根据相关经验公式,通过对比计算,定量确定土体密度、容许承载力、变形模量等。图 8-7 所示为静力触探探头,与大型动力设备结合使用。

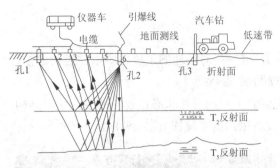

图 8-6　物探示意

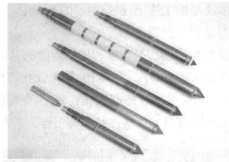

图 8-7　静力触探探头

3. 原位测试和室内试验

扫一扫：原位测试和
室内试验

为了获得工程地质条件的定量参数,需要进行一系列测试。测试分为现场原位测试和将土样带回实验室测定的室内试验。原位测试包括荷载试验(图 8-8)、触探试验、十字板剪切试验、标准贯入试验等,能够在基本保持天然结构、天然含水量以及天然应力状态下测定岩土的工程力学性质指标。室内试验有筛分试验、直剪试验(所用四联直剪仪如图 8-9 所示)、液限和塑限试验等,其试验条件易于控制,但试样难以保持天然结构,取样要求较高。室内试验一般用于小规模建筑物的设计或大型建筑物的早期设计阶段。若要为重要建筑物的设计提供参数,则必须在现场对有代表性的天然土样进行测试。

图 8-8　荷载试验

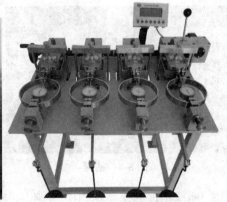

图 8-9　四联直剪仪

4. 现场监测

现场监测的主要任务是观测工程地质作用的长期变化,检验探测数据的准确性,监测不良地质作用及工程地质问题等,需使用观测仪器长期对拟建区进行重复测量。其监测对象主要有:岩(土)体的位移方向、范围、速度,地下水位变化及岩(土)体的性状等。

8.1.3　岩土工程勘察报告

岩土工程勘察报告简称地勘报告,是岩土工程勘察的成果,也是建筑物基础设计和施工的依据。它能简单明了地展示地质勘察资料，给出勘察的结论和建议。报告还应配合相应的勘察阶段，综合考虑场地的地质条件和拟建物的特点，给出基础设计方案和设计

扫一扫：地勘报告正文及钻孔柱状图、地质图

计算数据，通过对比分析选择安全可靠、经济合理的方案。地勘报告通常由以下几个部分组成。

（1）任务要求及勘察工作概况。

（2）工程概况：场地位置、地形地貌、地质构造、不良地质现象及地震设计烈度。

（3）场地地层分布，岩石和土的均匀性、物理力学性质，地基承载力等设计计算指标。

（4）地下水的埋置条件、腐蚀性，土层的冻结深度。

（5）场地、地基的综合评价，场地的稳定性、适宜性评价，场地存在的问题和解决问题的办法，设计方案的建议。

地勘报告还应附上如下图表资料。

（1）勘探点平面布置图。

（2）工程地质柱状图。

（3）工程地质剖面图。

（4）原位测试成果图表。

（5）室内试验成果图表。

（6）其他测试成果图表。

8.2　浅基础

基础多埋置在地面以下，但也有部分基础在地表之上，如码头桩基础（图 8-10）、桥梁基础（图 8-11）等。通常将持力层为天然地基且埋置深度小于 5 m 的一般基础（柱基或墙基）以及埋置深度虽超过 5 m，但小于基础宽度的大尺寸基础统称浅基础。例如图 8-12 中有一层地下室的建筑物，其基础为箱形基础，基础的深度虽然大于 5 m，但小于基础的宽度，因此属于浅基础。浅基础通过基础底面把所承受的荷载扩散至浅层地基，在进行设计计算时，基础两侧（四周）的摩阻力忽略不计。与浅基础相对，支承在地基深处承载力较高的土层上，埋置深度大于 5 m 或大于基础宽度的基础称为深基础，包括沉井基础、桩基础等，如图 8-13 所示。深基础在设计计算时应该考虑基础侧壁的摩阻力的影响。

地基基础设计需要遵循三个基本原则。

（1）强度条件（按承载力极限状态设计）：即作用于地基的荷载不超过地基的承载能力。经常承受水平荷载的高耸结构、挡土墙还需进行稳定性验算；地下水较浅时，地下室或地下构筑物还应进行抗浮验算。

图 8-10　码头桩基础

图 8-11　港珠澳大桥桥墩下的桩基础

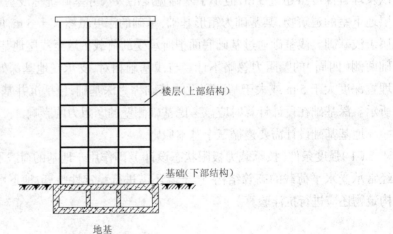

图 8-12　箱形浅基础

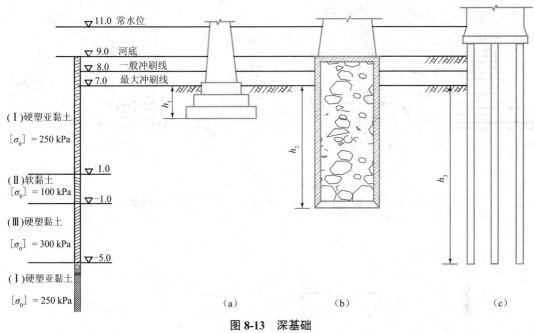

图 8-13　深基础

（a）浅基础　（b）沉井基础　（c）桩基础

（2）变形条件（按正常使用极限状态设计）：即控制基础沉降，使之不超过地基变形的允许值。

（3）基础的强度、刚度、耐久性：基础的材料、形式、尺寸和构造除应满足承载力和变形的要求外，还应满足强度、刚度、耐久性的要求。

浅基础的形式多种多样，可以按照材料、构造和受力性能进行分类。浅基础根据材料和受力性能可分为刚性基础（无筋基础）和柔性基础（钢筋混凝土基础），根据形状和结构形式可分为扩展基础、联合基础、连续基础、壳体基础等。

8.2.1　刚性基础

刚性基础由砖、毛石、素混凝土和灰土等材料构成，具有较好的抗压性能，但抗拉、抗剪强度较低，故设计时要保证基础的外伸宽度与高度的比值在一定限度内，避免基础的拉应力和剪应力超过其材料的强度设计值。

图 8-14（a）~（c）分别为砖基础、毛石基础、混凝土基础的示意图。刚性基础可以为柱下独立基础，也可以为条形基础，如图 8-14（d）所示。这一类基础需要限制台阶宽高比（刚性角），增大刚度，防止基础底部出现受拉破坏，如倒置短悬臂梁弯拉破坏，如图 8-15 所示。

8.2.2　柔性基础

刚性基础因材料的特性有许多局限，当刚性基础不能满足力学要求时，可以选用由钢筋混凝土制成的柔性基础。

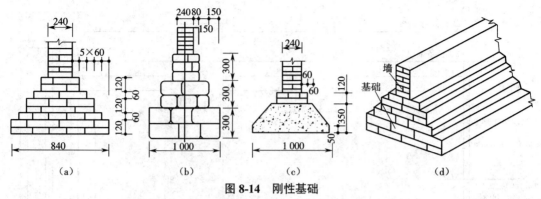

图 8-14　刚性基础

（a）砖基础　（b）毛石基础　（c）混凝土基础　（d）墙下条形基础（砖基础）

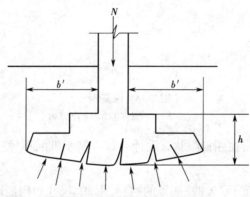

图 8-15　刚性基础底部受拉破坏

柔性基础主要有柱下独立基础［图 8-16（a）］、柱下条形基础［图 8-16（b）］、墙下条形基础［图 8-16（c）］、十字交叉条形基础［图 8-16（d）］、筏形基础［图 8-16（e）］和箱形基础［图8-16（f）］等。柔性基础内配置了足够的钢筋来承受拉应力和弯矩，使基础在受弯时不致破坏，因而不受台阶宽高比的限制，可以做成扁平形状。这一类基础具有良好的抗剪能力和抗弯能力，并能与上部结构耦合共同工作。

1. 独立基础

独立基础呈独立的块状形式，适用于多层框架结构或用作单层厂房排架的柱下基础，常用断面形式有阶梯形、锥形、杯形，如图 8-17 所示。柱下钢筋混凝土独立基础现场施工如图8-18 所示。

2. 条形基础

条形基础是长度远大于宽度（5 倍以上）的基础，如图 8-19 所示，包括墙下条形基础和柱下条形基础。墙下条形基础一般用于多层混合结构的承重墙下，设置柱下条形基础是为了增大基底面积和整体刚度，减小不均匀沉降。

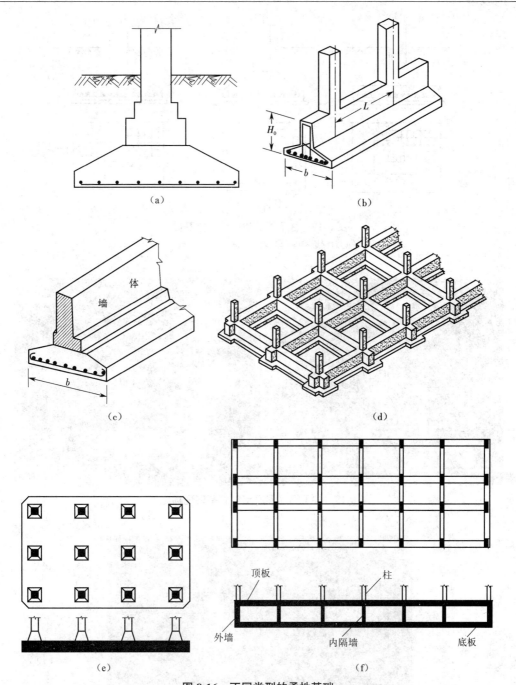

图 8-16　不同类型的柔性基础

（a）柱下独立基础　（b）柱下条形基础　（c）墙下条形基础

（d）十字交叉条形基础　（e）筏形基础　（f）箱形基础

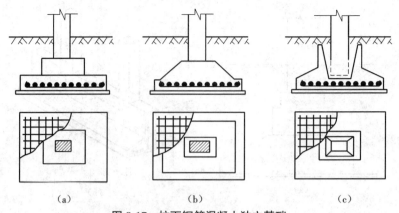

图 8-17　柱下钢筋混凝土独立基础

（a）阶梯形基础　（b）锥形基础　（c）杯形基础

图 8-18　柱下钢筋混凝土独立基础现场施工

图 8-19　条形基础

3. 筏形基础

当建筑物上部荷载较大而地基承载能力较弱时,需在独立基础和条形基础上更进一步,将墙下或柱下基础连成一片,使整个建筑物的荷载由一块满堂式板承受,故筏形基础又称作满堂基础、筏板基础,如图 8-16(e)所示。筏形基础底面积大,基底压强小,且更具有整体性,故受不均匀沉降的影响小。本章前面所述案例中的加拿大特朗斯康谷仓的基础即为钢筋混凝土筏形基础,其厚 61 cm,基础埋深 3.66 m。

4. 箱形基础

为了对筏板基础进行加强,增大基础板的刚度,以减小不均匀沉降,高层建筑往往把地下室的底板、顶板、侧墙及一定数量的内隔墙合在一起构成一个整体刚度很大的钢筋混凝土箱形结构,这样的基础称为箱形基础,如图 8-16(f)所示。

天然地基上的浅基础结构比较简单,最为经济,如能满足要求宜优先选用。如果地基的承载力及变形无法满足建筑物的需求,例如加拿大特朗斯康谷仓案例以及上海工业展览馆案例,有两种地基基础方案可供选择,即人工地基上的浅基础、天然地基上的深基础(桩基础等)。方案的选择以造价低、易施工、安全合理、技术先进为原则。

上海展览中心馆(图 8-20)原称上海工业展览馆。其中央大厅为框架结构,采用箱形基础,两翼采用条形基础。箱形基础为两层,埋深 7.27 m,其顶面至中央大厅顶部的塔尖总高 96.63 m。展览馆于 1954 年 5 月开工,1954 年底实测地基平均沉降量为 60 cm。1957 年 6 月,中央大厅四周的沉降量最大达 146.55 cm,最小为 122.8 cm。到 1979 年,累计平均沉降量为 160 cm,从 1957 年至 1979 年 22 年的沉降量仅为 20 cm 左右,不及 1954 年下半年沉降量的一半,表明沉降已趋向稳定。但由于地基严重下沉,不仅使散水倒坡,而且建筑物内外连接的水、暖、电管道断裂,造成了严重的损失。

图 8-20　上海展览中心馆

上海工业展览馆的地基浅层存在褐黄色黏性土硬壳层,深层为高压缩性淤泥质软土,即存在软弱下卧层。下卧层的地基承载力不满足设计要求,计算得出在下卧层顶面处,附加应力远大于该层的承载力,而下卧层应力水平(最小荷载与最大荷载之比)过高,可能发生局部的水平挤出。上海工业展览馆基础面积大,地基的安全度主要由下卧层控制,此工程的地基承载力只满足持力层的承载力要求,而不满足下卧层的承载力要求。

8.3　深基础

深基础的埋深大,以坚实的土层或岩层作为持力层,其作用是把所承受的荷载传递到深层地基。如果建筑场地浅层的土质不能满足建筑物对地基承载力和变形的要求,而又不宜采取地基处理措施,就要考虑以下部坚实的土层或岩层作为持力层的深基础方案。例如为修复加拿大特朗斯康谷仓,在倾斜的谷仓底部开挖了水平巷道,使用 388 只 500 kN 的千斤顶逐渐将倾斜的筒仓纠正,此外在基础下设置了 70 多个支承于深 16 m 的基岩上的混凝土墩,将谷仓原有的浅基础改造为深基础。经过修复处理,谷仓于 1916 年起恢复使用,修复后的谷仓见图 8-21,修复后位置比原来降低了 4 m。深基础分为桩基础、沉井基础和地下连续墙基础等。

图 8-21　修复后的加拿大特朗斯康谷仓

8.3.1　桩基础

桩基础的特点是细而长,其构成材料、截面形状多样,是应用最广泛的深基础。桩基础通常由桩和承台两部分组成,承台的作用是把若干根桩的顶部连接成整体,把上部结构传递来的荷载转换、调整后分配给各桩,而桩则通过桩端与坚硬土层的接触传递荷载或通过桩身与土层的摩擦力将荷载传递给周围的地基。

桩基础的使用可以追溯到河姆渡时期。考古学家先后于 1973 年和 1978 年在长江下游以南的浙江省余姚市河姆渡村发掘了新石器时代的文化遗址,出土了占地约 4 万 m² 的木桩和木结构遗存,如图 8-22 所示,它们距今 7 000~6 000 年,是全球迄今发现的规模最大的木桩遗存。根据这些木桩的排列规律及其附近出现的众多带有榫头、卯口或互相绑扎(当时已用绳绑扎)的大梁、小梁、龙骨和地板等木构件,考古学家认为这些木桩是 3 栋高架木屋的桩基础,该处的古地貌是背山面水的沼泽。木屋采用高架,主要是为了避水防潮;木屋较长,是为了让氏族共同居住。

图 8-22 河姆渡遗址出土的木桩

按桩的受力情况可将桩基础分为端承桩和摩擦桩,如图 8-23 所示。端承桩桩底嵌入硬土层,主要靠桩端地层的竖向抗力提供竖向承载力,桩的沉降小,不考虑桩身侧面与土间的摩阻力作用;当桩底位于软土层中时,竖向承载力主要由桩身侧面与土间的摩阻力提供,桩端地层也有一部分支撑作用,桩的沉降较大。

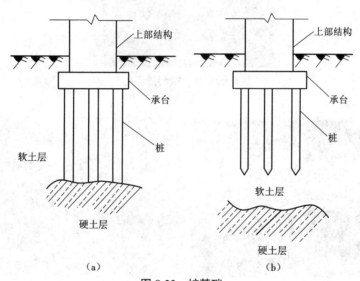

图 8-23 桩基础

(a)端承桩 (b)摩擦桩

按材料,桩可以分为木桩、混凝土及钢筋混凝土桩、钢管(或型钢)桩以及复合桩(即由两种材料组合而成的桩,如钢管混凝土桩)。自人类有历史记载至 19 世纪是桩基础的初期阶段,这一阶段的主要桩型是木桩和石桩;19 世纪中叶至 20 世纪 40 年代是桩基础的发展阶段,随着水泥的出现,混凝土桩和钢筋混凝土桩开始大规模应用;第二次世界大战后到现在是桩基础的现代化阶段,钢桩、水泥土桩、特种(超大直径、超高强度、变截面等)桩、水泥搅拌桩、砂桩、灰土桩和石灰桩等应运而生。下面列举几个不同桩型的应用案例。

(1)钢筋混凝土桩:位于阿联酋迪拜的哈利法塔如图 8-24 所示,结构高 828 m,基底埋深 30 m,采用摩擦桩加筏板联合基础,如图 8-25 所示。主楼筏板厚 3.7 m,混凝土浇筑量为

12 500 m³，满堂布置，如图 8-26 所示。筏板下布置了 194 根直径为 1.5 m、长约 43 m 的现场灌注桩，由于迪拜的地下水含高浓度氯化物（4.5%）和硫化物（0.6%），因此桩采用 C60 混凝土，并在筏板下铺设阴极保护系统，以减少化学侵蚀。

图 8-24　哈利法塔

图 8-25　摩擦桩加筏板联合基础示意

图 8-26　哈利法塔主楼筏板

（2）钢桩：上海金茂大厦，总建筑面积为 289 500 m²，地下 3 层，地上 88 层，高 420.5 m。建筑采用桩筏基础，基础筏板体积大，平面呈八边形，两对边的距离为 64 m，厚 4 m，混凝土浇筑量约为 13 500 m³，强度等级为 C50。筏板下布置了 385 根 φ914.4 mm×20 mm、长 65 m 的钢管桩，桩底深度达到 83.5 m。

扫一扫：港珠澳大桥
钢管复合桩
及施工

（3）钢管复合桩：港珠澳大桥的桥墩采用了钢管复合桩基础，钢管直径为 2.0~2.5 m，最大桩长超过 100 m，钢管参与受力。

8.3.2 沉井基础

沉井基础的结构呈井筒状,施工时将井内的土挖出,使结构依靠自重克服井壁的摩阻力下沉至设计标高,然后采用混凝土封底并填塞井孔。沉井基础一般作为桥梁墩台或其他大型结构物的基础。沉井基础的埋

扫一扫:沉井基础施工过程及案例

置深度大、整体性强、稳定性好且承载面积大,能承受较大的竖向荷载和水平荷载。沉井除了作为基础,在施工时也可以发挥挡土和挡水的作用。沉井基础的施工过程如图 8-27 所示。

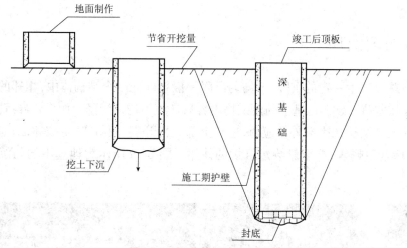

图 8-27 沉井基础的施工过程

在水中沉井有两种方式:当水流速度不大、水深小于 3 m 或 4 m 时采用水中筑岛的方式;当水深筑岛困难时采用浮运沉井的方式,在岸边制作,滑入水中,井壁为空体,浮于水面上,就位后灌注混凝土下沉至河床。例如南京长江大桥在建设过程中由于桥址地质复杂,桥梁基础采用了四种建造方式,其中两种为沉井基础:在浅水面覆盖层厚的墩位处,采用重型混凝土沉井,穿越深度达 54.87 m;在水深、覆盖层厚但基岩强度较低的墩位处,采用浮式钢筋混凝土沉井,上部为钢筋混凝土结构,下部为钢与钢筋混凝土组合结构。美国旧金山奥克兰湾桥(海湾大桥)最大的沉井尺寸为 60 m × 28 m,采用浮运法施工,沉井内装有 55 个直径为 4.5 m 的气筒,浮运到位后在沉井的内部空间填充混凝土并接高沉井,为控制吃水深度,气筒内充有压缩空气,待沉入河底的预定位置后除去气筒的顶盖,挖泥下沉。

常泰长江大桥 6 号墩的沉井基础平面呈圆端形,立面为台阶形,长 95.0 m,宽 57.8 m,圆端半径为 28.9 m,自重为 20 130 t,横截面约有 13 个篮球场那么大,是目前已知的世界上最大的钢制沉井。该沉井基础由两节组成,总高 72 m,整体视觉效果如一块巨型的蜂窝煤,如图 8-28 所示。

图 8-28　常泰长江大桥的沉井基础

8.4　不均匀沉降

　　建筑物总会产生一定的沉降,不均匀沉降一般指在同一个结构体中,相邻的两个基础的沉降量存在差值。软弱地基上的建筑物更容易产生不均匀沉降。如果差异沉降过大,就会使相应的上部结构产生额外的应力,造成上部结构开裂、倾斜,甚至破坏,引起建筑物渗水、下水道堵塞不畅等,严重影响建筑物的使用。图 8-29 所示为地基不均匀沉降引起的裂缝。

图 8-29　地基不均匀沉降引起的裂缝

　　地基不均匀沉降引起的墙体裂缝一般表现为斜裂缝、水平裂缝和竖向裂缝。图 8-30 所示为"八"字形裂缝,属于斜裂缝。当较长建筑物的中部沉降较大时,在房屋两端形成正"八"字形裂缝;当两端沉降过大时,裂缝呈现为倒"八"字形。

扫一扫:地基沉降裂缝

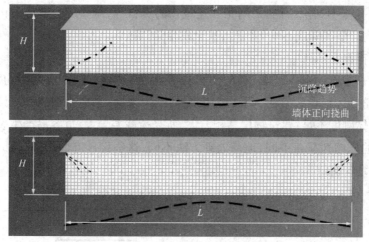

图 8-30 斜裂缝的方向与沉降模式的关系

由于不均匀沉降而使建筑物倾斜变形甚至不能正常使用的事例比比皆是。例如:上海莲花河畔景苑小区的倒楼事件即是因不均匀沉降过大导致高楼倾倒;加拿大特朗斯康谷仓也是因不均匀沉降出现大的变形倾斜。墨西哥城由于部分区域的地基土为深厚的湖相沉积层,天然含水量高达 150%~600%,具有极高的压缩性,造成该城的一些建筑物出现较大的沉降和不均匀沉降,如图 8-31 所示的墨西哥城博物馆。此外,墨西哥城艺术宫也严重下沉,沉降量高达 4 m。邻近的公路下沉 2 m,公路路面与艺术宫门口的高差达 2 m。参观者需下 9级台阶才能从公路进入艺术宫,室内外连接困难,交通不便,内外网管道修理工程量增加。

图 8-31 墨西哥城博物馆不均匀沉降

8.4.1 不均匀沉降的原因

1. 地质勘察报告的准确性差、真实性不高

在实际施工中,有些工程不进行地质勘察,盲目施工;有的勘察不按规定进行,如钻探时

布孔不准确或孔深不到位;有的采用相邻建筑物的资料等,这些都会造成分析、判断或设计错误,使建筑物产生沉降或不均匀沉降,甚至发生结构破坏。

　　2.设计方面存在问题

　　建筑物太长也会引起不均匀沉降,图 8-32 所示为建筑物过长、房屋不均匀沉降引起的墙体开裂;建筑物体形比较复杂,凹凸转角多,易产生裂缝;未在适当的部位设置沉降缝;基础及建筑物整体刚度不足;建筑物层高相差大,所受荷载差异大,也容易产生裂缝,如图 8-33 所示;地基土的压缩性显著不同,地基处理方法不同,这些设计方面的错误都会引起建筑物产生过大的不均匀沉降。

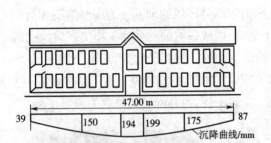

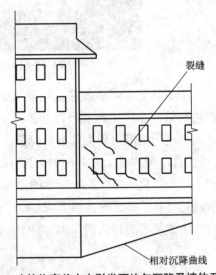

图 8-32　建筑物过长引起不均匀沉降和墙体开裂　　图 8-33　建筑物高差太大引发不均匀沉降及墙体开裂

　　3.施工方面存在问题

　　没有认真进行验槽;在基础施工前扰动了地基土;在已建成的建筑物周围堆放大量的建筑材料或土方;对于砖砌体结构,砌筑质量不满足要求,砂浆强度低、灰缝不饱满、砖砌块组砌不符合相关规定、通缝多、拉结筋不按规定设置等,这些都会引起建筑物建成后产生不均匀沉降。

8.4.2　防止不均匀沉降的措施

　　1.保证地质勘察报告的真实性和可靠性

　　在施工前要按照有关规定进行地质勘察,获得相对准确的资料,以便设计人员和施工人员做出合理的判断。

　　2.建筑措施

　　(1)建筑物体形应简单。建筑物立面的高差不宜悬殊,所受荷载差异不宜太大;平面形状力求简单,尽量避免凹凸转角,转折和弯曲也不宜过多,否则会使整体性和抗变形能力降低。另外,控制建筑物的长高比(建筑物在平面上的长度和从基底算起的高度之比),其越小,整体刚度越好,调整不均匀沉降的能力越强。对于砌体承重结构,为保证其整体刚度,应合理布置纵横墙。纵横墙应尽量贯通,横隔墙的间距不宜过大。

（2）设置沉降缝。沉降缝将建筑物分成各自独立的单元,各单元的沉降互不影响。如图 8-34 和图 8-35 所示,一般在建筑平面的转折部位、高度差异(或荷载差异)处,长高比比较大的砌体承重结构或钢筋混凝土框架结构的适当部位,地基土的压缩性有显著差异处,建筑结构或基础类型不同处,分期建造房屋的交界处等设置沉降缝。沉降缝应有足够的宽度,建筑物越高(层数越多),缝就越宽。具体缝宽和构造见规范及有关资料。

图 8-34　房屋沉降缝

图 8-35　台阶沉降缝

（3）相邻建筑物之间应保持一定的距离。地基土中的附加应力会扩散到基础外的一定宽度和深度,如果相邻建筑物距离过近,就会产生应力叠加,从而引起过大的不均匀沉降,特别是在原有建筑物旁新建高重建筑物时。

（4）适当调整建筑物标高。各建筑单元、地下管线、工业设备等的标高会随着地基不断沉降而改变。室内地坪和地下设施的标高可根据预估沉降量予以提高。建筑物各部分(或设备)之间有联系时,可将沉降较大者的标高提高。

（5）建筑物与设备之间应留有足够的净空。当建筑物中有管道穿过时,应预留足够尺寸的孔洞,或采用柔性管道接头等。

3. 结构设计方面

（1）减小建筑物的自重。减小建筑物的自重可以减小基础底面的压力,是防止和减小不均匀沉降很重要的途径。在实际中可采用轻质材料,如多孔砖墙或其他轻质墙体;选用轻型结构,如预应力钢筋混凝土结构、轻钢结构或各种轻型空间结构;选用自重较小、覆土较少的基础形式,如浅埋的宽基础、有半地下室或地下室的基础,或者室内地面架空地坪等。

（2）设置圈梁和构造柱,如图 8-36 所示。在建筑物的墙体里设置圈梁和构造柱能增强建筑物的整体性,提高其抗弯刚度,在一定程度上防止或减少裂缝的出现,即使出现了裂缝也能阻止裂缝发展。

（3）减小或调整基础底面的附加压力。采用较大的基础底面积,减小基础底面的附加压力,可以减小沉降量。对同一地基上的相邻建筑物,可调整各部分的荷载分布、基础宽度和埋置深度,以减小基础底面的附加压力和沉降差异。某些时候可采用静定结构体系,当发生不均匀沉降时,不至于引起很大的附加压力,能较好地适应不均匀沉降。

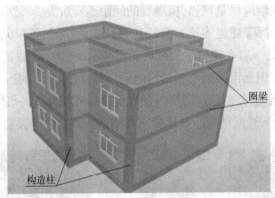

图 8-36　圈梁和构造柱

（4）地基基础设计应控制变形值，必须进行基础最终沉降量和偏心距的验算，基础最终沉降量应当控制在《建筑地基基础设计规范》规定的限值以内。当天然地基不能满足建筑物的沉降变形控制要求时，必须采取技术措施，如打预制钢筋混凝土短桩等。同一建筑物尽量采用同一类型的基础并埋置于同一土层中。在软弱地基上的砌体承重结构可采用钢筋混凝土梁板式基础，这种基础支承面积和整体刚度大，抗弯能力强，能有效地调整不均匀沉降。

4. 施工方面

（1）在基坑开挖时，不要扰动地基土，通常坑底保留 200 mm 左右的土，待垫层施工时，再人工挖除。如坑底土被扰动，应挖去，用砂、碎石回填夯实。要注意打桩、井点降水及深基坑开挖对附近建筑物的影响。

（2）当建筑物存在高低和轻重不同的部分时，高、重的部分应先施工，待其有一定的沉降后低、轻的部分再施工，或主体房屋先施工，附属房屋再施工，以减小部分沉降差；高低层使用连接件时，应最后修建连接件，以调整部分沉降差。活载大的建筑物（如料仓、油罐、水塔等），在施工前，有条件时可先堆载预压；在使用期间，应控制加载速率和加载范围，避免大量、迅速和集中堆载。

（3）已建成的小型、轻型建筑物周围不宜堆放大量的建筑材料和土方等重物，以免地面堆载引起建筑物产生附加沉降。

（4）由于地基分布的复杂性和勘探点的有限性，应重视基础验槽，尽可能在基础施工前发现并根除可能使地基土产生不均匀沉降的隐患，弥补工程勘探工作的不足。

（5）保证施工质量。对于常用的砖砌体结构，必须根据施工要求严格施工。

5. 沉降观测

对于比较重要的建筑物和建在软弱地基上的建筑物，应进行沉降观测。施工单位必须按设计要求及规范标准埋设专用水准点和观测点。民用建筑每建完一层（包括地下部分）应观测一次；工业建筑按荷载阶段分次观测，施工期间观测不少于 4 次；建筑物竣工后，第一年观测不少于 3~6 次，第二年不少于 2 次，以后每年 1 次，直至下沉稳定为止。

总之，地基产生不均匀沉降的原因是多方面的，带给建筑物的影响较大，对建筑物的破坏是难以修复的。但是在设计、施工等方面采取一定的措施，就可以有效地预防和控制不均匀沉降的产生。

8.5　地基处理

8.5.1　地基处理的概念

在土木工程建设中,当天然地基不能满足建(构)筑物对地基的要求时,需对天然地基进行加固改良,形成人工地基,以满足建(构)筑物对地基的要求,保证建(构)筑物的安全与正常使用。这种地基的加固改良称为地基处理。

扫一扫:地基处理的
原理

一般地基问题分为以下几个方面。

1. 承载力及稳定性

地基承载力较小,不能承担上部建筑物稳定存在时的自重及外部荷载,致使地基失稳,出现局部或者整体破坏,例如加拿大特朗斯康谷仓。

2. 沉降变形

在上部结构荷载的作用下,地基产生过大的变形,或因工程地质、水文地质条件变化,如土的湿陷、膨胀等,地基变形超过建筑物的容许变形值,将导致建筑物倾斜、开裂,甚至发生整体破坏,影响建筑物的正常使用,例如 8.4 节中的不均匀沉降问题。

3. 动荷载下的地基液化、失稳和震陷

在动荷载作用下,饱和松散砂土、部分粉土会发生液化,使土体失去抗剪强度。这是一种类似于液体特性的动力现象,会导致地基失去稳定性及震陷,如图 8-37 所示。

图 8-37　地震引起的砂土液化

4. 渗透破坏

土体具有渗透性,当地基中出现渗流时,可能发生管涌和流土现象,严重时会导致地基失稳、崩溃。管涌和流土发生的原理分别如图 8-38 和图 8-39 所示。

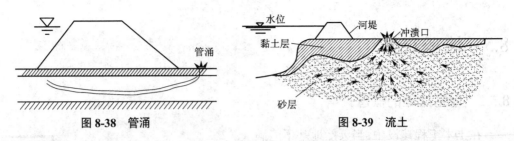

图 8-38　管涌　　　　　　　　　　　图 8-39　流土

通常将不能满足建筑物要求(包括承载力、稳定变形、渗流、抗震等几个方面的要求)的地基称为软弱地基或不良地基。软弱地基和特殊土地基为地基处理的对象,包括软黏土、人工填土、部分砂土和粉土、湿陷性土、有机质土和泥炭土、膨胀土、多年冻土、岩溶、土洞和山区地基等。

地基处理就是按照建筑物对地基的要求,对地基土进行改良、改性,在土中设置增强体及采取复合加固的技术。

8.5.2　地基处理的历史

地基处理技术是随着人类文明的起源和发展而逐步发展、进步的。在大量考古考察和材料记载中发现,我们的祖先在春秋战国时期以前就用石灰、黏土和土搅拌成三合土修筑驿道,用于基础或路面垫层,图 8-40 和图 8-41 所示为古时的驿道。秦直道和驰道是夯筑而成的,即靠人力用工具把土或其他粒状材料砸密实。图 8-42 所示为秦直道,是秦时修筑的交通干道,全程长约 900 km,多用黄土夯筑而成。秦驰道是最早的"国道",是皇帝的专用车道。此外,古埃及曾用石灰、石膏和砂子来加固金字塔的地基和尼罗河河堤;古印度曾用石灰和黏土建造挡水坝;古罗马曾用火山灰和生石灰制成固化剂来加固建筑的地基。

扫一扫:地基处理的历史

图 8-40　梅关古驿道

图 8-41　南粤古驿道

图 8-42　秦直道

现代地基处理技术起源于欧洲。1835 年,法国工程师设计了最早的砂石桩;1934 年,苏联的阿别列夫教授首创了土桩挤密法;1936 年,德国工程师提出了振冲法;20 世纪 60 年代,法国梅那(Menard)技术公司首创了强夯法用于处理地基;20 世纪 70 年代,日本首次将高压喷射技术应用于地基加固和防水帷幕。随着地基处理技术的发展和应用,地基分析计算理论也得到了很大的发展,复合地基理论应运而生,它第一次提出了桩和土共同承担上部荷载的思想,符合地基处理后的实际情况。现如今,随着地基处理技术的发展和新技术的出现,人们对地基处理和复合地基的认识逐渐加深,更好地促进了本行业的发展、进步。

8.5.3　传统的地基处理方法

1. 换填法

换填法是用砂、碎石、灰土和矿渣等强度较高的材料置换软弱地基中的部分土体,以提高持力层的承载力,起到应力扩散、调节变形的作用,如图 8-43 所示。垫层按换填材料的不同可分为砂石垫层、素土垫层、灰土垫层、矿渣垫层、加筋土垫层以及用其他性能稳定、无侵蚀性的材料做的垫层等。

换填法适用于浅层地基,包括淤泥、淤泥质土、松散素填土、杂填土、已完成自重固结的吹填土等地基的处理,暗塘、暗沟等浅层的处理和低洼区域的填筑。换填法还适用于一些地域性特殊土(如膨胀土地基、湿陷性黄土地基、山区地基及季节性冻土地基等)的处理。

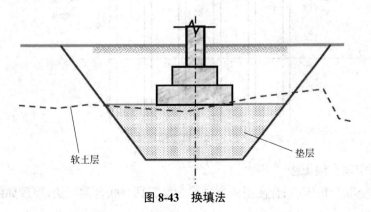

软土层　　　　　　　　　　　　　　垫层

图 8-43　换填法

2. 排水固结法

对渗透性差的软土,在地基中设置竖向排水体,通过荷载的预压作用将孔隙中的一部分水慢慢挤出,土的孔隙比减小,从而加速地基的固结,提高地基的强度和稳定性,消除一部分沉降变形。排水固结法包括堆载预压法、砂井堆载预压法、真空预压法、堆载真空联合预压法、降水预压法、电渗降水法等,适用于处理饱和软黏土地基。

1)堆载预压法

在建造建筑物以前,通过临时堆填土石等方法对地基加载预压,使孔隙水排出,预先完成部分或大部分地基沉降,并通过地基土固结提高地基的承载力,然后撤除荷载,建造建筑物,原理如图 8-44 所示。

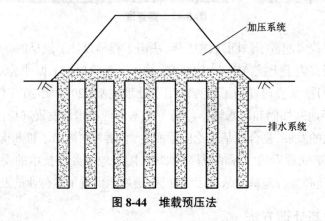

图 8-44 堆载预压法

2)真空预压法

扫一扫:超软吹填土真空预压工程案例

在黏土层上铺设砂垫层,然后用薄膜密封砂垫层,用真空泵对砂垫层及砂井抽气,使地下水位降低,同时在大气压力的作用下加速地基固结,达到提高地基的承载力、减小工后沉降的目的,原理如图 8-45 所示。

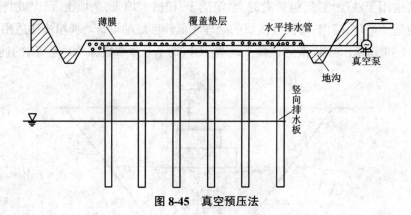

图 8-45 真空预压法

3)堆载真空联合预压法

堆载与真空联合预压、联合使用的方法称为堆载真空联合预压法,原理如图 8-46 所示。

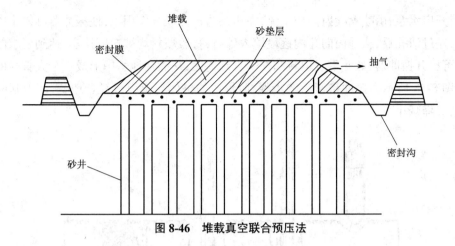

图 8-46　堆载真空联合预压法

3. 密实法

密实法是采用一定的技术手段,通过振动、挤压等使地基土的孔隙比减小,提高土体的强度,减小地基沉降的方法。利用不同重量的锤和不同的夯击能量将土体夯实的处理方法包括表层压实法、重锤夯实法、强夯法等。在土体中采用竖向扩孔,从横向将土体挤密的处理方法主要包括振冲挤密法、土桩或灰土桩挤密法、砂桩挤密法、石灰桩挤密法、爆扩法等。密实法适用于非饱和疏松黏性土、湿陷性黄土、松散砂土、杂填土等。

1)强夯法

使十几吨至上百吨的重锤从几米至几十米的高处自由落下,对土体进行动力夯击,将土强制压密从而降低其压缩性、提高其强度,如图 8-47 所示。这种加固方法主要适用于颗粒粒径大于 0.05 mm 的粗颗粒土,如砂土、碎石土、粉煤灰、杂填土、回填土、低饱和度的粉土、黏性土、微膨胀土和湿陷性黄土,对饱和的粉土和黏性土无明显的加固效果。

图 8-47　强夯法

2)振冲挤密法

振冲挤密法是以起重机吊起振冲器,启动潜水电机带动偏心块,使振冲器产生高频振动,同时开启水泵,由喷嘴喷射高压水流,在边振边冲的联合作用下,使振冲器沉入土中的预定深度,经过清孔后,从地面向孔内逐段填入碎石,每段填料均被振密挤实,达到要求的密实度后即可提升振冲器,如此重复填料和振密直到地面,从而在地基中形成一个大直径的密实桩体。图 8-48 所示为振冲挤密法的步骤,所形成的桩体与土组成复合地基,使地基的承载力提高,沉降减小。

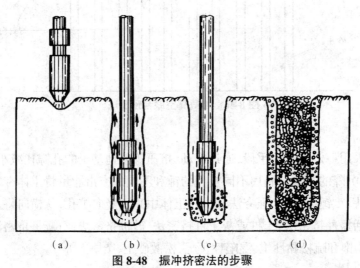

图 8-48　振冲挤密法的步骤
(a)喷射高压水流　(b)振冲成孔　(c)填入碎石　(d)形成密实桩体

3）水泥粉煤灰碎石桩

水泥粉煤灰碎石桩又称 CFG 桩(Cement Fly-ash Gravel Pile),是在碎石桩的基础上掺入适量石屑、粉煤灰和少量水泥,加水拌合,用振动沉管打桩机或其他成桩机具制成的具有一定黏结强度的桩。图 8-49 所示为施工现场,图 8-50 所示为已完成的 CFG 桩。

图 8-49　CFG 桩施工

图 8-50　CFG 桩

4. 胶结法

胶结法是向软土中掺入水泥、石灰等搅拌,使之胶结成强度较高的复合土体,从而形成复合地基,改变持力层的强度和模量。胶结法包括压密注浆、劈裂注浆、化学灌浆、高压喷射注浆、粉喷搅拌、深层搅拌等方法,适用于黏性土、砂性土、湿陷性黄土、软弱土层等。

1)高压喷射注浆

高压喷射注浆是利用钻机将装有喷嘴的注浆管下到预定位置,然后用高压水泵或高压泥浆泵(20~40 MPa)将水或浆液通过喷嘴喷射出来。形成的射流冲击破坏土体,使土粒在射流的冲击力、离心力和重力等综合作用下与浆液搅拌混合,并按一定的浆土比例和质量大小有规律地重新排列。待浆液凝固以后,就在土内形成一定形状的固结体。高压喷射注浆按照喷射方式可以分为旋喷、定喷和摆喷,如图 8-51 所示。

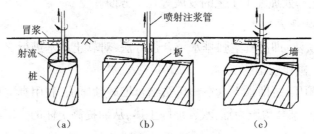

图 8-51 高压喷射注浆的三种方法
(a)旋喷 (b)定喷 (c)摆喷

2)深层搅拌

深层搅拌是采用深层搅拌机将石灰或水泥等固化剂与软土就地搅拌混合,利用固化剂和软土发生的一系列物理、化学反应,形成具有整体性、较好稳定性和较高强

扫一扫:水泥搅拌桩的
施工工艺

度的水泥加固体的地基加固方法。其工艺流程如图 8-52 所示,加固深度一般在 10 m 以上。本法适用于加固各种土质地基,但对有机物、硫酸盐含量高的土加固效果较差。

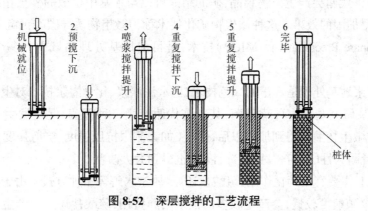

图 8-52 深层搅拌的工艺流程

5. 加筋法

加筋法是向土中加入条带、纤维或网格等抗拉材料,从而改善土的力学性能,提高土的

扫一扫:加筋法

强度和稳定性的方法。在建筑工程中,加筋法既是一项传统的施工工艺,又是一项新的土体加固技术。加筋法按照材料类型可以分为土工聚合物、加筋土、土层锚杆、土钉和树根桩等方法。

8.5.4　地基处理新技术

近年来,基于传统地基处理方法的发展和进步,涌现出一系列新技术,主要的发展方向有地基处理新方法的涌现、多种地基处理方法的综合应用、地基处理施工机械的发展、地基处理材料的发展、地基处理施工工艺的发展等几个方面。

1. 组合式地基处理方法

(1)高真空击实法:即高真空强排水结合强夯法,对软土地基进行交替、多遍处理,适用于荷载不大、作用范围比较小的工程。

(2)水下真空预压法:即水下真空预压法结合堆载预压法,利用真空环境产生负超静水压力,以水荷载为主、堆载预压为辅,联合加固土体,从而提高土体的强度,缩短工期,节约原材料,节省投资。

(3)动力排水固结法:即塑料排水板法与强夯法相结合,对各种软土地基进行处理。堆载预压法、真空预压法的施工工期比动力排水固结法长,块石强夯法、粉喷桩法的造价比动力排水固结法高,而且动力排水固结法比传统的强夯法使用范围更广泛。

(4)高压注浆碎石桩:高压注浆碎石桩(High-pressure Grouting Gravel Picket)简称 HGP桩,是先将碎石灌入预成孔中,再利用气压、液压将水泥浆通过注浆管注入桩周围的土壤与桩孔中碎石的缝隙中,水泥浆凝固后形成的半刚性结石桩体。

2. 微生物加固

微生物矿物学的最新研究表明,某些天然微生物(如产脲酶的微生物)在适宜的人为环境和营养条件下代谢会产生矿物结晶,矿的结晶可以与地基中松散的砂土相结合并黏结在一起,最终获得加固的效果。这种微生物矿化技术称为微生物诱导碳酸钙沉淀(Microbially Induced Carbonate Precipitation, MICP)技术,是目前地基处理领域中的一个崭新的研究课题。

微生物灌浆地基处理是真正的绿色技术,比水泥灌浆、化学灌浆技术对生态环境更加友好。MICP 灌浆研究基于一种嗜碱菌,其新陈代谢产生一种脲酶,促使发生一系列化学反应。土体经过微生物灌浆得到加固以后,强度(如无侧限抗压强度、抗剪强度、抗液化强度)得以提高,而且耐久性(如抗侵蚀、抗冻性能)也得到大大改善。

现今 MICP 主要有反硝化作用、硫酸盐还原、尿素水解等多种方式。由于反硝化细菌生长周期较长,繁殖速度较慢,会产生较多的前期培养费用;硫酸盐还原会产生有毒气体硫化氢,对环境和人造成危害;而尿素水解机制相对简单,反应过程容易控制,且可以在较短的时

间内产生大量碳酸根离子。因此,尿素水解在微生物矿化技术中广泛应用。

图 8-53 所示是微生物在松散的砂砾间形成胶结物碳酸钙的过程,巴氏芽孢杆菌为尿素水解提供脲酶,还为碳酸钙沉淀提供成核点。一方面,发成的碳酸钙可以填充地基中的孔隙,增大密实度;另一方面,碳酸钙作为胶结物将土颗粒黏结在一起,形成块状体,可提高土体的抗剪强度。

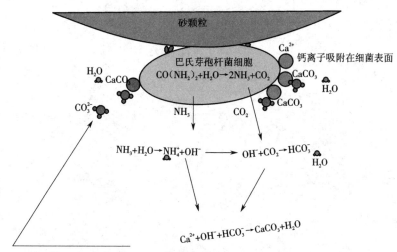

图 8-53　微生物在松散的砂砾间形成胶结物碳酸钙的过程

有许多相关领域的研究人员对此技术进行了试验,例如西北农林大学将 MICP 技术用于风积砂的固化,采用分层固化的方法提高了试样的整体性,且胶结强度较高。图 8-54 所示为风积砂加固前后的光学显微镜图像。

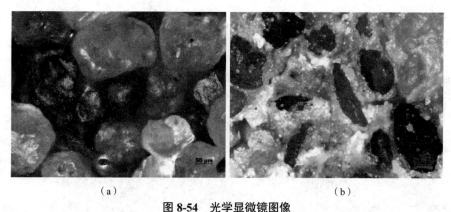

（a）　　　　　　　　　　　　　　　　（b）

图 8-54　光学显微镜图像

（a）原风积砂放大 200 倍　　（b）固化的风积砂放大 200 倍

课后思考题

1. 工程测量包括测定和测设两个部分,你知道什么是测定和测设吗?

2. 阐述刚性基础、柔性基础的区别。

3. 桩基础是一种常用的深基础,它由哪两个部分组成? 按受力情况,桩分为哪两类? 在一般情况下应如何选用?

4. 为减小建筑物不均匀沉降,可采取哪些措施?

5. 在工程实践中主要通过什么方式来解决地基基础问题?

第9章　地下工程

地下空间是地球上十分宝贵的资源。从远古人穴居的地下洞穴到近代城市中的地下铁道、地下街等，都是人类利用地下空间的精彩案例。人类对地下空间的开发利用大致可分为四个时期。

（1）自人类出现至公元前 3000 年的远古时期，人类对地下空间利用较少，在多数情况下仅将地下空间作为居住场所。在人类原始穴居的时代，天然洞窟成为人类防寒暑、避风雨、躲野兽的处所，例如北京周口店的北京猿人洞穴是迄今所知世界上最早的与地下工程有关的遗址。

（2）公元前 3000—公元 500 年的古代时期，人类开始在地下修建重大工程，如巴比伦河底隧道、我国秦汉时期的陵墓和地下粮仓等，此时人类对于地下空间开发的认知已不局限于住所。公元前 2180—前 2160 年，在幼发拉底河下修建的一条约 900 m 长的砖衬砌人行通道是迄今已知的最早用于交通的隧道，它是在旱季将河流改道后用明挖法建成的，是隧道工程的鼻祖。古代最大的隧道建筑物可以追溯到公元前 36 年，在那不勒斯和普佐里之间开凿的婆西里勃道路隧道，其长约 1 500 m，宽 8 m，高 9 m，是在凝灰岩中凿成的一条长隧道，其伟大之处在于至今仍可以使用，在作为人类古代工程瑰宝的同时，依旧造福着世人。石门隧道建于东汉明帝永平九年（公元 66 年），位于今陕西省汉中市褒谷口内，是用我国古代原始的攻凿山石的方法"火烧水淬"凿成的，如图 9-1 所示。清代更汉复的《栈道歌》中有"积薪一炬石为圻，锤凿既加如削腐"的诗句，即说明石门隧道是采用火烧水淬的方法破汉中石门石开凿的。石门隧道是我国最早的人工隧道，其内壁宽度、高度皆在 4 m 以上。汉代一轨之宽仅 1.5 m，因此石门隧道可容纳两车并行。20 世纪 70 年代初国家修建石门水库，石门隧道被淹没于水库之下。

图 9-1　石门隧道

（3）公元 500—1400 年的中世纪时期，人类再次拓展了对地下空间的利用，在这一时期将地下空间用作大型粮仓、军事通道，甚至开发了龙门石窟、云冈石窟等文化场地。此外，矿石开采技术的出现推动了地下工程的发展。

（4）1400年之后的近代与现代，人类地下空间的开发速度显著加快。欧美产业革命时期，诺贝尔发明的黄色炸药，成为开发地下空间的有力武器。英国于1863年建成了世界第一条城市地下铁道，我国于1971年开通了国内第一条地铁线路。截至2019年底，我国内地已有37座城市运营地铁，地铁总长度超过5 100 km。我国杰出的工程师詹天佑亲自规划和督造的京张铁路八达岭隧道全长1 091 m，工期仅用了18个月，于1908年建成，这是我国自行修建的第一条越岭铁路隧道。

经过人类对地下空间数千年的开发利用，地下工程的应用已经扩展至人类生活的方方面面，例如：交通运输方面的地下铁道、隧道、停车场、通道等；军事和野战军事方面的地下指挥所、通信枢纽、掩蔽所、军火库等；工业与民用方面的地下车间、电站、库房、商店、人防与市政地下工程；文化、体育、娱乐与生活等方面的联合建筑体。地下工程的分类方式有很多种，例如：按施工方法可分为明挖法、矿山法、新奥法、浅埋暗挖法、盾构法、顶管法、沉管法、沉井法等；按工程的几何形状可分为隧道工程和硐室工程。隧道工程是长度尺寸远大于断面尺寸（最大跨度或高度）的结构，如铁路隧道、公路隧道、煤炭运输巷道、矿山采场进路、人防地下通道等；硐室工程长跨比较小（一般小于10），如地铁车站、地下商场、水电站地下厂房、地下核废料储藏库、地下试验场、地下储水库等。本章对地下工程建筑的几个大的应用方向进行介绍，即地下工业建筑、地下仓储建筑、地下民用建筑、人防工程、隧道工程。

9.1 地下工业建筑

9.1.1 地下工业建筑的定义

不同于利用地上空间，在地下空间中组织工业生产比在地面上更加困难、复杂，并且地下建筑的成本可能远高于地上建筑。但从20世纪初开始，仍有许多地下建筑被应用于工业生产，而且日益受到重视。地下工业建筑得到飞速发展的原因主要有两个：一是地下建筑被证明具有良好的防护能力，许多国家选择把军事工业和在战争中必须保存下来的工业转入地下；二是地下空间提供的特殊生产环境为某些类型的生产提供了良好的条件，比在地面上进行更为有利。

相较于地上空间，地下空间可以为生产设施提供防震、隔声、恒温的生产环境，形成地上地下一体、竖向功能分区的生产综合体。除某些易燃、易爆性生产或污染较严重的生产外，其他类型的生产一般都可在地下进行，特别是精密性生产，在地下环境中更为有利。

在城市中开发利用地下空间进行某些轻工业或手工业生产，是完全可行的。我国一些城市利用人防工程进行纺织、制造类型的生产，已经取得了较好的效益。随着城市的发展，电力建设面临着新的问题与挑战：一是电力需求持续增长，市中心用电密度高，需要较多深入市区的高压变电站，以减小线损；二是城区地价昂贵，但传统变电站的建设需要占用大量的土地，且变电站对环境要求严格，噪声、火灾危险、电磁辐射效应等指标必须严格参照标准。这两个原因促进了地下变电站的发展，将变电站置于地下在城市未来的发展中将是一个重要的趋势。

9.1.2　地下工业建筑实例

（1）上海市人民广场东南角地下变电站工程于 1984 年底开始进行可行性研究，1989 年 6 月开工，1993 年 7 月投入运营。人民广场地下变电站在当时是国际上最大型的地下变电站之一，也是国内第一座超高压、大型地下变电站，如图 9-2 所示。220 kV 电网进入市中心在当时尚属国内首例。地下变电站的建成解决了上海市中心地区长期以来供电紧缺的问题，提高了供电质量，促进了市区商业、旅游业的发展，在繁荣经济、改善生活环境等方面起到了积极的作用。

图 9-2　上海市人民广场地下变电站

（2）上海市静安变电站于 2010 年上海世博会前期投入运营，是大规模、全地下、多级电压的 500 kV 大型变电站，其主要结构分为三层，层均面积为 56 000 m^2，约有 8 个标准足球场那么大，地下最深处达 31.5 m，如图 9-3 所示。作为上海市的核心供电枢纽，上海市静安变电站投入运营后不仅出色地完成了为世博会供电的任务，在世博会结束之后也为上海市区及周边地带提供了可靠、有效的供电保障。

图 9-3　上海市静安变电站

（3）地下核电站也是一种常见的地下工业建筑，它是将核反应堆及其控制系统、乏燃料

贮存设施与处置库共同置于地下或部分掩埋于地下的核能联合体。相比于地上核电站,地

扫一扫:福岛核电站 图片

下核电站将反应堆等涉核设施布置于地下岩体或稳定的山体内,有利于防止发生严重的事故时放射性物质大规模扩散,使得核电站的安全性得到提高,特别是发生极端事故

时,地下核电站更能保护公众安全。一旦发生地震、海啸等自然灾害,地上核电站极易发生核泄漏等严重危害公众安全的事件。2011 年 3 月 12 日,受日本"3·11"地震影响,福岛第一、第二核电站发生核泄漏事故,大量放射性物质泄漏并不断扩散,给公众带来了极大的危害和恐慌(图 9-4)。

（a）　　　　　　　　　　　　　　　　　（b）

图 9-4　日本福岛核电站发生泄漏前后

（a）泄漏前　（b）泄漏后

（4）地下水电站也是一种常见的地下工业建筑,它将厂房设置在地下,主要优点是厂房不占地面位置,与地面水工建筑物施工干扰较少,工期较短。我国最著名的地下水电站当属三峡地下电站,如图 9-5 所示。三峡地下电站隐藏于大坝右岸一座俗名为"白石尖"的山体内,主要建筑物分为引水系统、主厂房系统、尾水系统三大部分。三峡水利枢纽地下电站的首台机组于 2011 年 5 月 24 日正式并网发电。2012 年 7 月 13 日,三峡地下电站的 32 台 70万 kW 巨型机组全部投入运行,首次实现满负荷发电,全场机组日均发电量达 5.4 亿 kW·h。三峡地下电站庞大的发电量对缓解我国夏季用电紧张、调节电网用电高峰起到了重要作用。

（5）2015 年,大连光洋科技集团投资 23.6 亿元,于大连金普新区规划建设了一个 25 万 ㎡的恒温恒湿地藏式厂房,约有 30 个标准足球场那么大,如图 9-6 所示。为确保设备能精密制造,地下厂房利用地下温度恒定的特点创造出节能环保的恒温系统,将温度常年控制在20 ℃左右。在地下厂房建造初期,在建筑底部浇筑了 1.2 m 厚的混凝土,更好地提升了厂房

的稳定性,确保了设备的精密度。

图 9-5　三峡地下电站厂房内景

（a）　　　　　　　　　　　　　　　　　　　　　（b）

图 9-6　大连地下厂房外景及内景
（a）外景　（b）内景

9.2　地下仓储建筑

9.2.1　地下仓储建筑的定义

地下仓储建筑的使用由来已久,尽管在地面上露天或在室内储存物资储运比较方便,但露天与室内储存要占用大量土地空间,为满足储存所需的条件,有时需要付出较高的代价,使储存成本增加。地下储库多距地表 30 m 以上,属于深层地下空间。地下储库之所以得到迅速而广泛的发展,除了一些社会、经济因素,如军备竞赛、能源危机、环境污染、粮食短缺、水源不足、城市现代化等的刺激作用外,地下环境比较容易满足所储存物品要求的各种特殊条件,如恒温、恒湿、耐高温、耐高压、防火、防爆、防泄漏等,也是重要的原因。

在储存物资中,液化气、石油等易燃易爆能源物资对围护结构的强度和环境的稳定性要求都很高。为充分发挥地下空间的特性,建设地下石油基地和大深度液化天然气(Liquefied Natural Gas,LNG)、液化石油气(Liquefied Petroleum Gas,LPG)地下贮罐,既能满足战略物资的储藏要求,还能大大提高投资效益。在中心城区,商业、物流业需要规模较大的仓储空间储藏一般性物资,通过开发、利用地下空间,建设地下冷库、粮食库和货物仓储库,能有效节省地面空间,全面提高仓储效益。

近年来随着各国人口的增长,土地资源的相对减少,环境、能源等问题日益突出,地下储库由于特有的经济性、安全性得到了快速的发展,目前地下储库规模约占整个地下空间利用量的40%以上,成为迄今为止开发、利用地下空间的事业中规模最大、范围最广、效益最好的领域之一。联合国经济及社会理事会在提倡和推动地下空间开发、利用的同时,也特别关注发展地下储库的潜力。我国是一个多山的国家,许多城市地处山区和丘陵或半丘陵地区,有的处在丘陵与平原的交界处,还有的完全处于平原地区,如果能够合理规划、因地制宜地利用当地的地下空间资源开发地下储库,能较好地解决地方资源的储存问题。

9.2.2 地下仓储建筑实例

(1)日本清水公司为解决天然气储存问题,连续建造了多个用连续墙施工的液化天然气库,其中有一个直径为64 m、高40.5 m、储存量可供东京使用半个月的储蓄罐,如图9-7所示。从20世纪60年代开始,液化天然气技术在英、美两国逐渐成熟,成为一种新的能源利用方式。1969年,日本首个液化天然气接收站——根岸接收站开始接收美国阿拉斯加的液化天然气,几年后日本就成为世界上最大的液化天然气进口国。随着地下液化天然气储存设施的不断建造,2018年日本的液化天然气接收站总罐容是中国的2.9倍,日本利用这些储罐保证了每年冬季天然气的季节调峰需求。

图 9-7 日本地下 LNG 储蓄罐

(2)串木野地下水封石油洞库位于日本南九州鹿儿岛西部串木野,是日本国家石油储备基地中的三座大型地下水封石油洞库之一,如图9-8所示。地下水封石油洞库是第二次世界大战以后逐步发展起来的一种新型储油设施,它将石油储存在稳定的地下水位以下的岩层中。由于洞穴处于地下水的静压力的包围之中,且水比油的密度大,因此少量地下水通过岩石裂隙渗入洞穴,从而有效地防止洞内油气外逸。串木野地下水封石油洞库由 10 条储油巷道组成 3 个贮油单元。第一单元由 2 条巷道组成,贮油 35 万 m³;第二、三单元各有 4 条储油巷道,每单元贮油 70 万 m³。油库总容量为 175 万 m³,地面占地 5 hm²,地下占地 26 hm²。

图 9-8　日本串木野地下水封石油洞库

（3）地下粮仓是利用特定的地形、地貌挖建的用于储藏粮食的特殊仓型,利用地下土层基本稳定的低温条件和完整的仓体结构进行储粮。在我国南方,由于大部分地区的地下水位较高,所以建造的地下粮仓多为岩体仓,一般建于山体宽厚、石质坚固、无裂缝、不渗水、交通较方便的地区。我国中西部地区多为黄土地带,利用黄土地带的沟壑陡崖等自然地形建造土体地下粮仓,可以不占或占用少量耕地。在当今社会人口增长,城市规模扩大,土地、能源日益减少的情况下,地下粮仓的使用可以节约土地资源和征地费用。同时,地下粮仓的修建不受自然气候因素影响,可以四季全天候作业,从而使得建造工期大大缩短。

地下粮仓在我国有着数千年的悠久历史,从仰韶文化的原始社会到汉、隋、唐、明、清,各朝代均有地下粮仓的遗址、遗迹被发现,较著名的有在河南洛阳发现的含嘉仓（图 9-9）、兴洛仓（图 9-10）、回洛仓等。隋大业元年（公元 605 年）隋炀帝在河南洛阳兴建的兴洛仓有大窑 3 000 多个,每个窑储存的谷量约为 8 000 石,总储量折合总仓容 50 万 t 以上,是古代地下粮仓建设的范例。

（4）美国堪萨斯城密苏里地区存在一座被采空了的石灰岩矿,岩矿在地下 30~60 m 深的范围,面积约为 200 km²。当地人民利用这一有利条件,将其中约 40 km² 的地下空间改造成了物资仓库和冷库,还修建了部分地下工厂及办公室,如图 9-11 所示。利用废弃的岩矿建造仓库的行为不仅发挥了地下结构防水、隔热的特点,而且在已有结构中进行改造加固,使得地下仓库造价低、施工简单。

图 9-9　含嘉仓

图 9-10　兴洛仓

图 9-11　美国堪萨斯城地下仓库的通道

扫一扫：地下酒窖图片

9.3　地下民用建筑

9.3.1　地下民用建筑的定义

　　1863 年英国伦敦建成的世界首条地铁成为国外地下空间利用与发展的开端。自此，人们不再满足于将大型建筑物向地下自然延伸，而是将不同位置、不同功能的地下结构联合起来发展为结构复杂、空间分割明显的地下综合体，最终形成服务设施完善的地下城。与此同时，地下空间的开发利用逐渐摆脱了地下商业和轨道交通等因素的局限，开始发展综合地下设施，如图 9-12 所示。在城市地下空间建设如火如荼的发展过程中，大量地下商场、会议室、报告厅、体育馆、展览馆等大型地下建筑在日本、欧洲及北美等国家、地区相继涌现。地下建筑无论是环境质量、防灾设施、管理运营还是规划理念、设计实践都达到了相当高的水平。

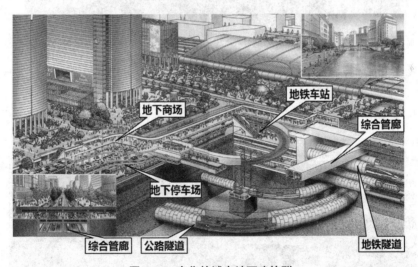

图 9-12　密集的城市地下建筑群

　　地下民用建筑大体可分为地下居住建筑和地下公共建筑。地下居住建筑：供人们起居生活的场所，如中国窑洞、美国覆土住宅等。地下公共建筑：进行各种公共活动的单体地下空间建筑，涉及办公、娱乐、商业、体育、文化、学校、托幼、广播、邮电、旅游、医疗、纪念、小型地下街、集散广场等。

9.3.2　地下民用建筑实例

扫一扫：窑洞图片

　　（1）世界上最早的岩土工程是北京周口

店发现的北京猿人洞穴（图 9-13），其至今已有数十万年的历史。地下民用建筑从数十万年前延续至今，在当今时代仍有应用。窑洞是中国西北黄土高原上的居民的古老居住形式，这一"穴居式"民居可以追溯到 4 000 多年前。窑洞广泛分布于黄土高原上的山西、陕西、河南、河北、内蒙古、甘肃以及宁夏等地。在陕甘宁地区，黄土层非常厚，有的厚达几十千米，黄土的成分以由石英构成的粉砂为主，土体均匀，抗压、抗剪强度高。中国人民创造性地利用高原的有利地形，凿洞而居，创造了窑洞建筑，如图 9-14 所示。窑洞一般有靠崖式窑洞、下沉式窑洞及独立式窑洞等形式。

图 9-13　北京猿人洞穴

图 9-14　黄土高原地区的窑洞

（2）覆土住宅起源于 20 世纪 60 年代，顾名思义，覆土住宅指部分或全部被土体掩盖的建筑，多为全地下或半地下的形式。20 世纪 60 年代初，核战争愈演愈烈，美国人民为了解决战时防护问题,修建了大量覆土住宅。20 世纪 70 年代以后出于节能的考虑,美国建筑师开发了一种利用太阳能进行空气调节的半地下覆土住宅,如图 9-15 所示。房屋向阳的一面大量开窗,屋顶和其他外墙在施工后覆土,以改善围护结构的热工性能,达到节能的目的,一般可节约常规能源 50% 以上,这一发明使得覆土住宅又一次得到一定程度的推广。

图 9-15　半地下覆土住宅

英国博尔顿郡的零碳排放地下住宅(图 9-16)也是覆土住宅的一个典型例子,它是由 Make 建筑师事务所为环保支持者、英国足球明星加里·内维尔设计的将近 8 000 ft²(743.22 m²)的单层住宅。该住宅不仅极具功能性,而且尽量保证消耗最少的能源。整个建筑充分考虑了生态特性,并保证与周边的农场和山坡协调统一。地源热泵提供了所需的采暖条件,太阳能光电板和风力涡轮机提供了可再生能源。

图 9-16　英国博尔顿郡加里·内维尔的地下生态住宅

(3)地下街在国土面积小但人口多的日本最发达。图 9-17 所示的东京八重洲地下街是日本最大的地下街之一。其长度约为 6 km,面积为 6.8 万 m²,有商店 100 余个,与 50 多座大楼相通,每天活动人数超过 300 万人。地下街具有人车分流、分担交通压力、改善城市交通、开发商业、丰富人民的物质与文化生活的作用。地下街与地下商场作为地下民用建筑的重要构成,近年来不断建成并发挥着重要作用。

图 9-17　日本东京八重洲地下街

（4）加拿大蒙特利尔地下城是目前世界上开发体量最大的城市地下空间综合体,始建于 20 世纪 60 年代,如图 9-18 所示。经过数十年的发展,目前蒙特利尔地下城长约 32 km,占地 400 万 m²,共连接了 10 个地铁站、2 个公共汽车终点站、2 个火车站、200 家餐馆、40 家银行、40 家影院。蒙特利尔地下城有助于减小路面主干道上的车辆与行人的交通冲突,缓解了地上停车需求,为城市保留了大片绿地,在充分利用地下空间的同时,使老城区更好地保存了地面上的已有建筑。

图 9-18　加拿大蒙特利尔地下城

（5）虹桥综合交通枢纽位于上海市闵行区，由枢纽交通核心区、虹桥机场用地、枢纽开发区三大部分组成，如图 9-19、图 9-20 所示。虹桥综合交通枢纽的开发以交通中心为主导功能，带动商业、文化和生态建设等功能。虹桥综合交通枢纽的主要开发空间为地下，枢纽公共设施主要集中于地下一层，地下一层还包括商业、文化、餐饮等公共活动空间，枢纽地下二层以轨道交通站厅、停车场、设备空间为主，枢纽地下三层主要为站台。

图 9-19　虹桥综合交通枢纽

图 9-20　虹桥综合交通枢纽地下结构

（6）新街口站位于南京市中山路、中山东路、中山南路和汉中路交叉路口南侧，坐落于"中华第一商圈"新街口的核心区域，是南京地铁 1 号线和南京地铁 2 号线的换乘车站，同时也是亚洲最大的地铁站，如图 9-21、图 9-22 所示。1 号线车站为地下三层岛式车站，2 号线车站为地下二层岛式车站,1 号线站台设在负三层,站厅设在负二层,2 号线站台设在负二层,站厅设在负一层,负一层还有商业,共设有 24 个出入口,分别通向地面和新街口地区多家大型商场的地下层,形成了一个庞大的地下交通商业系统。

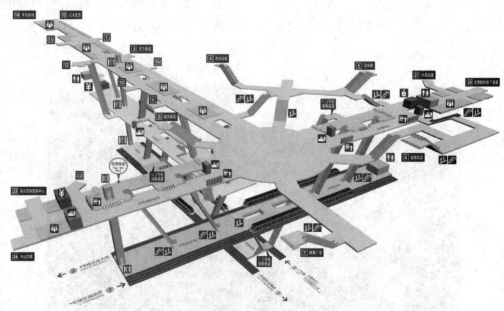

图 9-21　南京地铁新街口站结构示意

图 9-22　南京地铁新街口站三维效果图

9.4　人防工程

9.4.1　人防工程的定义及用途

人民防空工程简称人防工程,其实质上指战争时期为广大人民群众提供避难场所、储备战略物资以及保障防空指挥等而专门建设或者同已建建筑物有机结合而建设的综合性地下工程。人防工程包括地下仓库、地下停车场、地下商业街等,其主要作用是防护、隐蔽,确保人民的生命与财产安全。

9.4.2　人防工程的分类

按战时的使用功能,人防工程可以划分为如下五种类型。

（1）人员掩蔽工程:战争时期为人民群众提供隐蔽场所、储备战略物资的人防工程。

（2）医疗救护工程:战争时期为了救治伤员而专门建造的人防工程。

（3）指挥工程:战争时期为防空指挥机构而修建的安全性高、抗打击能力强的人防工程,一般位于防空工程的中间部位。

（4）防空专业队工程:战争时期为战斗人员、执勤人员、专业队员提供隐蔽场所的人防工程,一般称为防空专业队掩蔽所。

（5）配套工程:战争时期用于协调各种防空作业,并确保防空作业顺利完成的人防工程。

按施工方法和所在环境,人防工程可以划分为如下四种类型,如图 9-23 所示。

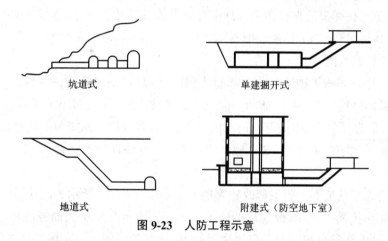

图 9-23　人防工程示意

（1）坑道式:一般修建于丘陵、山地等非平原地段,并且绝大部分主体地面同出口、入口保持水平状态,属于暗挖式的人防工程。其因防护能力强,隐蔽性强,并且可以提供化学武器、炸弹等多种防护功能,是现代防护工程的主要形式。

（2）地道式:通常建设于平整地带,并且出口、入口远远高于大部分主体地面,也属于暗挖式的人防工程。

（3）掘开式:采用明挖的方式修建,其上方不存在永久性建筑物,通常被称为单建掘开式。

（4）附建式:通常采用明挖的方式修建,其上方建设有永久性的地面建筑物。

9.4.3　人防工程的分级

1. 常规武器抗力级别

我国现行的建筑设计规范《人民防空地下室设计规范》(GB 50038—2019)对常规武器

抗力进行了详细的介绍,并将其划分为 6 个等级。1~4 级的人防工程是抵抗武器直接击中的抗力级别,属于较高级别;5~6 级的人防工程是抵抗武器非直接击中的抗力级别,并且未对侵彻作用进行考虑。

2. 核武器抗力级别

核武器抗力级别可以细化为 9 个等级,其中 4 级、4B 级、5 级、6 级、6B 级的人防工程是民用建筑规划设计与施工建设过程中普遍应用的几种类型,因而建筑设计人员必须要了解、掌握。

3. 防化级别

根据不同的人防建筑功能需求的差异,可以将其防化级别分为甲、乙、丙、丁 4 级。

9.4.4　人防工程的案例

1. 美国夏延山军事基地

美国夏延山军事基地是世界上防备最森严的洞穴军事基地,成立于 1958 年 5 月 12 日。夏延山军事基地的隧道上有厚达 300 m 的花岗岩山体,迷宫般的指挥所下面有巨大的弹簧和橡胶垫,能抗击核弹头的直接命中。其中有全套"三防"生存体系,能供 6 000 人在核大战环境下生存数月,号称美军的"神经中枢"。

2. 人防工程改造使用

用人防工程开展避暑纳凉工作是履行人民防空部门"战时防空、平时服务、应急支援"使命的一项具体体现,如图 9-24 所示。向全社会开放人防工程供市民避暑纳凉不仅是一项解民忧、送民需、联系群众、服务群众的惠民工程,而且是发挥人防资源的优势,服务社会,提升人民群众的获得感、幸福感、安全感的有效途径,更是宣传人防品牌、扩大人防影响的途径。

石家庄老火车站地下人防工程改建为地下停车场,图 9-25 所示为改建后的地下停车场内部。石家庄市人防办表示,改建后的地下停车场可有效缓解中央商务区核心地段(包括中山路南侧、站前街和自强路交叉口周边等处)停车难的问题。停车场经过试运行,已得到周边多个单位的好评,社会效益明显。

图 9-24　济南市人防工程避暑纳凉点

图 9-25　改建后的地下停车场内部

9.5　隧道工程

9.5.1　隧道工程的定义

1970 年,经济合作与发展组织(Organization for Economic Co-operation and Development,OECD)隧道会议定义:以任何方式修建,最终使用于地表以下,空洞内部净空断面面积在 2 m² 以上的条形建筑物均为隧道。隧道工程指各种隧道的规划、勘测、设计、施工和养护的应用科学和工程技术,也指在岩土中建造的通道建筑物。

9.5.2　隧道工程的分类

(1)按隧道所处的地质条件,隧道可以分为土质隧道和石质隧道。

(2)根据隧道的长度,隧道可以分为短隧道(铁路隧道规定:$L \leq 500$ m;公路隧道规定:$L \leq 500$ m)、中长隧道(铁路隧道规定:500 m $< L \leq 3\,000$ m;公路隧道规定:500 m $< L \leq 1\,000$ m)、长隧道(铁路隧道规定:$3\,000$ m $< L \leq 10\,000$ m;公路隧道规定:$1\,000$ m $< L \leq 3\,000$ m)和特长隧道(铁路隧道规定:$L > 10\,000$ m;公路隧道规定:$L > 3\,000$ m)。

(3)按国际隧道协会定义的隧道横断面面积的大小,隧道划分为极小断面隧道(2~3 m²)、小断面隧道(3~10 m²)、中等断面隧道(10~50 m²)、大断面隧道(50~100 m²)和特大断面隧道(大于 100 m²)。

(4)按隧道所处的位置,隧道可以分为山岭隧道(图 9-26)、水底隧道(图 9-27)和城市隧道(图 9-28)。

图 9-26　山岭隧道

图 9-27　水底隧道

图 9-28　城市隧道

（5）按照隧道的埋深,隧道可以分为浅埋隧道和深埋隧道。

（6）按照隧道的用途,隧道可以分为交通隧道（图 9-29）、水工隧道（图 9-30）、市政隧道（图 9-31）和矿山隧道（图 9-32）。

（7）按照隧道的断面形状,隧道可以分为圆形隧道（图 9-33）、直墙拱形隧道（图 9-34）、曲墙拱形隧道（图 9-35）和类矩形隧道（图 9-36）。

（8）按照隧道的施工方法,隧道可以分为明挖法隧道、盖挖法隧道和浅埋暗挖法隧道。

①明挖法是先从地表向下开挖基坑,直至设计标高,然后在开挖好的预定位置灌注地下结构,最后在修建好的地下结构周围及上部回填,并恢复原来的地面的一种地下工程施工方

法（图 9-37）。

图 9-29　交通隧道

图 9-30　水工隧道

②盖挖法是先建造地下工程的柱、梁和顶板，然后以其为支承构件，上部恢复地面交通，下部进行土体开挖以及地下主体工程施工的一种方法（图 9-38）。

图 9-31　市政隧道

图 9-32　矿山隧道

　　③浅埋暗挖法是依据新奥法的基本原理,在施工中采用多种辅助措施加固围岩,充分发挥围岩的自承能力,开挖后及时支护、封闭成环,使支护结构与围岩共同作用形成联合支护体系的综合配套施工技术。浅埋暗挖法的具体施工方法又可分为超前导管及管棚法、矿山法、盾构法、顶管法等。

● 超前导管及管棚法是在拟开挖的地下隧道或结构工程的衬砌拱圈隐埋弧线上预先钻孔并安设惯性矩较大的厚壁钢管,起超前临时支护作用,以保证掘进与后续支护安全运作的方法(图 9-39)。

图 9-33　圆形隧道

图 9-34　直墙拱形隧道

图 9-35　曲墙拱形隧道

图 9-36　类矩形隧道

图 9-37　明挖法

图 9-38　盖挖法

图 9-39　超前导管与管棚法

● 矿山法是在基岩中采用传统钻爆法或臂式掘进机开挖隧道的方法（图 9-40）。

图 9-40　矿山法

● 盾构法是在地表以下的土层或松软岩层中暗挖隧道的施工方法（图 9-41）。

图 9-41　盾构法

● 顶管法是在盾构法之后发展起来的，可直接在松软土层或富水松软土层中敷设中小型管道的施工技术（图 9-42）。

图 9-42　顶管法

9.5.3　隧道工程案例

1. 港珠澳大桥沉管隧道

作为世界上最长的跨海大桥,港珠澳大桥全长 55 km,横跨伶仃洋,东接香港,西接珠海、澳门,设计使用寿命为 120 年,可抗 16 级台风。其主体工程主梁钢板用量达 42 万 t,工程体量之巨大,建设条件之复杂,质量标

扫一扫:分离式隧道常
用开挖方法

扫一扫:港珠澳大桥
施工关键技术

准之严格,都是以往世界上的同类工程无法企及的,因此被誉为桥梁界的"珠穆朗玛峰"。港珠澳大桥俯瞰如图 9-43 所示。

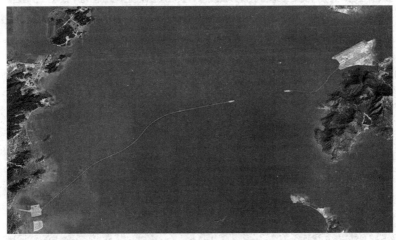

图 9-43　港珠澳大桥俯瞰

沉管是整个港珠澳大桥的控制性工程,是我国首条于外海建设的沉管隧道,是目前世界上唯一的深埋大回淤节段式沉管工程。沉管总长 5 664 m,分为 33 节,标准节长 180 m,宽 37.95 m,高 11.4 m,单节重约 8 万 t,最大沉放水深为 44 m。沉管隧道水下搭接如图 9-44 所示。

2. 川藏铁路拉林段巴玉隧道

川藏铁路拉萨至林芝段全长 435.48 km,是又一条"天路"。巴玉隧道(图 9-45)连接西藏山南市加查县和曲松县,沿雅鲁藏布江大峡谷江边而建,全长 13 073 m,最高海拔在 3 500 m 左右,最大埋深为 2 080 m,94% 位于岩爆区。岩爆是一种复杂的动力型地质灾害,在开挖或有其他外界扰动时,岩石发生爆裂并弹射出来,直接威胁到施工人员和设备的安全。巴玉隧道在施工过程中发生的岩爆,单次最长持续时间超过 40 h,建设难度在世界隧道施工史上罕见。除此之外,在隧道施工过程中,建设者们还克服了地温高、通风排烟、运距超长等困难,创造了高原铁路隧道独头掘进距离达 7 015 m 的最高纪录。

图 9-44   沉管隧道水下搭接

图 9-45   巴玉隧道

3. 青岛地铁 8 号线过海隧道

2020 年 1 月 20 日,我国最长的过海地铁隧道——青岛地铁 8 号线过海隧道宣布贯通。这是我国最长的泥水盾构过海隧道,仅用 2 年零 7 个月的时间即顺利完成 5.4 km 过海段的掘进,泥水盾构掘进速度为 220 m/月,创造了地铁建设史上的新纪录。

青岛地铁 8 号线大洋站到青岛北站区间全长 7.9 km,其中海域段长 5.4 km。由于地质极其复杂,经反复论证确定采用“盾构法 + 矿山法”对打施工。过海隧道最大埋深达海面下 56 m,穿越地质复杂多变,共穿越 9 条断层破碎带,总长约 1.5 km,破碎带围岩破碎,渗透性强,且部分连通海水,在如此高压力、长距离的大量断层破碎带中掘进,施工难度之大、安全风险之高在国内实属罕见。最终根据专家意见,施工采用了动态换刀、多方式超前地质预报、防涌防泥防坍塌管理预案等措施。为降低联络通道施工风险,在国内首次采用小盾构进行海底联络通道施工(图 9-46),较常规的矿山法工艺节约了 2 个月的工期,且更加安全。这条过海隧道的贯通为我国未来更大、更长隧道的施工提供了重要参考。

图 9-46　过海隧道盾构断面图

9.6　开发和利用地下空间

9.6.1　国外城市地下空间利用现状

1863 年,世界上第一条快速轨道交通地下线(地铁)在伦敦正式运营,开启了城市地下空间开发的先河,距今已有 150 余年。当前,世界各国都在积极开发利用地下空间,主要大型城市都修建了成熟的轨道交通网、地下道路、综合商业街和综合管廊等,但各国的地下空间开发又各具特色。国际上地下空间的开发利用已由单一解决用地紧缺问题发展到全面提升城市环境质量,更加强调规划的系统性和以人为本的原则,将地下空间的开发利用有机地置于城市这个大系统中,最终实现人、资源、环境三者和谐、协调的现代化城市发展目标。

1. 欧洲

在英国伦敦,地下空间利用的特点是大力发展城市地铁。伦敦地铁是国际大都市发展到一定程度的必然产物。地铁为伦敦市的交通提供了极具效率的解决方案,并且对当代的经济发展,特别是周边卫星城市的建设,做出了卓越的贡献。伦敦现拥有 11 条地铁线路,纵横交错、四通八达,总长超过 400 km,日客流量为 300 万人次,有车站 275 个,伦敦因此被称为"建在地铁上的都市"。伦敦是世界上最早建成轨道交通系统的城市,其轨道交通的建设与管理模式比较典型,一些重要的车站和地铁站几乎建在一栋站舍内,而且出站就有公共汽车站或小汽车停车场,有 1/3 的地铁车站和小汽车停车场结合在一起,许多地铁车站设置在人流相当集中的大商店或办公楼底部,形成了十分方便的换乘体系。

在欧洲,法国的地下空间开发注重综合化,建设了大量不同规模的地下综合体,如著名的巴黎拉德芳斯商务区(图 9-47)、列·阿莱广场综合体(图 9-48)等。在拉德芳斯商务区的地下,建立了庞大的地下道路系统,将到发交通与通过式交通一并安置在道路地下,实现了车行与人行的完全立体分流,地面实现了步行化,将自然和阳光留给了人,充分体现了以人为本的现代城市建设理念,俨然一座公园式的城市,人行环境舒适安全。同时,巴黎的排水系统规模庞大、设计合理且建设有序,是世界多国学习的典范。在德国,"地面世界地下隧道化"已被纳入柏林的城市总体规划,不仅把铁路重新建在地下,而且穿越城市中心区的高速公路也将被建在地下。慕尼黑、法兰克福等城市也规划将火车站建在 20~40 m 深的地下空间中,现状火车站将被大面积的绿化所替代。瑞典城市地质条件良好,建立的大型地下排水系统在数量和处理率上均达世界领先水平。修建于 20 世纪 40 年代的长达 68.3 mile(110 km)的瑞典斯德哥尔摩地铁不但是全球最美的地铁,而且是全球最长的艺术展览"长廊",如图 9-49 所示。俄罗斯地铁和地下综合管廊系统发达,如莫斯科目前地铁全长近 400 km,为世界最大的地铁城市之一,如图 9-50 所示,同时也有"地下艺术宫殿"之称。

图 9-47　巴黎拉德芳斯商务区

图 9-48　列·阿莱广场综合休

图 9-49 瑞典斯德哥尔摩地铁

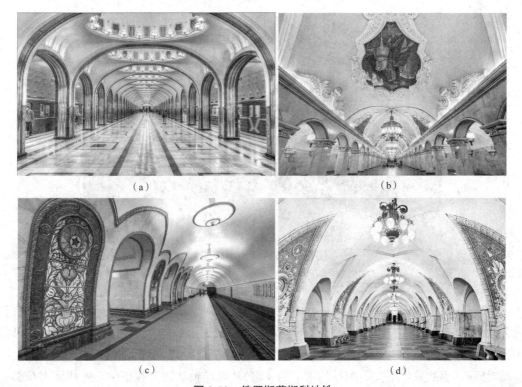

图 9-50 俄罗斯莫斯科地铁

（a）马雅可夫斯基站 （b）共青团站 （c）新村庄站 （d）塔甘卡站

2. 北美洲

在北美洲,美国十分注重道路地下化,这样不仅可以改善交通,还能腾出地面空间绿化城市环境,以增加土地的商业价值,如波士顿中央大道高架改隧道工程(图9-51)。加拿大由于气候寒冷,重点建设地下步行通道,并将地铁、公共汽车、商业区串联成庞大的地下网络,如蒙特利尔地下城,其开发、利用面积超过 400 万 m²,为世界上最长的地下步行街系统(图9-52)。

图 9-51　美国波士顿道路地下化

图 9-52　蒙特利尔地下城

典型案例:波士顿中央交通干线/隧道项目

1959 年建成的波士顿中央交通干线是一条沿海湾而建的高架快速六车道公路,适宜容量为每天 7.5 万辆机动车。到 1990 年中后期,中央交通干线的运量达到每天 19 万辆机动车,加上道路坡道多等原因,使其成为美国最拥挤的交通干道。该干道每天有 10 h 以上的拥堵时间,其事故发生率是美国平均水平的 4 倍,甚至导致从波士顿市中心通往城市东部和洛根机场的两条隧道也存在同样的拥堵情况。通过改造,用既有道路正下方的八至十车道地下高速公路替换六车道高架公路,最终直达查尔斯河十字路的北端。地下高速公路开通后,高架公路被拆除改造为开放空间和绿地,美化了环境,同时大幅改善了交通状况,使交通延误大幅减少。相较于改造之前的高速公路,总体出行时间缩短了 62%。

3. 亚洲

在亚洲,新加坡由于国土面积狭小,地下空间开发注重长远规划,地下空间开发利用水平世界一流。新加坡的地下空间规划和利用是分层进行的,最大规划利用深度已达地下100 m。图 9-53 为新加坡地下空间分层利用图。通过分层开发、功能分区,实现了有限的、不可再生的地下空间资源的最优配置,新加坡的经验使城市地下空间开发朝全深度方向迈出了坚实的一步。

日本的地下空间开发非常成功,政府曾经提出,要把 1 个日本变成 10 个日本。得益于健全、完善的法律体系,日本地下铁道、地下综合体、地下共同沟(综合管廊)的建设规模及成熟程度国际领先,尤其在大深度地下空间开发方面富有特色。日本的大商场楼下几乎都有地铁,其地铁商业已经发达到无处不在的程度。日本的地铁站内往往设有大型百货商场、超市及其他休闲服务设施。可以说日本人既拥有繁华的"地上涩谷",也有丰富的"地下生活"。例如,新宿素有"东京副都心"之称,现已成为东京的重要商业和办公中心。由于CBD(Central Business District,中央商务区)用地紧张,地下街从单纯的商业性质演变成具有多种城市功能。新宿车站地下空间就是其中的典型,其交通、商业和其他设施共同组成功能相互依存的城市综合体。新宿车站位于新宿中心,是汇集了 JR(Japan Railways,日本铁道公司)线、地铁、私营铁路共十几条电车的日本最大的枢纽站,每天乘客多达 80 万人次,站内进出口极多,与地上商业设施融为一体,犹如一座巨大的迷宫,如图 9-54 所示。

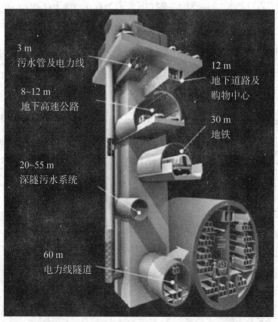

图 9-53 新加坡地下空间分层利用图

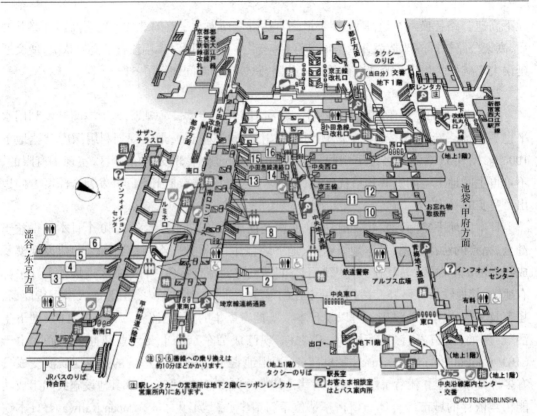

图 9-54　新宿交通枢纽地下空间立体示意

典型案例: 东京圈排水系统

东京圈排水系统位于日本埼玉县境内的国道 16 号地下 50 m 处,是一条全长 6.4 km、直径为 10.6 m 的巨型隧道,连接着东京市内长达 15 700 km 的城市下水道(图 9-55)。其通过 5 个高 65 m、直径为 32 m 的竖井连通附近的江户川、仓松川、中川、古利川等河流,作为分洪入口。单个竖井容积约为 4.2 万 m^3,工程总储水量为 67 万 m^3。出现暴雨时,城市下水道系统将雨水排入中小河流,河流水位上涨后溢出进入排水系统的巨大立坑牙口管道。由前 4 个竖井导入的洪水通过下水道流入最后一个竖井,集中到长 177 m、宽 78 m 的巨大蓄水池调压水槽中缓冲水势。蓄水池由 59 根长 7 m、宽 2 m、高 18 m、质量为 500 t 的混凝土巨型柱支撑,以防止蓄水池在地下水的浮力作用下上浮。4 台由航空发动机改装而成的燃气轮机驱动大型水泵(单台功率达 10 297 kW)将水以 200 m^3/s 的速度排入江户川,最终汇入东京湾。

图 9-55　东京圈排水系统

9.6.2　国内城市地下空间利用现状

　　我国大陆地区地下空间的开发利用整体经历了初始化阶段、规模化阶段和网络化阶段。各阶段的重点功能、发展特征、布局形态和开发深度等各不相同。我国地下空间开发利用的远景目标是进入开发深度更

扫一扫：上海静安地下空间开发

大、各类地下设施高效融合的生态化阶段，未来必将构建功能齐全、生态良好的立体化城市。当前，我国城市地下空间仍延续"三心三轴"的发展结构。其中，"三心"指地下空间发展核心，即京津冀、长江三角洲和珠江三角洲；"三轴"指东部沿海发展轴、沿长江发展轴和京广线发展轴。从 2015—2020 年国家规划的地下空间开发规模来看，上海、广州、深圳和杭州等 7 个城市的开发规模增量均在 2 000 万 m^2 以上，北京、天津、南京和厦门等 13 个城市的开发规模增量为 1 000 万 ~2 000 万 m^2，西安、重庆、郑州、太原和珠海的开发规模增量为 500 万 ~1 000 万 m^2，成都、苏州、济南和无锡等 23 个城市的开发规模增量小于 500 万 m^2。下面对我国地下空间开发的几种模式进行简要介绍。

　　1. 地下商业街

　　地下商业街是我国城市地下空间开发初始化阶段最主要的形式之一，指在建筑物地下室或其他地下空间中设置商业及办公等设施的人防地下购物商场。据不完全统计，全国有 100 多个运营和在建的地下商业街项目（如图 9-56 所示的深圳华强北地下商业街），分布于全国 87 座城市。

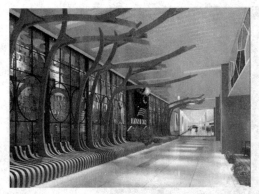

图 9-56　深圳华强北地下商业街

2. 城市地下道路与停车系统

城市地下道路是城市范围内地面以下的机动车车行道路和地面上穿越障碍物的道路。随着城市地下空间开发和利用的不断发展,地下车库联络道已逐渐成为城市核心区立体交通的常用配置(图 9-57),在众多大城市中央商务区广泛应用,是地下道路系统的重要组成部分,例如北京中关村地下环路、无锡锡东新城地下环路等。上海外滩把大量的过境交通从地面转入地下,使外滩地面由一个以车为主的空间转变为一个以人为主的空间,也使百年历史建筑从交通的纷杂干扰中解脱出来。同时,通过进一步改造外滩滨江休闲旅游区,提升了外滩的观光休闲功能,如图 9-58 所示。

图 9-57　北京通州城市副中心的地下智能停车系统

图 9-58　上海外滩地下通道

北京中央商务区位于北京城东朝阳区,西起东大桥路,东至西大望路,南起通惠河北路,北至朝阳北路,核心地区规划用地规模约为 4 km²。为使中央商务区,尤其是公共设施最集中的区域形成有机的整体,规划要求在东三环路两侧的核心地带,各地块的地下公共空间要相互连通并形成系统。将地下一层连通作为人行系统,主要通道的宽度不小于 6 m。有条件的地段地下车库尽可能连通,以减小地面交通压力,同时进一步研究建设地下输配环的可能性,如图 9-59 所示。

3. 城市轨道交通

随着我国经济水平的大幅度提高以及城镇化的大力推进,大城市人口急剧增加,机动车数量快速增加,导致城市交通拥堵问题突出,给人们出行带来了诸多不便。为了解决人们出行的问题,各大城市的交通系统向多层次、立体化、大容量的方向发展,大力推进地铁、轻轨、磁悬浮等轨道交通的建设,建立由公交、轻轨、地铁等组成的城市公共交通体系。截至 2019 年 12 月 31 日,我国内地累计有 40 个城市开通轨道交通,2019 年新增 5 个城市,总运营线路长度达到 6 730.27 km,其中地铁 5 187.02 km,占比为 77.07%,是最重要的轨道交通制式,如图 9-60 所示。在未来一定时期内,地铁建设仍将快速发展。2019 年,国家发展和改革委员会批复了郑州、西安、成都三个城市的新一轮城市轨道交通建设规划,新获批建设的规划线路长度共计 486.25 km,线路系统制式全部为地铁。

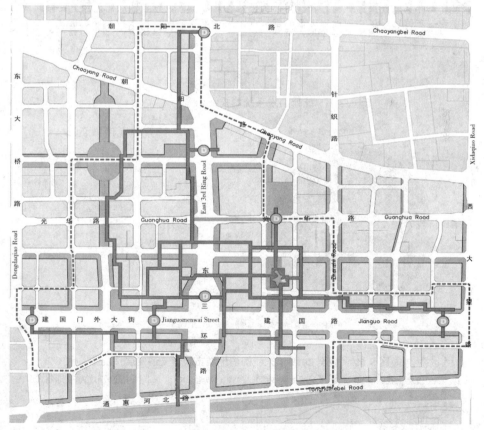

图 9-59 北京 CBD 地下空间网络模式示意

4. 综合管廊

我国的城市综合管廊建设从 1958 年北京市天安门广场下的第 1 条管廊开始,经历了概念阶段、争议阶段、快速发展阶段和赶超创新阶段。自 2013 年以来,我国陆续颁布了大量综合管廊建设方面的政策法规、技术标准和规范,极大地促进了我国综合管廊的健康、有序发展(图 9-61)。2015 年综合管廊建设开始了井喷式的发展,截至 2017 年底,我国大陆综合管廊在建里程达 6 575 km,并以每年 2 000 km 的规模增长。

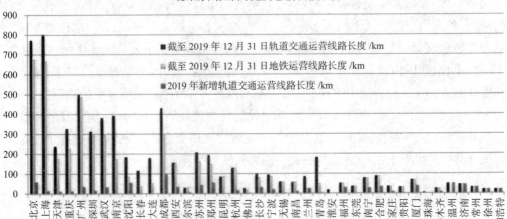

(a)

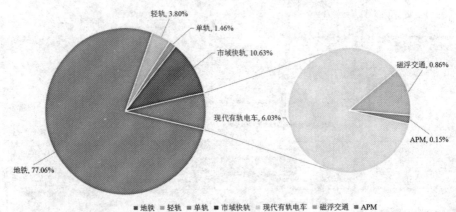

(b)

图 9-60　截至 2019 年末我国内地城市轨道交通发展情况

(a)截至 2019 年末我国内地城市轨道交通运营线路长度　(b)截至 2019 年末我国内地城市轨道交通制式占比

图 9-61 综合管廊

5. 地下综合体

近十年来,伴随着城市立体化再开发的进程,城市向集约化和可持续化方向发展,地下综合体建设迅速。地下综合体考虑了地面和地下协调发展,综合了交通、商业、储存、娱乐和市政等多种功能,提高了土地集约化利用水平,成为解决城市问题的有效途径之一。地下综合体建设是城市地下空间开发的重要部分。

湖北武汉光谷广场综合体的主体结构于 2019 年 9 月 1 日正式完工。该综合体堪称亚洲规模最大的城市地下综合体。其直径达 200 m,总建筑面积约为 14.6 万 m²,相当于 21 个标准足球场那么大;基坑平面面积近 10 万 m²,最大开挖深度为 34 m,相当于在地下空间建起了 11 层的高楼,如图 9-62 所示。该综合体集轨道交通、市政、地下公共空间于一体,如图 9-63 所示,建成后有效缓解了光谷转盘的交通压力。

图 9-62 湖北武汉光谷广场综合体项目基坑工程

图 9-63　湖北武汉光谷广场综合体项目地下空间示意

6. 地下市政系统

城市蓄洪设施:为解决地表水资源短缺问题,可持续开发利用地下水资源以及为地下空间利用提供水资源保障,谢和平院士等提出了地下水廊、地下水库、地下水网与蓄调水(图9-64 所示为蓄洪池,供蓄调水之用)、地下水保护与修复等,构建了地下水利工程重大战略构想。

（a）　　　　　　　　　　　　　　（b）

图 9-64　蓄洪池

（a）旺角大坑东蓄洪池　（b）跑马地地下蓄洪池

城市垃圾地下集运:钱七虎院士认为,我们开发利用地下空间不是为了生活在地下,而是把"脏乱差"放到地下,垃圾地下集运非常符合这一理念。目前,国内许多城市已建或在建地下生活垃圾分类转运站,虽然能有效减少垃圾运输车辆,减小对周边环境的影响,但尚不能实现垃圾地下集运。

7. 地下物流系统

由于地下空间具有防空、防爆、隔热、保温、抗震和防辐射等诸多优点,因此,利用地下空间进行仓储和货物运输成为缓解城市空间紧张的不二选择,并兼具经济、环保等特点。地下物流系统是城市内部及城市间通过地下管道或隧道运输货物的系统,可以运用自动导向车和两用卡车等承载工具,通过大直径地下管道、隧道等运输通路,对固体货物进行输送,具有速度快、准确性高等优势,而且是解决城市交通拥堵问题、减少环境污染、提高城市货物运输的通达性和质量的重要有效途径,如图 9-65 所示。地下物流系统是一种前瞻性的地下空间开发形式,20 世纪 90 年代以来受到了西方发达国家的高度重视,是未来可持续发展的高新技术领域。

图 9-65　地下物流系统

课后思考题

1. 地下工程的优缺点有哪些?

2. 地下水电站有何优势?

3. 什么叫地下工程? 它的内容是什么?

4. 地下原子能发电站有什么优点?

5. 地下抽水蓄能水电站有何优点和缺点?

6. 地下仓库与地上仓库相比有哪些优点?

7. 水封油库的工作原理是怎样的?

8. 城市地下综合体的概念是什么? 有何意义?

9. 为什么要开发和利用地下空间?

10. 开发和利用地下空间时会遇到什么问题?

11. 地下工程与人防工程是如何结合在一起的?

第 10 章　土木工程防灾与减灾

什么是灾害？世界卫生组织将其定义为："任何能引起设施破坏、经济严重受损、人员伤亡、健康状况恶化的事件，如其规模已超出事件发生社区的承受能力而不得不向外部求助，可称为灾害。"由此可见，灾害有影响范围大、人员伤亡或经济损失严重、超出事发区域的承受能力等特点。从世界范围来讲，重大的灾害包括地震、海啸、火山喷发、旱灾、洪涝、台风、风暴潮、冰灾、滑坡、泥石流、火灾等。例如：东南亚地区经常发生风暴潮，1970 年热带风暴"波罗"造成孟加拉国约 50 万人死亡，1991 年热带风暴"哥奇"造成孟加拉国约 14 万人死亡，2008 年热带风暴"纳吉斯"造成缅甸约 14 万人死亡；印尼和日本等环太平洋地区易发生海啸，2004 年印尼海啸造成 20 多万人死亡；墨西哥湾地区易发生飓风灾害，2005 年"卡特里娜"台风造成美国 1 500 人遇难。

从广义上讲，防灾减灾主要指在政府部门的领导下，对管辖区域内的灾害隐患进行预防，并对已发生的灾害进行应急支援等工作。我国设有国家应急管理部（https://www.mem.gov.cn/），下辖中国地震局、国家煤矿安全监察局、森林消防局等，且部分省级单位设有应急管理厅（局），负责防汛抗旱、抗震救灾、草原防火、安全生产等防灾减灾工作。自 2008 年汶川大地震之后，国家规定每年 5 月 12 日为"防灾减灾日"。

在众多灾害中，对土木工程影响较大的为地震灾害、风灾、人为火灾、地质灾害等。本章首先对土木工程的主要灾害进行详细介绍，然后对结构在灾害之后的鉴定与加固方法进行简单介绍。

10.1　工程灾害的类型及防治

10.1.1　地震灾害

扫一扫：2011 年日本大地震

依据板壳运动理论，地壳由亚欧板块、太平洋板块、印度洋板块、美洲板块、非洲板块等组成。由于板块之间相互运动，板块连接区域受到很大的挤压，且随着时间的推移挤压越来越强，最终爆发成为地震。从微观角度来讲，地震是由于地表断层之间突然断裂，释放巨大的能量，传递至地表，造成地表塌陷、隆起，建筑物和桥梁损坏等。

我国沿海地区处于亚欧板块与太平洋板块的接触地带，云南、四川处于亚欧板块和印度洋板块的接触地带，都属于地震活跃区域。1976 年 7 月 28 日唐山 7.8 级大地震造成约 25 万人死亡，16 万人重伤，682 267 间民用建筑中有 656 136 间倒塌和严重破坏。2008 年 5 月

12 日汶川 8 级大地震导致约 7 万人死亡,1.8 万人失踪,造成的财产损失约为 8 452 亿元,其中民房、城市居民等的居住用房,学校、医院等非居住用房,道路、桥梁等基础设施三方面占总财产损失的 70% 以上。为保证建筑、桥梁、道路等在地震发生时不倒塌,给建筑内的人员足够的逃生时间,且尽可能减少财产损失,需要进行抗震设计。

对房屋建筑而言,地震会导致建筑的梁柱破坏,严重的会造成建筑倒塌(图 10-1),对人的生命和财产造成重大损失。

图 10-1　地震造成建筑倒塌

地震会使道路形成巨型裂缝阻断交通,强烈的地震会导致桥梁坍塌,如图 10-2 所示。

图 10-2　地震造成道路、桥梁损坏

地震也会导致其他次生灾害,如山体滑坡形成堰塞湖、土体液化、海啸等,如图 10-3 所示。如 2008 年汶川大地震造成山体滑坡形成堰塞湖,2004 年印尼地震引发海啸。

为避免地震造成建筑、桥梁破坏,需要进行抗震设计。由住房和城乡建设部主导编制的《建筑抗震设计规范(2016 年版)》(GB 50011—2010)是建筑抗震设计的主要依据。根据桥梁用途的不同,不同部门制定了不同桥梁的抗震规范,主要包括住房和城乡建设部编制的《城市桥梁抗震设计规范》(CJJ 166—2011),主要用于城市桥梁;住房和城乡建设部编制的《城市轨道交通结构抗震设计规范》(GB 50909—2014),主要用于城市高架桥;交通运输部编制的《公路工程抗震规范》(JTG B02—2013),主要用于公路桥梁;原铁道部编制的《铁路工程抗震设计规范(2009 年版)》(GB 50111—2006),主要用于铁路桥梁。无论是建筑抗震设计还是桥梁抗震设计,抗震的主要思路均为增大结构的延性,提高结构的水平抗侧力(如增加混凝土剪力墙、加水平支撑)等。另外,也可以采用隔震(加隔震垫)、减震(加阻尼器)

图 10-3　地震造成山体滑坡和土体液化

等思路。

10.1.2　风灾

风灾主要包括台风、龙卷风和暴风等。台风是一种强大而深厚的热带天气系统，底层中心附近最大平均风力为 12 级或以上（32.7 m/s 以上），如图 10-4（a）所示。龙卷风是发生于直展云系底部与下垫面之间的直立空管状旋转气流，常见的发生时间是春季和夏季，如图 10-4（b）所示。

（a）　　　　　　　　　　（b）

图 10-4　典型的台风和龙卷风

（a）台风　（b）龙卷风

历年来，我国沿海地区都遭受了超级台风灾害，且产生了重大经济损失。如 2019 年 8 月台风"利奇马"造成浙江、上海、江苏、安徽、福建、河北、辽宁、吉林共 8 个省市 897 万人受灾、49 人死亡、21 人失踪、5 300 多间房屋倒塌，直接经济损失达 235.7 亿元。台风也易导致风暴潮，造成更大的灾害，如 1970 年热带风暴"波罗"造成孟加拉国约 50 万人死亡。非沿海地区风灾较少，且风力强度较小，但土木工程结构的抗风能力同样重要，如 1940 年美国华盛顿州 Tacoma 悬索桥在约 8 级的强风下因扭转颤振而垮塌，如图 10-5 所示。因此，提高土木工程对风灾的抵抗能力对保护人民生命和财产安全具有重大意义。

扫一扫:桥梁结构风灾倒塌

图 10-5　垮塌的 Tacoma 大桥

　　土木工程抗风设计的主要思路与抗震设计类似,即增大结构的抗水平力能力,如增加剪力墙、设置阻尼器等。抗风与抗震的主要区别在于是否由于惯性力作用,抗风主要是上部结构受外力作用,可以将外力等效为静力荷载进行设计;而抗震是结构底部受惯性力作用,与结构质量相关,不能简单地等效为静力荷载。

10.1.3　火灾

　　火灾是在时间或空间上失去控制的灾害性燃烧现象。在各种灾害中,火灾是最经常、最普遍的威胁公众安全和社会发展的灾害之一。在更广泛的意义上,火灾一般指森林火灾,如美国加利福尼亚州在干旱且漫长的夏季经常发生森林火灾,一度造成重大的人员伤亡和经济损失。土木工程专业主要关注城市内部的土木工程设施引发的火灾(图 10-6)以及如何通过结构的抗火设计来避免火灾的发生及蔓延。

图 10-6　建筑火灾

　　火灾对建筑的破坏主要是燃烧产生的高温造成的。如在美国"9·11"事件中,世贸大楼主体为钢结构,飞机撞击大楼后爆炸产生的熊熊大火使钢材逐渐软化而失去承载能力,最后大楼整体倒塌。对于木结构,由于木材为可燃材料,其抗火设计尤其重要。对于钢筋混凝土结构,由于混凝土在高温下承载能力不会明显降低,因此混凝土结构一般较少进行抗火设计。

　　多种土木工程设施的火灾的发展与自然火灾类似,分为初起阶段、全面发展阶段和下降阶段。比较特殊的是建筑室内火灾,当空间狭小时,易发生"轰燃"现象,从而加速火灾蔓延。结构抗火设计主要是保证构件和结构具有足够的耐火时间,防止火灾发生时结构局部或整体倒塌。我国的《建筑设计防火规范》(GB 50016—2014)中提出了耐火极限的概念,即构件从受到火的作用起到失去支持能力为止的时间。表 10-1 所示为该规范中规定的建筑构件的燃烧性能和耐火极限。

表 10-1　不同耐火等级的建筑相应构件的燃烧性能和耐火极限　　　　　　　　(h)

构件名称		耐火等级			
		一级	二级	三级	四级
墙	防火墙	不燃性 3.00	不燃性 3.00	不燃性 3.00	不燃性 3.00
	承重墙	不燃性 3.00	不燃性 2.50	不燃性 2.00	难燃性 0.50
	非承重外墙	不燃性 1.00	不燃性 1.00	不燃性 0.50	可燃性
墙	楼梯间和前室的墙 电梯井的墙 住宅建筑单元之间的墙和分户墙	不燃性 2.00	不燃性 2.00	不燃性 1.50	难燃性 0.50
	疏散走道两侧的隔墙	不燃性 1.00	不燃性 1.00	不燃性 0.50	难燃性 0.25
	房间的隔墙	不燃性 0.75	不燃性 0.50	难燃性 0.50	难燃性 0.25
柱		不燃性 3.00	不燃性 2.50	不燃性 2.00	难燃性 0.50
梁		不燃性 2.00	不燃性 1.50	不燃性 1.00	难燃性 0.50
楼板		不燃性 1.50	不燃性 1.00	不燃性 0.50	可燃性
屋顶承重构件		不燃性 1.50	不燃性 1.00	不燃性 0.50	可燃性
疏散楼梯		不燃性 1.50	不燃性 1.00	不燃性 0.50	可燃性
吊顶(包括吊顶搁栅)		不燃性 0.25	难燃性 0.25	难燃性 0.15	可燃性

10.1.4　爆炸

　　结构抗爆作为一个较新的防灾方向,随着国际社会上恐怖主义袭击的频繁发生而受到政府和研究人员的关注。恐怖主义袭击一般为炸弹袭击,如 1995 年美国俄克拉何马(Oklahoma)州联邦大楼遭汽车炸弹袭击而引发建筑前部连续倒塌,造成了重大的人员伤亡和损失,如图 10-7 所示。美国"9·11"事件世贸中心遭飞机撞击,飞机爆炸引发火灾,造成世贸中心的双子楼彻底倒塌和近 3 000 人死亡。另外,由于生活、生产的疏忽,也会造成一些意外爆炸事故,如 20 世纪 80 年代辽宁省盘锦市一座办公楼因煤气泄漏而爆炸,整座建筑成为废墟,如图 10-8 所示。

（a）　　　　　　　　　　　　　　　（b）

图 10-7　美国俄克拉荷马州联邦大楼

（a）爆炸前　（b）爆炸后

结构抗爆设计主要应用于军用设施和关键性的民用设施等，如生命线工程基础设施、石油化工企业等。根据应用场景，我国抗爆设计的标准可分为军用抗爆标准、石油化工抗爆标准等，民用建筑抗爆标准也在起草准备中。军用抗爆标准如《人民防空工程设计规范》（GB 50225—2005），石油化工抗爆标准有《石油化工控制室抗爆设计规范》（GB 50779—2012）等。建筑的抗爆设计一般要对结构构件进行防护，注意结构的抗连续性倒塌设计，且保持建筑之间的安全距离等。

图 10-8　煤气爆炸后坍塌的辽宁盘锦市办公楼

10.2　工程结构的检测、鉴定、加固与改造

土木工程设施在受到灾害会后产生一定程度的损坏，因此对损坏后的结构进行检测、鉴定是一项必需的工作。经检测、鉴定后，损坏程度较轻的结构可以采取相应的加固措施，以继续使用。根据欧美国家建筑业的发展经验，在大面积建设期之后应主动转变为结构的检测、鉴定、加固与改造，因此，我国的土木工程检测、鉴定、加固与改造领域具有广大的发展前景。

10.2.1　工程结构的检测和鉴定

工程结构的检测和鉴定指采用各种检测方法对工程结构进行损坏情况的检测，并对其安全性进行鉴定，得出鉴定等级和是否需要加固等结论。业主一般需要委托有相关检测资质的单位和机构进行检测，并出具检测报告。

工程结构的检测和鉴定一般分为实地勘察和检测、根据图纸进行数值模拟、分析并撰写检测报告等。结构类型不同，实地勘察和检测的项目也不相同。针对钢筋混凝土结构，主要的检测项目有混凝土强度、外观质量、构件尺寸偏差、配筋等。图 10-9 所示为混凝土结构常见的问题,如保护层脱落、混凝土裂缝等。针对砌体结构,主要的检测项目有砌体和砂浆强度、截面尺寸、垂直度及裂缝等。针对钢结构,主要的检测项目有构件平整度、表面缺陷、节点连接、锈蚀及防火涂层厚度等。

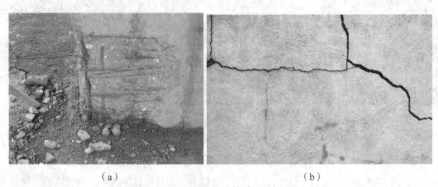

（a）　　　　　　　　　　　　　　　　　　（b）

图 10-9　混凝土结构常见的问题
（a）保护层脱落　（b）混凝土裂缝

现场检测、鉴定的工具有很多种,如检测混凝土强度,可以采用回弹仪、超声波检测仪等（图 10-10）;构件平整度、结构整体倾斜度等可以采用水准仪、经纬仪等测量。

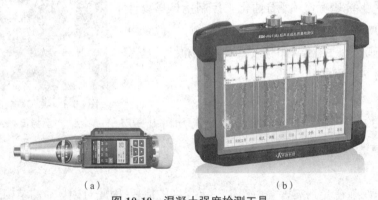

（a）　　　　　　　　　　　　　（b）

图 10-10　混凝土强度检测工具
（a）回弹仪　（b）超声波检测仪

通过现场实测材料强度、弹性模量,比对结构图纸与实际结构,确定结构尺寸等无问题后,进行软件建模、受力分析,根据受力分析结果可以评估结构是否安全并确定存在安全问题的构件。将整个检测过程及分析结果汇总成检测报告,并在检测报告最后给出结构加固建议。

10.2.2　工程结构的加固和改造

一方面,在灾害中受损的结构需要进行鉴定并加固方能正常使用;另一方面,随着时代的发展,原有的建筑功能已经丧失意义,需要对建筑进行改造,以满足人们对生产、生活的更高要求,如老旧小区加装电梯等。总结起来,建筑物需要加固和改造的原因通常有以下几种。

（1）荷载增大。如桥梁负载增大、建筑物加层等。

（2）抗震加固。原有结构设计不符合新的抗震规范、标准。

（3）结构受损。结构年久失修或在灾害中损坏，难以满足安全使用的要求。

建筑物的加固方法有很多种，与检测、鉴定方法类似，不同的结构有不同的加固方法。混凝土结构的主要加固方法有以下几种。

（1）扩大截面法。其思路简单、直接，即通过扩大构件截面提高梁、柱的承载力，但其缺点是占用建筑空间。

（2）外包钢加固法。在构件四周包以型钢，截面尺寸变化不大，但承载力大大提高。

（3）预应力加固法。通过施加预应力消去部分外加荷载，使受损构件处于安全状态。

砌体结构的主要加固方法有以下几种。

（1）增设壁柱法。

（2）敷设钢筋网与水泥砂浆法。

钢结构的主要加固方法有以下几种。

（1）扩大截面法。

（2）加强连接法。

随着土木工程新材料的发展，工程结构的加固领域也不断有新的方法出现。例如，纤维增强塑料（Fiber Reinforced Plastics，FRP）等复合材料具有轻质高强的优点，不仅材料美观、便于施工，而且施工后结构的承载力明显提高。FRP 复合材料（图 10-11）主要包括碳纤维复合材料（Carbon Fiber Reinforced Plastics，CFRP）、芳纶纤维复合材料（Aramid Fiber Reinforced Plastics，AFRP）、玻璃纤维复合材料（Glass Fiber Reinforced Plastics，GFRP）等，材料形式主要有片材、棒材、型材等。

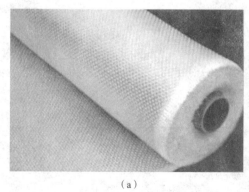

（a）　　　　　　　　　　　　　　　（b）

图 10-11　FRP 复合材料

（a）FRP 布　（b）FRP 筋

课后思考题

1. 我们应该从哪几个方面认识和了解火灾发生的规律？如何防灾减灾？

2. 从技术和管理两个方面看，建筑工程事故发生的原因主要有哪些？

3. 引起地球表面震动的原因很多,按照成因,可以把地震划分为哪几类?

4. 何为城市生命线工程系统? 其抗震包括哪些内容?

5. 什么是台风灾害链? 如何将其中断?

6. 滑坡的防治方法有哪些?

7. 砂土液化的机理及后果是什么? 如何减少或避免?

8. 灾害材料学的内容是什么?

9. 在什么情况下需要进行结构加固?

10. 在工程结构的加固中,复合材料与钢相比有何优点?

第 11 章　土木工程施工

土木工程施工一般可分为施工技术和施工组织两大部分。它需要研究最有效的建造理论、方法和施工规律，以科学的施工组织为先导，以先进、可靠的施工技术为后盾，满足工程项目的质量、安全、成本和进度的科学要求。

建筑施工是一个复杂的过程，需要多工种相互协调。为保证工程质量，需要按施工图和规范施工，并遵循施工工序。

本章主要概括性地介绍基础工程施工、主体结构施工、防水与装饰工程施工、施工管理以及现代施工技术等方面的内容。

11.1　基础工程施工

基础工程施工主要包括土石方工程、软土地基施工以及深基础工程施工。

11.1.1　土石方工程

在土木工程中，常见的土石方工程有场地平整、土方开挖、放坡与坑壁支护、基坑降水和排水、土方回填与压实以及石方爆破施工等。

1. 场地平整

场地平整就是将天然地面改造成工程所要求的设计平面。平整场地前应做好各项准备工作，如清除场地内的所有地上、地下障碍物，排除地面积水以及铺筑临时道路等。

进行土方的平衡与调配时，一般先由设计单位提出基本的平衡数据，然后由施工单位根据实际情况进行平衡计算。如工程量较大，在施工过程中还应进行多次平衡调整。在平衡计算中，应综合考虑土的松散性、压缩性和沉陷量等影响土方量的因素。

土方平衡与调配的原则如下。

（1）在满足总平面设计的要求并与场外工程设施的标高相协调的前提下，考虑挖填平衡、以挖作填。

（2）如挖方少于填方，则要考虑土方的来源；如挖方多于填方，则要考虑弃土堆场。

（3）场地设计标高要高出区域最高洪水位；在严寒地区，场地的最高地下水位应在土壤冻结深度以下。

2. 土方开挖

土木工程的土方工程一般工程量比较大，除了小规模基坑（槽）可以人工挖方外，通常采用机械化施工方法进行土方工程施工。土方工程的施工机械种类很多，应用最广的是推土机、铲运机和挖掘机等。

图 11-1 推土机

1）推土机

推土机是一种工程车辆,其前方装有大型的金属推土刀,推土刀的位置和角度可以调整。使用时放下推土刀,向前铲削并推送泥、沙及石块等,如图 11-1 所示。推土机能单独完成挖土、运土和卸土工作,具有操作灵活、转动方便、所需工作面小、行驶速度快等特点。在工程中,推土机主要用于场地清理或平整场地、开挖深度不大的基坑以及回填、推筑高度不大的路基等。

2）铲运机

铲运机是一种能够综合完成铲土、运土、卸土、填筑、压实等工作的土方机械,如图 11-2 所示。铲运机在国内外已成为采矿技术发展的主流。目前,工程中广泛应用的铲运机分为内燃铲运机与电动铲运机两种:内燃铲运机适用于通风良好的作业环境,具有灵活、高效的特点;电动铲运机则更加环保,无污染。

3）挖掘机

挖掘机又称挖掘机械、挖土机,是用铲斗挖掘高于或低于承机面的物料,并装入运输车辆或卸至堆料场的土方机械,如图 11-3 所示。挖掘机挖掘的物料主要是土壤、煤、泥沙以及经过预松的土壤和岩石。

图 11-2 铲运机

图 11-3 挖掘机

常见的挖掘机按驱动方式可分为内燃机驱动挖掘机和电力驱动挖掘机两种。其中电力驱动挖掘机主要应用在高原缺氧、地下矿井以及一些易燃易爆的场所。

近几年挖掘机的发展较快,现在它已经成为工程建设中最主要的工程机械之一。

扫一扫:反铲挖掘机施工

3. 放坡与坑壁支护

基坑开挖时,为防止塌方及对周围的设施产生不利影响,常采用放坡与坑壁支护措施。放坡是把基坑(槽)挖成上口大、下口小的形状,以留出一定的坡度,靠土体本身的稳定性保证边坡不塌方。

放坡形式有直线形放坡、折线形放坡和台阶形放坡等,如图 11-4 所示。

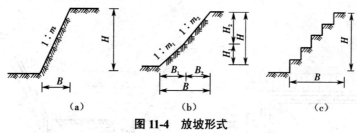

图 11-4 放坡形式

（a）直线形放坡 （b）折线形放坡 （c）台阶形放坡

当开挖深度不大、施工场地较宽阔时,采用放坡开挖比较经济,但是当基坑开挖受场地限制不允许按规定放坡或基坑放坡不经济而采用坑壁直立开挖时,就必须设置坑壁支护结构,以防止坑壁坍塌,保证施工安全,减小对邻近建筑物、市政管线、道路等的不利影响。

坑壁支护结构主要对抗基坑开挖卸载时所产生的土压力和水压力,能起到挡土和止水的作用,是基坑施工过程中的一种临时性设施。

坑壁支护结构有很多种,根据受力状态可分为坑内支撑和坑外拉锚等体系,如图 11-5 所示。

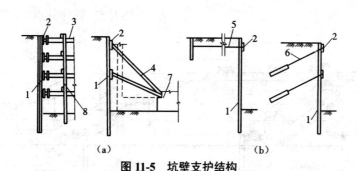

图 11-5 坑壁支护结构

（a）坑内支撑体系 （b）坑外拉锚体系

1—板桩墙;2—围檩;3—钢支撑;4—斜撑;5—拉锚;6—土锚杆;7—先施工的基础;8—竖撑

4. 基坑降水和排水

当基坑(槽)开挖和基础施工期间的最高地下水位高于坑底设计标高时,应对地下水位进行处理,以保证在开挖期间获得干燥的作业面,保证坑(槽)底、边坡和基础底板稳定,同时确保邻近基坑的建筑物和其他设施正常运营。根据基坑(槽)开挖深度、场地水文地质条件和周围环境,可采用明排水法或井点降水法进行降水。

明排水法又称集水井排水法,是采用截、疏、抽的方法来进行基坑等施工的排水。明排水法沿坑底周围或在坑中央开挖排水沟,并在沟底设置集水井,使基坑内的水经排水沟流入集水井,然后用水泵抽出坑外,如图 11-6 所示。如果坑较深,可采用分层明沟排水法,一层一层地加深排水沟和集水井,逐步达到设计要求的基坑断面和坑底标高。

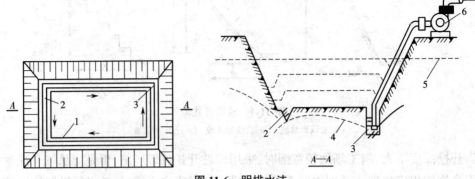

图 11-6　明排水法

1—建筑基础边线；2—排水明沟；3—集水井；4—降低后的地下水位；5—原地下水位；6—离心式水泵

井点降水法是人工降低地下水位的一种方法。开挖前在基坑四周埋设一定数量的滤水

扫一扫：井点降水法
施工

管（井），用抽水设备抽水，以使所挖的土始终保持干燥状态，如图 11-7 所示。井点降水法所采用的井点类型有轻型井点、喷射井点、电渗井点、管井井点、深井井点等。

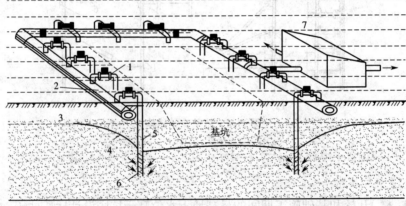

图 11-7　井点降水法

1—弯连管；2—集水总管；3—原地下水位；4—降低后的地下水位；5—井点管；6—滤管；7—水泵房

5. 土方回填与压实

为了保证土方回填的质量，必须正确选择回填所用的土料和填筑方法。为保证填方的强度和稳定性，土料应符合设计要求，对土质，土方中有机质、水溶性硫酸盐、水的含量等都有相应的规定。

填土压实方法主要有碾压法、夯实法和振动压实法。其中碾压法适用于大面积填土工程，夯实法只适用于小面积填土，振动压实法主要用于非黏性土的压实。填土时应分层进行，每层的厚度应根据所采用的压实机及土的种类确定，压实的土体应符合设计的密实度要求。

6. 石方爆破施工

在山区进行土木工程施工时，会遇到岩石开挖的问题，多采用爆破法施工。此外，施工现场地下障碍物的清除、旧建筑物和构筑物的拆除也常采用爆破法施工。爆破法施工的三个主要工序为打孔方放药、引爆、排渣。

爆破法的特点是施工费用低、效率高,但是有震动和粉尘等公害。旧建筑物、构筑物的拆除还可以采用静力破碎等施工工艺,以使拆除在低震动、低粉尘、无公害的情况下进行。

11.1.2　软土地基施工

我国各地土质差异很大,在滨海平原、河口三角洲等地多为强度低、压缩性高的软土。软土地基往往不能满足承载能力和变形能力的施工要求,如果采取的措施不当,往往会发生路基或建筑物地基失稳或严重下沉,造成建筑物破坏或不能正常使用。因此,在软土地区施工,常常需要对软土地基进行加固。常用的软土地基加固方法有换土垫层法、强夯法、振冲法、砂桩挤密法、深层搅排法、堆载预压法以及化学加固法等。

11.1.3　深基础工程施工

当软土层较厚、上部结构荷载大或对地基沉降要求较高时,需采用桩基础、墩式基础、沉井基础等深基础方案。下面主要介绍工程中应用广泛的桩基础的施工。桩基础按照施工方法的不同可分为预制桩和灌注桩两类。

1. 预制桩施工

预制桩是在工厂或施工现场制成的各种材料、各种形式的桩(如木桩、混凝土方桩、预应力混凝土管桩、钢桩等),施工时用沉桩设备将桩打入、压入或振入土中。

较短的桩一般在工厂制作,较长的桩一般在施工现场附近露天预制。为节省场地,现场预制方桩多用叠浇法,重叠层数取决于地面允许荷载和施工条件,一般不宜超过 4 层。

预制桩的混凝土浇筑时,应由桩顶向桩尖连续进行,严禁中断。

堆放桩的地面必须平整、坚实,垫木位置应与吊点位置相同,各层垫木应位于同一条竖直线上,堆放层数不宜超过 4 层。

打桩是把桩打进地里,从而使建筑物基础坚固。打桩前把桩从制作处运到现场以备打桩,应根据打桩顺序随打随运,以免二次搬运。桩的混凝土强度达到设计强度的 70% 方可起吊,达到 100% 方可运输和打桩。

打桩顺序影响打桩速度、打桩质量及周围环境。根据桩群的密集程度,可选用下述打桩顺序:由一侧向单一方向进行;自中间向两个方向对称进行;自中间向四周进行。

预制桩的沉桩方法有锤击法、静力压桩法(所用静力压桩机如图 11-8 所示)、振动法等。

锤击法是利用桩锤的冲击克服土对桩的阻力,从而使桩沉到预定的持力层,是最常用的一种沉桩方法。

静力压桩法是通过静力压桩机的压桩机构将预制钢筋混凝土桩分节压入地基土层中成桩。静力压桩法一般采取分段压入、逐段接长的方法。

图 11-8　静力压桩机

　　振动法沉桩是将桩与振动机连接在一起,利用振动机产生的振动力使土体振动,使土体的内摩擦角减小、强度降低而将桩沉入土中。此方法在颗粒较大的土体中施工效率较高,多用于砂土地基。

　　2. 灌注桩施工

　　灌注桩是直接在所设计的桩位上开孔,其截面为圆形,成孔后在孔内加放钢筋笼,灌注混凝土而成。

　　灌注桩按成孔方法不同,可分为钻孔灌注桩、沉管灌注桩、人工挖孔灌注桩、爆扩灌注桩等。

图 11-9　泥浆护壁钻孔机械

　　1)钻孔灌注桩

　　钻孔灌注桩是利用钻孔机械钻出桩孔,并在孔中浇筑混凝土(或在孔中吊放钢筋笼)而成的桩。根据钻孔机械的钻头是否在土的含水层中施工,钻孔灌注桩分为泥浆护壁成孔灌注桩(所用泥浆护壁钻孔机械如图 11-9 所示)和干作业成孔灌注桩。

　　泥浆护壁成孔灌注桩的施工工艺流程为:平整场地→制备泥浆→埋设护筒→铺设工作平台→安装钻机并定位→钻进成孔→清孔并检查成孔质量→下放钢筋笼→灌注水下混凝土→拔出护筒→检查质量。

　　干作业成孔灌注桩的施工工艺流程为:测定桩位→钻孔→清孔→下放钢筋笼→浇筑混凝土。

　　2)沉管灌注桩

　　沉管灌注桩是采用与桩的设计尺寸相适应的钢管(即套管),将套管端部套上桩尖后沉入土中,边浇筑混凝土边拔管,然后在套管内吊放钢筋骨架,再边浇筑混凝土边振动或锤击拔管,利用拔管时的振动捣实混凝土而形成所需要的灌注桩,如图 11-10 所示。这种施工方法适用于有地下水、流沙、淤泥的情况。

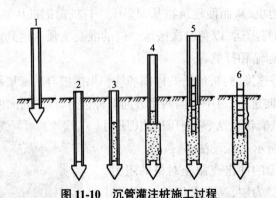

图 11-10　沉管灌注桩施工过程

1—就位;2—沉管;3—浇筑;4—拔管;5—放钢筋笼;6—成型

　　沉管灌注桩有多种形式:利用锤击沉桩设备沉管、拔管成桩,称为锤击沉管灌注桩;利用振动器沉管、拔管成桩,称为振动沉管灌注桩;还有套管沉管灌注桩、沉管夯扩桩等。

　　为了提高桩的质量和承载能力,沉管灌注桩常采用单打法、复打法、反插法等施工工艺。

单打法（又称一次拔管法）：拔管时每提升 0.5~1.0 m，振动 5~10 s，然后拔管 0.5~1.0 m，这样反复进行，直至拔出。复打法：在同一桩孔内连续进行两次单打，或根据需要进行局部复打，施工时应保证前后两次沉管轴线重合，并在混凝土初凝之前进行。反插法：钢管每提升 0.5 m 再下插 0.3 m，这样反复进行，直至拔出。

3）人工挖孔灌注桩

人工挖孔灌注桩是通过人工开挖而形成井筒的灌注桩。人工挖孔灌注桩适用于旱地或少水且较密实的土质、岩石地层，其因具有占施工场地少、成本较低、工艺简单、易于控制质量且施工时不易产生污染等优点而广泛应用于桥梁桩基工程的施工中。

4）爆扩灌注桩

爆扩灌注桩利用炸药爆炸后体积急剧膨胀而压缩周围的土体形成桩孔。爆扩灌注桩施工时一般采用简易的麻花钻（手工或机动）在地基上钻出细而长的小孔，然后在孔内安放适量的炸药，利用爆炸的力量挤土成孔（也可用钻机成孔）；接着在孔底安放炸药，利用爆炸的力量在底部形成扩大头。

由于软土和新填土松软、空隙率大，会造成填塞不好、爆破效果差、孔形不规则，所以爆扩灌注桩在软土和新填土中不宜采用。

11.2　主体结构施工

11.2.1　脚手架施工

脚手架指施工现场为便于工人操作并解决竖直和水平运输问题而搭设的各种支架。脚手架的制作材料通常有竹、木、钢管或合成材料等。有些工程也把脚手架当作模板使用，在广告业、市政、交通路桥、矿山等部门脚手架也被广泛使用。

脚手架可以按不同方法进行分类，具体如下。

（1）根据是否可移动分为移动和固定脚手架。

（2）根据材料分为木质、钢质和铝质脚手架。

（3）根据搭接形式和用途分为模板支架、单排脚手架、双排脚手架、装修脚手架、结构脚手架、悬挑脚手架等。

（4）根据施工性质分为建筑脚手架和安装脚手架。

（5）根据遮挡大小分为敞开式脚手架、全封闭脚手架、半封闭脚手架、局部封闭脚手架。

搭设脚手架前应确定构造方案，严格按搭设顺序和工艺要求进行杆件的搭设。在搭设过程中应临时支顶或与建筑物拉结，并应采取措施禁止非操作人员进入搭设区域；脚手架扣件应扣紧，拧紧程度要适当；搭设时要及时剔除变形过大的杆件和不合格的扣件；搭设工人应系好安全带，确保安全，随时校正杆件的竖直偏差和水平偏差，将偏差限制在规定的范围之内。

脚手架的拆除顺序与安装顺序相反，一般先拆除栏杆、脚手板、剪刀撑，再拆除小横杆、大横杆和立杆。具体拆除时，先递下作业层的大部分脚手板，将一块脚手板转到下一步，以便操作者站立其上,将上部的可拆杆件全部拆除,再下移一步,自上而下逐步拆除。除抛撑留在最后拆除外,其余杆件均一并拆除。

11.2.2　砌筑工程施工

砌体工程是建筑工程中使用普通黏土砖、承重黏土空心砖、蒸压灰砂砖、粉煤灰砖、各种中小型砌块和石材等材料进行砌筑的工程。

1.砖砌体的砌筑方法

砖砌体的砌筑方法有"三一"砌砖法、挤浆法、刮浆法和满口灰法。其中,"三一"砌砖法和挤浆法最常用。

"三一"砌砖法是一块砖、一铲灰、一挤压并随手将挤出的砂浆刮去的砌筑方法。这种砌筑方法的优点是灰缝容易饱满、黏结性好、墙面整洁,故实心砖砌体宜采用"三一"砌砖法。

挤浆法是用灰勺、大铲或铺灰器在墙顶铺一段砂浆,然后双手拿砖或单手拿砖,将砖挤

扫一扫:"三顺一丁"
砌筑法施工

入砂浆中一定深度之后把砖放平,达到下齐边、上齐线、横平竖直的要求。这种砌筑方法的优点是可以连续挤砌几块砖,减少烦琐的动作;平推平挤可使灰缝饱满、效率高,从而保证砌筑质量。

2.砖砌体的施工过程

砖砌体的施工过程有抄平、放线、摆砖、立皮数杆、挂线、砌砖、勾缝、清理等工序。

1)抄平

砌墙前应在基础防潮层或楼面上定出各层标高,并用 M7.5 水泥砂浆或 C10 细石混凝土找平,使各段砖墙底部标高符合设计要求。

2)放线

根据龙门板上给定的轴线及图纸上标注的墙体尺寸,在基础顶面上用墨线弹出墙的轴线和墙的宽度线,并定出门窗洞口位置线。

3)摆砖

摆砖是在放线的基面上按选定的组砌方式用干砖试摆。摆砖的目的是核对所放的墨线在门窗洞口、附墙垛等处是否符合砖的模数,以尽可能减少砍砖。

4)立皮数杆

皮数杆是其上画有每皮砖、砖缝的厚度以及门窗洞口、过梁、楼板、梁底、预埋件等的标高位置的木质标杆,如图 11-11 所示。

5)挂线

为保证砌体竖直平整,砌筑时必须挂线,一般二四

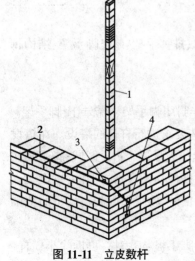

图 11-11　立皮数杆
1—皮数杆;2—准线;3—竹片;4—铁钉

墙可单面挂线,三七墙及以上的墙则应双面挂线。

6)砌砖

砌砖的方法很多,常用的有"三一"砌砖法和挤浆法。砌砖时,先挂上通线,按所排的干砖位置把第一皮砖砌好,然后盘角。盘角又称立头角,指在砌墙时先砌墙角,然后从墙角处拉准线,再按准线砌中间的墙。在砌筑过程中应三皮一吊、五皮一靠,保证墙面竖直平整。

7)勾缝、清理

清水墙砌完后,要进行墙面修正及勾缝。墙面勾缝应横平竖直、深浅一致、搭接平整,不得有丢缝、开裂和连接不牢等现象。砖墙勾缝宜采用凹缝或平缝,凹缝深度一般为 4~5 mm。勾缝完毕后,应进行墙面、柱面和落地灰的清理。

11.2.3　钢筋混凝土工程施工

钢筋混凝土工程由模板、钢筋、混凝土等多个工程组成,由于施工过程多,因而要加强施工管理,统筹安排,合理组织,以达到保证质量、加速施工和降低造价的目的。

1. 模板工程

模板工程指新浇混凝土成型的模板以及支承模板的一整套构造体系,其中,接触混凝土并控制预定尺寸、形状、位置的构造部分称为模板;支持和固定模板的杆件、桁架、连接件、金属附件、工作便桥等构成支承体系。对于滑动模板、自升模板,需增设提升动力以及提升架、平台等。模板工程在混凝土施工中是一种临时结构。

模板可按照以下不同的方法进行分类。

(1)按照形状的不同分为平面模板和曲面模板。

(2)按照受力条件的不同分为承重模块和非承重模板。

(3)按照材料的不同分为木模板、钢模板、钢木组合模板、重力式混凝土模板、钢筋混凝土镶面模板、铝合金模板、塑料模板、砖砌模板等。

(4)按照结构和使用特点的不同分为拆移式模板和固定式模板。

(5)按照特种功能的不同分为滑动模板、真空吸盘或真空软盘模板、保温模板、钢模台车等。

图 11-12、图 11-13 所示为工程中常用的组合钢模板和胶合板模板。

图 11-12　组合钢模板　　　**图 11-13　胶合板模板**

模板虽然是辅助性结构,但在混凝土施工中至关重要。在水利工程中,模板工程的造价,占钢筋混凝土结构物造价的 15%~30%,制作与安装模板的劳动力用量占混凝土工程总劳动力用量的 28%~45%。对结构复杂的工程,立模与绑扎钢筋所占的时间比浇筑混凝土的时间长得多,因此模板的设计与组装是混凝土施工中不容忽视的一个重要环节。

模板要求具有足够的承载力、刚度和稳定性,能可靠地承受浇筑混凝土的重力、侧压力以及施工荷载;同时应保证工程结构和构件各部位形状尺寸和相互位置的正确;此外,模板构造要简单,以方便装拆,满足钢筋的绑扎与安装、混凝土的浇筑与养护等工艺要求。

在模板安装中,应对模板及其支架进行观察和维护,模板的接缝应不漏浆,模板与混凝土的接触面应清理干净并涂刷隔离剂。浇筑混凝土前,模板内的杂物应清理干净。对清水混凝土工程及装饰混凝土工程,应使用能实现设计效果的模板。模板上的预埋件、预留口和预留洞均不得遗漏,且应安装牢固。

拆除模板时,不应对楼层产生冲击荷载,并且应尽量避免混凝土表面或模板损坏;拆除的模板和支架宜分散堆放并及时清运;若定型组合钢模板背面的油漆脱落,应补刷防锈漆;已拆除模板及支架的结构,在混凝土达到设计强度后才允许承受全部使用荷载。

2. 钢筋工程

常见的钢筋混凝土用钢筋有四个等级,即 I~IV 级热轧钢筋,其按外形分为光圆钢筋和变形钢筋,交货状态有直条和盘圆两种。

1)钢筋的检验

钢筋首先要检查标牌号及质量证明书;其次要检查外观,从每批钢筋中抽取 5%,钢筋表面不得有裂纹、创伤和叠层,钢筋表面凸块的高度不得超过横肋,缺陷的深度和高度不得大于所在部位尺寸的允许偏差;最后进行力学性能试验,从每批钢筋中任意抽取 2 根,从每根钢筋上取 2 个试样分别进行拉力试验(测定其屈服点、抗拉强度、伸长率)和冷弯试验。

如热轧钢筋在加工过程中发生脆断、焊接性能不良或机械性能显著不正常等现象,应进行化学成分分析和其他专项检验。

2)钢筋的处理和加工

钢筋在加工之前要进行相应的处理,包括除锈、调直和切断等。表面有锈的钢筋对工程质量会有很大的影响。

单根钢筋经过调直、配料、切断、弯曲等加工后,即可成型为钢筋骨架或钢筋网。钢筋与钢筋之间的连接可采取绑扎连接、焊接连接以及机械连接的方法。

绑扎连接为钢筋连接的主要手段之一。绑扎钢筋时,钢筋的交叉点用铁丝扎牢。板和墙的钢筋网,除外围两行钢筋的交叉点全部扎牢外,中间的交叉点可间隔交错扎牢,以保证受力钢筋位置不产生偏移;梁和柱的箍筋应与受力钢筋垂直设置,弯钩叠合处应沿受力钢筋的方向错开设置。受拉钢筋和受压钢筋接头的搭接长度及接头位置应符合施工及验收规范的规定。

焊接可代替绑扎,从而达到节约钢材、改善结构的受力性能、提高功效、降低成本的目的。常用的钢筋焊接方法有电弧焊、闪光对焊、电渣压力焊、气压焊等。

机械连接是一种新型钢筋连接工艺,被称为继绑扎、焊接之后的"第三代钢筋接头"技术,具有施工简便、工艺性能好、接头质量可靠、不受钢筋的可焊性制约、可全天候施工、节约钢材、节省能源等优点。钢筋机械连接是通过连接件的机械咬合作用或钢筋端面的承压作用将一根钢筋中的力传递至另一根钢筋。常用的机械连接接头有挤压套筒接头、锥螺纹套筒接头、直螺纹套筒接头等,如图 11-14 所示。

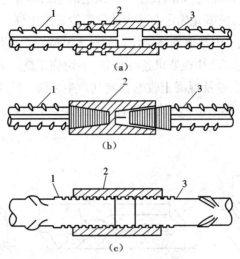

图 11-14　机械连接接头

（a）挤压套筒接头　（b）锥螺纹套筒接头　（c）直螺纹套筒接头
1—已经连接的钢筋;2—套筒;3—未连接的钢筋

3.混凝土工程

混凝土工程包括混凝土的制备、运输、浇筑、养护等施工过程。每一个施工过程的施工质量都会影响最终混凝土的质量。

1)混凝土的制备

混凝土的制备指混凝土的配料和搅拌。

混凝土的配料,首先要根据设计对混凝土的强度等级、耐久性、抗渗性、抗冻性等的要求以及施工对混凝土和易性的要求,确定混凝土的施工配合比。为保证混凝土的质量,混凝土的配料应严格控制水泥,粗、细集料,水和外加剂的质量,严格控制各种材料的用量。

混凝土的制备除工程量很小时可人工搅拌外,均应采用混凝土搅拌机搅拌。混凝土可采用现场搅拌和混凝土搅拌站配送两种方式。目前大规模的混凝土使用均由混凝土搅拌站配送。

2)混凝土的运输

商品混凝土输送距离较长且输送量较大,为了保证被输送的混凝土不发生初凝和离析等降质情况,常采用混凝土搅拌输送车、混凝土泵或混凝土泵车等专用输送机械。分散搅拌或自设混凝土搅拌点的工地输送距离短且需用量少,一般可采用手推车、机动翻斗车、井架运输机或提升机等通用输送机械。

3)混凝土的浇筑

混凝土的浇筑包括混凝土的浇灌和振捣两个施工过程。

浇筑混凝土前,应检查和控制模板、钢筋、保护层和预埋件等的尺寸、规格、数量和位置。此外,应检查模板支撑的稳定性以及接缝的密合情况。

混凝土拌合物自料斗、漏斗、混凝土输送管、运输车内卸出时,如自由倾落高度过大,则粗集料在重力作用下克服黏着力后下落的动能也很大,下落速度较砂浆快,可能造成混凝土离析。因此,混凝土自高处倾落的自由高度不应超过 2 m,柱、墙等结构竖向浇筑高度超过 3 m 时,应采用串筒、溜管或振动溜管浇筑混凝土。

混凝土结构多要求整体浇筑,如因技术或组织上的原因不能连续浇筑,且停顿时间有可能超过混凝土的初凝时间,应事先确定在适当的位置设置施工缝。

在现浇混凝土结构施工中常遇到高层建筑的厚大基础底板、设备基础、水电站大坝等大体积混凝土,其整体性要求高,往往要求连续浇筑、不留施工缝。大体积混凝土施工时水泥的水化热大,混凝土内外温差及混凝土收缩会使其产生裂缝。施工时必须采取有效措施防止混凝土出现裂缝。大体积混凝土浇筑方案有全面分层法、分段分层法和斜面分层法,如图 11-15 所示。

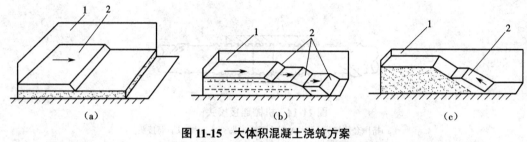

图 11-15　大体积混凝土浇筑方案

(a)全面分层法　(b)分段分层法　(c)斜面分层法
1—模板;2—新浇筑的混凝土

混凝土浇筑入模后,由于内部集料与砂浆之间的摩阻力与黏结力的作用,混凝土的流动性很差,不能自动充满模板的每一个角落。混凝土内部有大量的空气,不能满足密实度的要求,必须进行振捣。

另外,在浇筑混凝土时应制作供结构或构件拆模、吊装、张拉、放张和强度合格评定用的试件。用于检查结构或构件的混凝土强度的试件应在混凝土的浇筑地点随机抽取。

4)混凝土的养护

养护的目的在于创造适当的温湿度条件,保证或加速混凝土的正常硬化。不同的养护方法对混凝土的性能有不同的影响。常用的养护方法有自然养护、蒸汽养护、干湿热养护、蒸压养护、电热养护、红外线养护和太阳能养护等。养护经历的时间称为养护周期。为了便于比较,规定测定混凝土性能的试件必须在标准条件下进行养护。我国采用的标准养护条件是:Ⅰ级水平控制温度为(20 ± 2) ℃,Ⅱ级水平控制温度为(20 ± 5) ℃,标准养护时间为 28 d,湿度不低于 95%。

4. 预应力工程

预应力混凝土结构的截面小、刚度大,抗裂性和耐久性好,能充分发挥钢材和混凝土各自的性能,在土木工程中得到了广泛的应用。

预应力混凝土结构采用的混凝土应具有高强、轻质和高耐久性等性质,一般要求混凝土的强度等级不低于 C30。预应力筋通常由单根或成束的钢丝、钢绞线或钢筋组成。预应力筋要求具有高强度、较好的塑性以及比较好的黏结性能。

预应力构件的施工方法按照张拉钢筋的先后顺序可分为先张法和后张法。

1）先张法施工

先张法是在浇筑混凝土前张拉预应力筋，并将张拉的预应力筋临时锚固在台座或钢模上，然后浇筑混凝土，待混凝土强度达到不低于混凝土设计强度的 75%，预应力筋与混凝土有足够的黏结时，放松预应力筋，借助于混凝土与预应力筋的黏结对混凝土施加预应力的施工工艺，如图 11-16 所示。

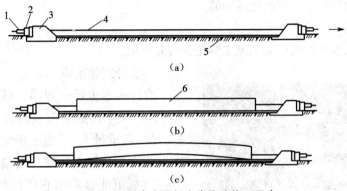

图 11-16　预应力混凝土先张法施工示意

（a）张拉并临时锚固预应力筋　（b）浇筑混凝土　（c）放松预应力筋
1—夹具；2—横梁；3—台座；4—预应力筋；5—台面；6—混凝土构件

先张法一般仅适用于生产中小型构件，通常在固定的预制厂生产。

2）后张法施工

后张法施工的工序如图 11-17 所示：先制作构件（浇筑混凝土），并在构件内按预应力筋的位置留出相应的孔道；待构件的混凝土强度达到规定的强度（一般不低于设计强度标准值的 75%）后，在预留的孔道中穿入预应力筋进行张拉，并利用锚具把张拉后的预应力筋锚固在构件的端部，依靠构件端部的锚具将预应力筋的预张拉力传给混凝土，使其产生预压应力；最后向孔道中灌入水泥浆，使预应力筋与混凝土构件形成整体。

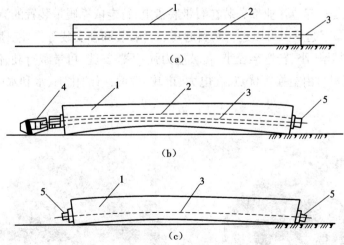

图 11-17　预应力混凝土后张法施工示意

（a）制作混凝土构件　（b）张拉钢筋　（c）锚固和孔道灌浆
1—混凝土构件；2—预留孔道；3—预应力筋；4—千斤顶；5—锚具

后张法广泛应用于大型预制预应力混凝土构件和现浇预应力混凝土结构工程。

11.2.4　结构安装工程施工

所谓结构安装工程,就是使用设备将预制构件安装到设计位置的整个施工过程,是装配式结构施工的主导工程。实际装配时,一般都是将预制的各个单个构件用起重设备在施工现场按设计图纸的要求安装成建筑物的。

1. 吊装机械

用于结构安装工程的吊装机械主要是各类起重机。

图 11-18　桅杆式起重机

1)桅杆式起重机

桅杆式起重机一般用木材或钢材制作,如图 11-18 所示。这类起重机具有制作简单、装拆方便、起重量大、受施工场地限制小的特点。当吊装大型构件而又缺少大型起重机械时,这类起重机更能显示出它的优越性。但这类起重机需设较多的缆风绳,移动困难。另外,其起重半径小、灵活性差。因此,桅杆式起重机一般用于构件较重、吊装工程比较集中、施工场地狭窄而又缺乏其他合适的大型起重机械的情况。

2)汽车起重机

汽车起重机是装在普通汽车底盘或特制汽车底盘上的一种起重机,其行驶驾驶室与起重操纵室分开设置,如图 11-19 所示。这种起重机的优点是机动性好,转移迅速;缺点是工作时需支腿,不能负荷行驶,也不适合在松软或泥泞的场地上工作。

3)履带起重机

履带起重机是将起重作业部分装在履带底盘上,行走依靠履带装置的流动式起重机,如图 11-20 所示。履带起重机可以进行物料起重、运输、装卸和安装等作业。履带起重机具有起重能力强、接地比压小、转弯半径小、爬坡能力强、不需支腿、可带载行驶、作业稳定性好以及桁架组合高度可自由更换等优点,在电力、市政、桥梁、石油化工、水利水电等建设行业应用广泛。

图 11-19　汽车起重机

图 11-20　履带起重机

2.分件吊装法和整体吊装法

1)分件吊装法

分件吊装法系起重机每开行一次,仅吊装一种或几种构件。它按照结构特点、几何形状及相互间的联系将吊装的构件分类,同类构件按顺序一次吊装完成,再进行另一类构件的吊装。

分件吊装法的优点如下。

（1）由于吊装同类型的构件,索具不需经常更换,操作方法也基本相同,所以吊装速度快,吊装效率高。

（2）与整体吊装法相比,可以选择小型的起重机,利用不同类型构件的吊装间隙更换起重臂杆,以满足不同类型的构件对起重量和起重高度的要求,充分发挥起重机的效率。

（3）构件分类吊装,也可以分批供应,构件的预制、吊装、运输组织方便;现场平面布置比较简单,排放条件好。

扫一扫:多机抬吊

（4）能给构件校正,接头焊接,混凝土灌注、养护提供充足的时间。

这种吊装方法是装配式单层工业厂房结构吊装中广泛采用的一种方法。

扫一扫:升板法施工

2)整体吊装法

整体吊装法是先在地面上将构件组装成整体,然后用起重机械将整体吊装到设计标高位置进行固定。根据采用的机械不同,整体吊装法可分为多机抬吊法和桅杆吊升法两种。

11.3 防水与装饰工程施工

11.3.1 防水工程施工

防水工程是一项系统工程,涉及防水材料、防水工程设计、施工技术、建筑物的管理等方面。其目的是保证建筑物不受水侵蚀,内部空间不受危害,从而提高建筑物的使用功能,改善人居环境。

防水工程包括屋面防水工程、地下防水工程和室内防水工程。防水工程的质量主要受到材料和施工工艺的影响,防水工程的质量直接影响工程的使用功能。

1.屋面防水工程

屋面防水工程根据设计的屋面防水方式,分为屋面卷材防水施工、屋面涂膜防水施工和屋面刚性防水施工三种。

卷材防水屋面是使用较多的防水屋面。卷材防水施工要求基层坚实、平整。沥青防水卷材价格低廉,但易老化,现在使用较多的是高聚物改性沥青防水卷材和合成高分子防水卷材。卷材铺贴如图 11-21 所示。

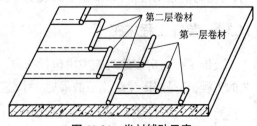
图 11-21 卷材铺贴示意

屋面涂膜防水是在屋面基层上涂刷防水涂料,经固化后形成一层有一定厚度和弹性的整体涂膜,从而达到防水的目的。

屋面刚性防水主要是在结构层上加一层厚度适当的普通细石混凝土、预应力混凝土、补偿收缩混凝土、块体刚性层作为防水层,依靠混凝土的密实性或憎水性达到防水的目的。

2. 地下防水工程

地下工程防水方案有防水混凝土方案、设置防水层方案和排水方案三种。防水混凝土方案是利用混凝土结构自身的密实性达到防水的目的;设置防水层方案是在地下结构表面设防水层,如贴卷材防水层或抹水泥砂浆防水层等;排水方案是通过排水措施将地下水排走来达到防水的目的。目前,常用的是防水混凝土方案和设置防水层(卷材)方案。

卷材防水施工时应采用高聚物改性沥青或合成高分子防水卷材。地下防水卷材施工方法有外贴法和内贴法两种,分别如图 11-22、图 11-23 所示。外贴法是在地下结构外墙施工后再铺贴墙上的卷材,而内贴法是先在保护墙上铺贴好卷材,然后进行地下结构外墙的施工。

防水混凝土通过混凝土本身的憎水性和密实性来达到防水的目的,它既是防水材料,又是承重材料和围护结构的材料。因此必须通过混凝土拌合物材料的选择、混凝土配合比的选择、施工工艺的选择等来保证防水混凝土的质量。

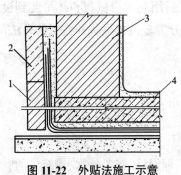

图 11-22　外贴法施工示意
1—永久保护墙;2—临时保护墙;3—基础外墙;
4—混凝土底板

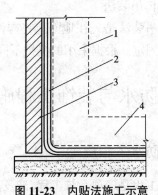

图 11-23　内贴法施工示意
1—尚未施工的基础外墙;2—卷材防水层;
3—永久保护墙;4—尚未施工的混凝土底板

3. 室内防水工程

室内防水工程指的是主要用于用水频繁处、管道穿越楼板处、楼面易积水处和经常淋水的墙面等的室内防水施工,其施工工艺和施工方法与地下防水工程、屋面防水工程基本相同,有些构造施工措施,如设置地面坡度、设置套管等,应根据具体情况和设计要求施工。

11.3.2　装饰工程施工

装饰工程指房屋建筑施工中包括抹灰、油漆、刷浆、玻璃、裱糊、饰面、罩面板和花饰等工艺的工程,它是房屋建筑施工的最后一个施工过程。

装饰工程的作用:一是增强美观性,二是具有一定的功能,如隔热、隔声、防潮、保护结构等。装饰工程的主要特点是项目繁多、工程量大、手工作业多、施工工期长。

抹灰工程按使用材料和装饰效果的不同可分为一般抹灰和装饰抹灰两大类。

一般抹灰所使用的材料为石灰砂浆、混合砂浆、水泥砂浆、聚合物水泥砂浆以及麻刀灰、纸筋灰、石膏灰等。一般抹灰按质量分为三级，按部位分为墙面抹灰、顶棚抹灰和地面抹灰等。抹灰层的组成如图 11-24 所示。

装饰抹灰是在建筑物墙面涂抹水砂石、斩假石、干粘石、假面砖等。装饰抹灰的底层和中层与一般抹灰相同，但面层经特殊工艺施工，强化了装饰作用。

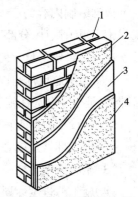

图 11-24　抹灰层的组成
1—基层；2—底层；3—中层；4—面层

饰面板根据尺寸分为小规格和大规格两种。小规格饰面板一般采用镶贴法施工，即先用 1：3 的水泥砂浆打底拉毛，底子灰凝固后找规矩、弹分格线，然后粘贴饰面板。除了常规施工方法外，现在也采用胶黏剂固结技术，即用胶黏剂将饰面板（砖）直接粘贴在基层上。大规格饰面板有大理石、花岗石、人造石等，为防止其坠落，保证安全，多采用安装法施工。

11.4　施工组织设计

施工组织的任务是根据建筑产品生产的技术、经济特点以及国家基本建设方针，各项具体的技术规范、规程、标准，工程建设规划和设计的要求，提供各阶段的施工准备工作内容，对人、资金、材料、机械和施工方法等进行合理的安排，协调施工中各专业施工单位、工种、资源与时间之间的关系。

施工组织设计是用来指导施工项目全过程的各项活动的技术、经济和组织的综合性文件，是施工技术与施工项目管理有机结合的产物，它能保证工程开工后施工活动有序、高效、科学、合理地进行，并安全施工。

11.4.1　施工组织设计的编制原则

施工组织设计的编制原则如下。

（1）重视工程的组织对施工的作用。

（2）提高施工的工业化程度。

（3）重视管理创新和技术创新。

（4）重视工程施工的目标控制。

（5）积极采用国内外先进的施工技术。

（6）充分利用时间和空间，合理安排施工顺序，提高施工的连续性和均衡性。

（7）合理部署施工现场，实现文明施工。

11.4.2　施工组织设计的分类及内容

根据编制内容的广度、深度和作用的不同,施工组织设计可分为施工组织总设计、单位工程施工组织设计、分部工程施工组织设计。

1. 施工组织总设计的主要内容

施工组织总设计是以整个工程项目为对象编制的。它是对整个建设工程项目施工的战略部署,是指导全局性施工的技术纲要。施工组织总设计的主要内容如下。

（1）建设项目的工程概况。

（2）施工部署及核心工程的施工方案。

（3）全场性施工准备工作计划。

（4）施工总进度计划。

（5）各项资源需求量计划。

（6）全场性施工总平面图设计。

（7）主要技术经济指标(项目施工工期、劳动生产率、项目施工质量、项目施工成本、项目施工安全、机械化程度、预制化程度、暂设工程等)。

2. 单位工程施工组织设计的内容

单位工程施工组织设计是以单位工程为对象编制的,在施工组织总设计的指导下,由直接组织施工的单位根据施工图设计进行编制,用以直接指导单位工程的施工活动,是施工单位编制分部工程施工组织设计和季、月、旬施工计划的依据。单位工程施工组织设计根据工程规模和技术复杂程度不同,编制内容的深度和广度也有所不同。对于简单的工程,一般只编制施工方案,并附以施工进度计划和施工平面图。单位工程施工组织设计的主要内容如下。

（1）工程概况及施工特点分析。

（2）施工方案的选择。

（3）单位工程施工准备工作计划。

（4）单位工程施工进度计划。

（5）各项资源需求量计划。

（6）单位工程施工总平面图设计。

（7）技术组织措施、质量保证措施和安全施工措施。

（8）主要经济技术指标。

3. 分部工程施工组织设计的内容

分部工程施工组织设计针对的是某些特别重要的、技术复杂的或采用新工艺、新技术施工的分部工程。分部工程施工组织设计的主要内容如下。

（1）工程概况及施工特点分析。

（2）施工方法和施工机械的选择。

（3）分部工程施工准备工作计划。

（4）分部工程施工进度计划。

（5）各项资源需求量计划。

（6）技术组织措施、质量保证措施和安全施工措施。

（7）作业区施工平面布置图设计。

11.5 流水施工与网络计划

11.5.1 流水施工

工程施工可以采用依次施工（亦称顺序施工）、平行施工和流水施工等组织方式。对于相同的施工对象，采用不同的作业组织方式，效果也不相同。

流水施工是建筑施工中广泛使用、行之有效的组织施工的计划方法。它建立在分工协作和大批量生产的基础上，实质是连续作业、组织均衡施工。它是控制工程施工进度的有效方法。

例如，要进行 m 个同类型施工对象的施工，每个施工对象可分为四个生产过程。在组织施工时可采用依次施工、平行施工和流水施工等不同的生产组织方式，如图 11-25 所示。

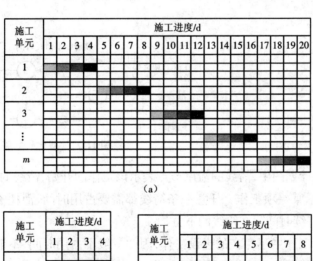

（a）

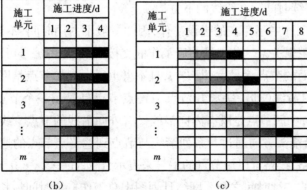

（b）　　　　　　　　　　　（c）

图 11-25　依次、平行和流水作业方法的比较

（a）依次施工　（b）平行施工　（c）流水施工

依次施工是按顺序逐个施工对象地进行施工。平行施工是所有施工对象同时开工、同时完工。流水施工是将拟建工程按工程特点和结构部位划分为若干个施工段，根据规定的施工顺序,组织各施工队依次连续地在各施工段上完成自己的工序,使施工有节奏进行的施工方法。

流水施工的优点是:各施工队(组)可以施行专业化施工,为工人提高技术熟练程度以及改进操作方法、生产工具创造了有利条件,可充分提高劳动生产率。劳动生产率提高后,可以减少工人人数和临时设施数量,从而可以节约投资、降低成本,同时专业化施工有助于保证工程质量。

11.5.2　网络计划

网络计划即网络计划技术,是用于工程项目的计划与控制的一项管理技术。网络计划技术既是一种科学的计划方法,又是一种有效的生产管理方法。

网络计划最大的特点是它能够提供施工管理所需要的多种信息,有利于加强工程管理。它有助于管理人员合理地组织生产,做到心里有数,知道管理的重点应放在何处,怎样缩短工期,在哪里挖掘潜力,如何降低成本。

网络计划图主要分为双代号网络计划图和单代号网络计划图。其中双代号网络计划图包含的因素多,能够准确反映关键线路,是应用最广泛的网络计划图,如图11-26、图11-27所示。

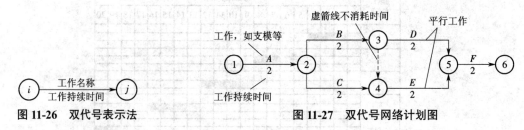

图 11-26　双代号表示法　　　　图 11-27　双代号网络计划图

在双代号网络计划图中,箭线的箭尾节点表示该工作的开始,箭线的箭头节点表示该工作的结束,箭线表示某一项工作。任意一条箭线都需要占用时间、消耗资源,工作名称写在箭线的上方,工作持续时间写在箭线的下方。

虚箭线是实际工作中不存在的虚设工作,因此一般不占用时间、不消耗资源,只用于正确表达工作之间的逻辑关系。节点是前后工作的交接点,节点的编号可以任意编写,但应保证后面的节点比前面的节点编号大,即 $i < j$,且不得重复。起始节点是网络计划图中的第一个节点,它只有外向箭线(即箭头离开节点);终点节点是最后一个节点,它只有内向箭线(即箭头指向节点);中间节点是既有内向箭线又有外向箭线的节点。线路即网络计划图中从起始节点开始,沿箭头方向通过一系列箭线与节点到达终点节点的通路。一个网络计划图中一般有多条线路,线路可以用节点的编号来表示,比如①→②→③→④→⑤线路的长度就是线路上各工作的持续时间之和。网络计划图中总工作持续时间最长的线路称为关键线路,一般用双线或粗线表示。网络计划图中至少有一条关键线路,关键线路上的节点称为关键节点,关键线路上的工作称为关键工作。

11.6 现代施工技术

11.6.1 基础工程的施工技术

1. 大型基坑支护技术

建筑高度越大,要求的基础埋置深度也越大,当基坑较深、周围场地又不宽时,一般需要采用基坑支护。近几年来,随着基坑深度和体量的增大,支护技术也有了较大的发展。

通常,大型基坑的支护系统按功能分为挡土系统、挡水系统、支撑系统三种。其中,挡土系统的功能是形成支护排桩或支护挡土墙,阻挡坑外土压力,常用的有钢板桩、钢筋混凝土板桩、深层水泥搅拌桩、钻孔灌注桩、地下连续墙;挡水系统的功能是阻挡坑外渗水,常用的有深层水泥搅拌桩、旋喷桩压密注浆、地下连续墙、锁口钢板桩;支撑系统的功能是支承围护结构与限制围护结构移位,常用的有钢管与型钢内支撑、钢筋混凝土内支撑、钢与钢筋混凝土组合支撑。

2. 逆作法施工

在深基坑工程施工中,逆作法施工是沿建筑物地下室轴线或周围施工地下连续墙或其他支护结构,同时在建筑物内部的有关位置浇筑或打下中间支承桩和柱,作为施工期间于底板封底之前承受上部结构自重和施工荷载的支撑。然后施工地面一层的梁、板、楼面结构,作为地下连续墙刚度很大的支撑,随后逐层向下开挖土方和浇筑地下结构,直至底板封底。由于地面一层的楼面结构已完成,为上部结构的施工创造了条件,所以可以同时逐层向上进行地上结构的施工。如此地面上、下同时施工,直至工程结束。

逆作法施工具有明显的优越性。传统的建筑深基坑施工方法是开敞式施工,需要进行支护处理,然后从基坑底部由下而上进行施工,降水处理、基坑支护处理成本高,耗时耗力,还可能引起诸多问题。逆作法施工可以避免这些问题,提高地下工程的安全性,大大节约工程造价,缩短施工工期,防止周围地基下沉,是一种很有发展前途和推广价值的深基坑支护技术。

11.6.2 主体工程的施工技术

1. 滑模工程技术

滑模工程技术是我国现浇混凝土结构工程施工中机械化程度高、施工速度快、现场场地占用少、结构整体性强、抗震性能好、安全作业有保障、环境与经济综合效益显著的一种施工技术,通常简称"滑模"。

滑模不仅包含普通或专用等工具式模板,还包括动力滑升设备和配套施工工艺等综合技术,目前主要用液压千斤顶提供滑升动力。在成组千斤顶的同步作用下, 1 m 多高的工具式模板或滑框沿着刚成型的混凝土表面或模板表面滑动,混凝土由模板的上口分层向套槽内浇灌,每层一般不超过 30 cm 厚,当模板内最下层的混凝土达到一定强度后,套槽依靠提升机具的作用沿着已浇灌的混凝土表面滑动或滑框沿着模板外表面滑动,向上滑动 30 cm

左右,这样连续循环作业,直到达到设计高度,完成整个施工。

　　滑模工程技术作为一种现代(钢筋)混凝土工程结构高效率的快速机械施工方式,在土木建筑工程行业中有广泛的应用。只要混凝土结构在某个方向上是不变化的规则几何截面,便可采用滑模工程技术进行快速、高效率的施工制作或生产。在几何截面规则的混凝土结构中,滑模工程技术显示出了突出的优势,使得混凝土结构的施工经济性和安全性大大提高,施工制作效率成倍提高。

　　2. 爬模技术

　　爬模是爬升模板技术的简称,在国外也称为跳模。爬模系统由爬升模板、爬架和爬升设备三部分组成,在剪力墙体系、筒体体系和桥墩等结构施工中是一种有效的工具。由于爬模具备自爬的能力,因此不需起重机械吊运,减少了施工中运输机械的吊运工作量。在自爬的模板上悬挂脚手架可省去施工过程中的外脚手架。总之,爬升模板能减少起重机械数量、加快施工速度,因此经济效益较好。

11.6.3　隧道结构的施工技术

　　1. 岩体隧道的施工方法——新奥法

　　新奥法是应用岩体力学理论,充分利用围岩的自承能力和开挖面的空间约束作用,以锚杆和喷射混凝土为主要支护手段,及时对围岩进行加固,约束围岩的松弛和变形,并通过对围岩和支护结构的监控、测量来指导地下工程的设计和施工。

　　新奥法由奥地利学者拉布采维茨教授于 20 世纪 50 年代提出,经奥地利、瑞典、意大利等国的许多实践和理论研究,于 20 世纪 60 年代取得专利权并正式命名。之后这种方法在西欧、北欧、美国和日本等的许多地下工程中获得了极为迅速的发展,已成为现代隧道工程新技术的标志之一。

　　我国从 20 世纪 60 年代初开始推广喷锚支护新技术,到 1981 年底,采用喷锚支护的地下工程和井巷的总长度接近 7 500 km。2012 年以来,普济、下坑、大瑶山等铁路隧道都采用新奥法施工。

　　2. 地铁隧道的施工方法——盾构法

　　盾构法是使用盾构机在地层中修建隧道的一种暗挖式施工方法。施工时在盾构机前端切口环的掩护下开挖土体,在盾尾的掩护下拼装衬砌(管片或砌块),挖去盾构前面的土体后,用盾构千斤顶顶住拼装好的衬砌,将盾构机推到挖去土体的空间内,在盾构推进距离达到一环衬砌宽度后,缩回盾构千斤顶的活塞杆,然后进行衬砌的拼装,再将开挖面挖至新的深度。如此循环交替,逐步延伸而建成隧道。盾构法施工如图 11-28 所示。

　　盾构法得到广泛使用,主要因其具有以下明显的优越性。

　　(1)在盾构的掩护下进行开挖和衬砌作业,有足够的施工安全性。

　　(2)地下施工不影响地面交通,在河底下施工不影响河道通航。

　　(3)施工操作不受气候条件的影响。

　　(4)产生的振动、噪声等环境危害较小。

　　(5)对地面建筑物及地下管线的影响较小。

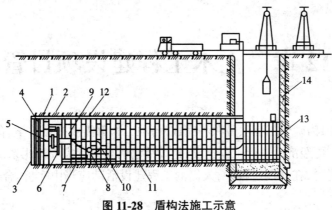

图 11-28　盾构法施工示意

1—盾构;2—盾构千斤顶;3—盾构正面网络;4—出土托盘;5—出土皮带运输机;6—管片拼装机;7—管片;8—压浆泵;
9—压浆孔;10—出土机;11—衬砌结构;12—在盾尾空隙中的压浆;13—后盾管片;14—竖井

课后思考题

1. 预应力混凝土施工有哪两种方法?它们有什么区别?

2. 一般工程的基础施工多采用哪种排水方法?

3. 软土地基的加固措施包括哪几方面?

4. 浇筑钢筋混凝土的模板有哪几种?它们各有什么优缺点?

5. 基础坑槽的土方开挖涉及哪些方面?

6. 什么叫地下连续墙?简述其施工过程。

7. 结构工程施工的内容有哪些?

8. 砌体施工的基本要求是什么?

9. 钢筋混凝土的施工程序是怎样的?

10."早拆模板"的工作机理是怎样的?

11. 何为混凝土的先张法和后张法施工?

12. 什么叫无黏结预应力混凝土筋?其施工的发展概况如何?

13. 单件安装的种类有哪些?它们各有何优缺点?

14. 基坑支护的内容有哪些?

15. 网架结构的施工原则是什么?

16. 逆作法施工技术的原理是什么?

17. 简述混凝土技术的发展。

18. 顶管法与盾构法施工技术的原理是什么?

19. 施工组织设计的内容有哪些?

20. 网络计划的管理程序是怎样的?

第12章 土木工程建设项目管理

在工程建设中,为确保工程项目顺利完成,各项工作都需要按照科学、合理的次序进行;同时,为了更高效、更经济地进行工程建设,建设活动的全过程需要运用系统工程的理论、办法来监督、管理;另外,在建设过程中,人们的工程建设活动应当由完善、合理的建设法规体系来规范。

一些大型的基础设施、公共事业等项目是以招投标的方式进行建设的。本章主要概括性地介绍与工程建设有关的建设程序、建设法规、工程项目招投标、工程项目管理以及工程建设监理等内容。

12.1 建设程序

建设程序是建设项目在从设想、选择、评估、决策、设计、施工到竣工验收、投入生产的整个建设过程中,各项工作必须遵循的先后次序。

建设程序反映了建设项目发展的内在规律和过程。建设程序分为若干阶段,这些阶段具有严格的先后次序,不能任意颠倒。

按照我国现行规定,一般大中型及限额以上工程项目的建设程序可以分为以下几个阶段(图 12-1)。

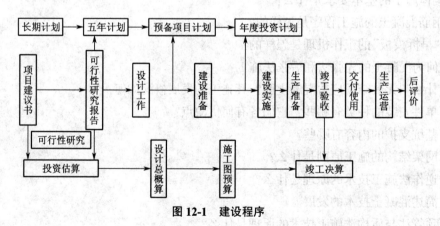

图 12-1　建设程序

扫一扫:工程项目建设
　　　程序

（1）根据国民经济和社会发展长远规划,结合行业和地区发展规划的要求,提出项目建议书。

（2）在勘察、试验、调查研究及详细技术经济论证的基础上编制可行性研究报告。

（3）根据咨询评估情况,对工程项目进行决策。

（4）根据可行性研究报告编制设计文件。

（5）初步设计批准后,做好施工前的各项准备工作。

（6）组织施工,并根据施工进度做好生产或启用前的准备工作。

（7）项目按批准的设计内容完成,经投料试车验收合格后正式投产交付使用。

（8）生产运营一段时间（一般为 1 年）后,进行项目后评价。

以上几个大的阶段又包含许多环节和内容。在实际建设中,建设程序可由项目审批主管部门视项目的建设条件、投资规模适当合并。

12.2　建设法规

建设法规是国家权力机关或其授权的行政机关制定的,旨在调整国家及其有关机构、企事业单位、社会团体、公民在建设活动中或建设行政管理活动中发生的各种社会关系的法律、法规的统称。

完善、合理的建设法规体系可以规范人们的工程建设活动,为国家增加积累,使人民安居乐业。

12.2.1　建设法规体系的构成

广义的建设法规体系由五个层次组成。

1. 建设法律

建设法律指由全国人民代表大会及其常委会制定颁布的属于国务院行政主管部门主管范围的法规,其效力仅次于宪法,在全国范围内具有普遍约束力,如《中华人民共和国建筑法》《中华人民共和国城市房地产管理法》等。

2. 建设行政法规

建设行政法规指由国务院制定颁布的属于建设行政主管部门主管范围的法规,是仅次于法律的重要立法层次,如《建设工程勘察设计管理条例》《建设工程质量管理条例》《城市房地产开发经营管理条例》等。

3. 建设部门规章

建设部门规章指国务院各部门根据法律和行政法规在本部门的权限范围内制定的规范性文件,其表现形式有规定、办法、实施办法、规则等,如 2001 年 8 月 29 日建设部令第 102 号《工程监理企业资质管理规定》、2001 年 11 月 5 日建设部令第 107 号《建筑工程施工发包与承包计价管理办法》等。

4. 地方性建设法规

地方性建设法规指地方国家权力机关制定的在本行政区域范围内实施的规范性文件,

如《广东省建设工程招标投标管理条例》《深圳经济特区建设工程质量条例》等。

5. 地方性建设规章

地方性建设规章指由省、自治区、直辖市人民政府制定颁布的普遍适用于本地区的规定、办法、规则等规范性文件,如《广东省建筑市场管理规定》《深圳市建设工程勘察设计合同管理暂行办法》等。

12.2.2　建设法规的调整对象

建设法规的调整对象主要包括三个方面。

1. 建设活动中的行政管理关系

建设活动中的行政管理关系即国家机关正式授权的有关机构对工程建设的组织、监督、协调等职能活动。在管理过程中,国家与建设单位、设计单位、施工单位、建筑材料和设备的生产供应单位以及各种中介服务单位产生管理与被管理的关系,这种关系由有关建设法规来调整和规范。

2. 建设活动中的经济协作关系

建设活动中的经济协作关系即从事工程建设活动的平等主体之间发生的往来协作关系,如建设单位与施工单位之间的建设工程合同关系、业主与建设监理单位之间的委托监理合同关系等,这类关系由建设法规来调整。

3. 建设活动中的其他民事关系

在建设活动中,还会涉及诸如房屋拆迁、从业人员与有关单位间的劳动关系等系列民事关系,这些关系由建设法规以及其他部门相关法律来共同调整。

12.2.3　建设法规的特征

建设法规除了具备一般法律法规所共有的特征外,还具备行政性、经济性、政策性和技术性等特征。

1. 行政性

行政性指建设法规大量使用行政手段作为调整方法,如授权、命令、禁止、许可、免除、确认、计划、撤销等。

2. 经济性

建筑业是可以为国家增加积累的一个重要产业部门,工程建设活动的重要目的之一就是实现经济效益,因此调整工程建设活动的建设法规的经济性是十分明显的。

3. 政策性

工程建设活动一方面要依据工程投资者的意愿进行,另一方面要符合国家的宏观经济政策。因此建设法规要反映国家的基本建设政策,政策性非常强。

4. 技术性

工程建设产品的质量与人民的生命财产安全紧密相连,因此强制遵守的标准、规范非常重要。大量建设法规是以规范、标准形式出现的,因此其技术性很明显。

12.2.4　建设法规的基本原则

为保证建设活动顺利进行和建筑产品安全可靠,建设法规立法时遵循的基本原则有以下几个方面。

（1）确保建设工程质量。

（2）确保工程建设活动符合安全标准。

（3）遵守国家法律法规。

（4）合法权益受法律保护。

12.3　工程项目招投标

我国工程项目建设推行招投标制已经有 20 多年的历史。随着国家的发展,招标工程比例逐年上升,为了更好地管理招投标市场,1999 年通过了《中华人民共和国招标投标法》,自 2000 年 1 月 1 日起施行,规范了招投标市场。

建设工程招标投标,是在市场经济条件下国内外的工程承包市场上为买卖特殊商品而进行的由一系列特定环节组成的特殊交易活动。其中,"特殊商品"指的是建设工程,既包括建设工程的咨询,也包括建设工程的实施。

招投标的环节包括:招标、投标,开标、评标和决标,授标和中标以及签约和履约。

12.3.1　招标

建设工程招标,是招标人标明自己的目的、发出招标文件、招揽投标人并从中择优选定工程项目承包人的一种经济行为。

《中华人民共和国招标投标法》中明确规定,在中华人民共和国境内进行下列工程建设项目,包括项目的勘察、设计、施工、监理以及与工程建设有关的重要设备、材料等的采购,必须进行招标。

扫一扫:工程项目招标方式

（1）大型基础设施、公用事业等关系社会公共利益、公众安全的项目。

（2）全部或者部分使用国有资金投资或者国家融资的项目。

（3）使用国际组织或者外国政府贷款、援助资金的项目。

建设工程招标根据招标范围、任务不同,通常有以下几种。

（1）建设工程项目总承包招标。

（2）建设工程勘察设计招标。

（3）建设工程材料和设备供应招标。

（4）建设工程施工招标。

（5）建设工程监理招标。

建设单位招标应当具备如下条件。

（1）招标人是法人或依法成立的其他组织。

（2）有与招标工程相适应的经济、技术、管理人员。

（3）有组织编制招标文件的能力。

（4）有审查投标单位资质的能力。

（5）有组织开标、评标、定标的能力。

一般工程公开招标的工作程序如图 12-2 所示。

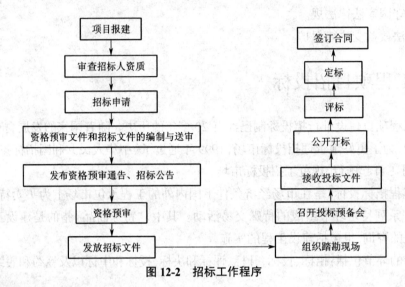

图 12-2　招标工作程序

扫一扫：工程项目施工
招标程序

12.3.2　投标

建设工程投标，是获得投标资格的投标人在同意招标文件中所提条件的前提下，对招标的工程项目提出报价，填制标函，并于规定的期限内报送招标人，参与承包该项工程的竞争的经济行为。

投标人投标应具备以下条件。

（1）具有独立订立合同的权利。

（2）具有履行合同的能力，包括专业、技术资格和能力，资金、设备和其他物质设施的状况满足要求，管理能力等。

（3）没有处于被责令停业，投标资格被取消，财产被接管、冻结以及破产状态。

（4）在最近三年内没有骗取中标、严重违约及重大工程质量问题。

（5）法律、行政法规规定的其他资格条件。

建设工程投标的一般工作程序如图 12-3 所示。

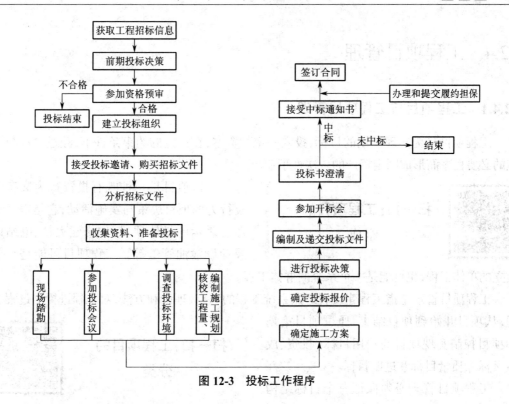

图 12-3　投标工作程序

12.3.3　开标与评标

开标是招标人按照自己既定的时间、地点,在投标人出席的情况下,当众开启各份有效投标书(即在规定的时间内寄送的手续符合规定的投标书),宣布各投标人所报的标价、工期及其他主要内容的公开仪式。

评标即投标的评价与比较,是在开标以后,由招标人或受招标人委托的专门机构根据招标文件的要求,对各份有效投标书所进行的商务、技术、质量、管理等多方面的审查、分析、比较、评价工作。

评标的原则和纪律如下。

(1)竞争择优。

(2)公平、公正、科学、合理。

(3)质量好,履约率高,价格、工期合理,施工方法先进。

(4)反对不正当竞争。

12.3.4　授标、签约和履约

授标是指招标人以书面形式正式通知某投标单位承包建设工程项目。投标人收到承包建设工程项目的正式书面通知则为"中标"。

签约是指中标人在规定的期限内与招标人签订建设工程承包合同,确立承发包关系。

履约是指工程的承发包双方相互监督配合,根据合同的规定,履行各自的权利、责任和义务,直到承包人完成工程项目,业主结清全部工程价款,结束双方的承发包关系。

12.4 工程项目管理

12.4.1 工程项目与工程项目管理

工程项目是为实现预期的目标,投入一定的资本,在一定的约束条件下,经过决策与实施的必要程序而形成固定资产的一次性事业。

扫一扫:工程项目的组成

工程项目是一种既有投资行为又有建设行为的项目决策与实施活动,它是以实物形态表示的具体项目,如修建大楼、电站以及铺设输油管道等。工程项目可能是一个独立的单体工程,也可能是一个系统的群体工程。

工程项目管理是指工程建设者运用系统工程的观点、理论和方法,对工程进行全过程管理,从项目开始到项目结束,通过项目策划和项目控制实现项目的费用目标(投资、成本目标)、质量目标和进度目标。

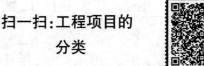

扫一扫:工程项目的分类

工程项目管理必须保证三个目标结构的均衡性、合理性,力求达到目标系统的整体优化。

12.4.2 工程项目管理的发展

随着社会生产力的高速发展,大型及特大型项目越来越多,越来越需要高水平的管理手段和方法,项目管理伴随着管理和实施大型项目的需要得到了迅猛发展。经过广泛的理论研究和实践探索,项目管理的方法和技术不断细化、完善,同时专业化的项目管理咨询公司相继出现并蓬勃发展。

目前,项目管理已发展成一门较完整的独立学科,并逐渐成为一个专业、一个社会职业。随着项目管理逐步分工细化,形成了一系列项目管理的专门职业,如项目经理、监理工程师、造价工程师、建造师、投资咨询工程师等。

中国从 20 世纪 80 年代开始接触项目管理办法(由国外引入)。项目管理在工程中的

扫一扫:项目管理的特征

成功运用给我国的投资建设领域带来了很大的冲击。1987 年国家计委等五个政府有关部门联合发出通知决定,在建设项目和一批企业中试点采用项目管理方法;1988 年建设部开始推行建设监理制度;1991 年建设部

提出把工程建设领域项目管理试点转变为全面推广。

12.5　工程建设监理

12.5.1　工程建设监理的内涵

工程建设监理是针对工程项目建设所实施的监督管理活动,其包含两层意思:一是工程项目是监理活动的前提条件;二是工程建设监理是一种微观管理活动,因为它是针对具体的工程项目实施的。

工程建设监理的行为主体是监理单位。监理单位是为建筑市场提供项目管理服务的主体,具有独立性、社会化和专业化的特点。监理单位提供的是高智能的建设项目管理服务。工程建设监理的实施需要业主委托,工程建设监理是有明确依据的工程建设管理行为。

早在 100 多年前,工业发达国家的资本占有者进行工程项目建设的决策时,就开始雇请有关专家进行机会分析,之后又委托专家对工程项目建设的实施进行管理,从而产生了建设监理,并逐渐推广开来,成为国际惯例。

我国自 20 世纪 80 年代开始利用外资和国外贷款进行工程建设,根据外方的要求,这些工程项目建设都实行了建设监理,并取得了良好的效果。如云南鲁布革水电站引水工程就实行了工程建设监理,并取得了明显的成效。建设监理在工程中的成功运用引发了我国工程项目建设管理体制的重大改革,并促使了建设监理制度的实行。

扫一扫:工程监理企业的设立

扫一扫:工程监理企业的资质要素

12.5.2　我国建设工程必须实行监理的范围

我国建设工程必须实行监理的范围如下。

（1）国家重点建设项目。

（2）大中型公共事业工程。

（3）成片开发建设的住宅小区工程。

（4）利用外国政府或国际组织贷款、援助资金的工程。

（5）国家规定必须实行监理的其他工程。

12.5.3　工程建设监理的性质

1. 服务性

服务性是工程建设监理的重要特征之一,具体体现如下。

（1）监理单位是智力密集型的,它不是建设产品的直接生产者和经营者,它为建设单位提供的是智力服务。

（2）在工程建设合同的实施过程中,监理工程师有权监督建设单位和承包单位严格遵守国家的有关建设标准和规范,贯彻国家的建设方针和政策,维护国家利益和公众利益。从这一意义上讲,监理工程师的工作也是服务性的。

(3)监理单位的劳动与相应的报酬是技术服务性的,监理单位按其付出的脑力劳动量的大小而取得相应的监理报酬。

2. 公正性

公正性指监理单位和监理工程师在工程建设监理活动中排除各种干扰,以公正的态度对待委托方和被监理方,以有关法律、法规和双方所签订的工程建设合同为准绳,站在第三方的立场上公正地解决和处理,做到"公正地证明、决定或行使自己的处理权"。

3. 独立性

独立性是工程建设监理的又一个重要特征,其表现在以下几个方面。

(1)监理单位在人际关系、业务关系和经济关系上必须独立,其单位和个人不得与工程建设的各方发生利益关系。

(2)监理单位与建设单位的关系是平等的合同约定关系。

(3)监理单位在实施监理的过程中是处于工程承包合同的签约双方,即建设单位与承建单位之间的独立方,它以自己的名义行使依法订立的监理委托合同所确认的职权,承担相应的职业道德责任和法律责任。

4. 科学性

科学性是监理单位区别于其他一般服务性组织的重要特征,也是其赖以生存的重要条件。监理单位必须具有现场解决工程设计和承建单位存在的技术与管理方面问题的能力,能够提供高水平的专业服务,因此它必须具有科学性。

12.5.4　我国工程建设监理制度的主要内容

总体上,工程建设监理可分为决策阶段的监理和实施阶段的监理,具体包括如下内容。

(1)决策监理,投资决策、立项决策、可行性研究决策的监督管理。

(2)设计监理,工程勘察、设计方案及设计概算、设计施工图和施工图预算的监督管理。

(3)施工监理(国家真正含义上所推行的监理),土建、安装、工艺等专业工种施工过程的监督管理。

目前,我国决策阶段(可行性研究、论证和任务书的编制)的监理由政府行政管理部门进行管理;设计和保修由政府工程质量监督机构进行监督管理。

课后思考题

1. 什么叫建设法规?

2. 什么叫建设程序?

3. 我国一般大中型项目和限额以上的项目从建设前期工作到建设、投产要经历哪些阶段?

4. 工程项目管理的基本概念和目标是什么?

5. 现代化的项目管理有哪些特点?

6. 怎样理解工程项目的"标""招标"和"投标"？

7. 建设项目的投标报价是如何定的？

8. 如何理解工程项目的承发包关系？

9. 建设监理的任务和作用是什么？

10. 工程建设监理的范围是什么？

11. 我国的建设法规体系由哪几个层次组成？学习建设法规的目的是什么？

12. 建设法规分为哪三个部分？

第13章 智能土木工程与新基建

13.1 智能土木工程

13.1.1 智能建筑

1. 智能建筑的内涵和特性

为了满足信息社会对建筑物的功能、环境和高效率管理的要求，1984年美国联合科技集团首次提出"智能建筑"的概念。人们对建筑在信息交换、安全性、舒适性、便利性和节能生态等方面提出了更多、更高的需求，推动了建筑从智能化走向智慧化。

智能建筑是以物联网、建筑信息模型(Building Information Modeling，BIM)、云计算等先进技术为保障，在建筑智能化的基础上，更加开放地融入智慧城市网络中，从而满足个性需求和节能环保要求的现代建筑。智能建筑应具备人性化、可持续化、智能化和开放化四个特性，如图13-1所示。

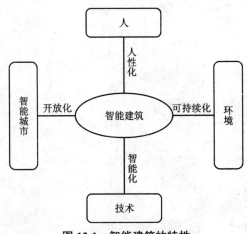

图 13-1 智能建筑的特性

2. 智能建筑的关键技术

扫一扫:智能建筑

智能建筑的关键技术包括 BIM 技术、物联网技术、通信技术和云计算等。其中，与土木工程专业息息相关的是 BIM 技术。BIM 的理念是从策划设计阶段即将尚未建成的建筑物电子化、信息化，直接形成建筑物及其附属设施的三维模型，并将各类信息链接至该模型中，用于建设项目全过程管理，促进建筑物与设施的规划、设计、建设、监理和运维等全生命周期业务的协同应用模式的发展,如图 13-2 所示。

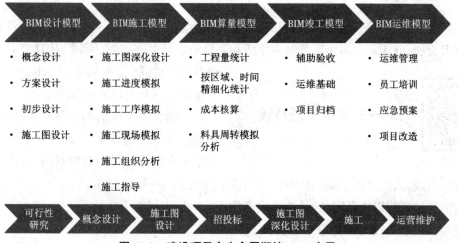

图 13-2　建设项目全生命周期的 BIM 应用

3. 基于 BIM 的智能建筑

BIM 被誉为建筑业的革命性技术,不仅使建筑业的生产方式、协作方式发生了大的变革,对建成后建筑的运维也有巨大的价值。

在建筑项目的运营维护过程中,建筑内各系统的位置数据十分重要,什么地方水管爆了,什么地方发生了火情,都需要在第一时间确定位置,了解周边情况。但目前的常规建筑定位能力弱,无法满足这些要求。

通过 BIM 技术把整个建筑虚拟化、数字化,模型当中的信息不仅仅是可视化的几何信息,还包含大量设备信息、材料信息、构件信息等,所有信息与构件或设备都是一一对应的,构成了一个建筑物的完整的、全面的、丰富的、相互关联的信息库。结合物联网和云计算等新兴技术,常规建筑向智能建筑转变成为可能。图 13-3 所示为典型智能建筑的构成系统。

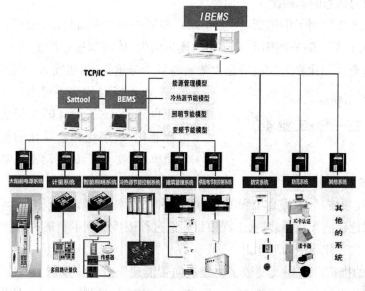

图 13-3　典型智能建筑的构成系统

13.1.2　智能交通

城市交通是城市活动中极为重要的环节,是衡量城市现代化水平的重要标准,没有高质量的城市交通,就谈不上高品质的城市生活和高效率的城市进程。近年来,构建高效、安全、现代化的智能交通系统(Intelligent Traffic System,ITS)一直是国家发展的中心。

扫一扫:智能交通系统

但随着城市交通的不断发展,提高既有交通设施的运营效率、打造新一代智能交通网络迫在眉睫。伴随着物联网、云计算等相关技术的出现,人们提出了新一代综合交通体系的概念——智能交通。

智能交通是将以物联网、云计算为代表的新技术运用到整个交通系统中,建立一个更大的时空范围的综合交通体系,以提高交通系统的运行效率,减少交通事故,降低环境污染,促进交通管理及出行服务系统的信息化、智能化、社会化、人性化水平的提高。2010年底,我国交通运输部的"十二五"规划提出把智能交通作为交通规划的重要组成部分,启动了新一代智能交通系统发展战略研究以及应用物联网技术推进现代交通运输策略研究两个重大研究项目。

扫一扫:智能交通的
建设内容

13.1.3　智能建造

1. 中国制造2025

2013年,德国政府提出"工业4.0"的概念,即继蒸汽机的应用、规范化生产和电子信息技术等三次工业革命后,人类将迎来以信息物理融合系统为基础,以生产高度数字化、网络化,机器自组织为标志的第四次工业革命。

我国在2015年提出了中国版的"工业4.0"规划——"中国制造2025"。长期以来,中国制造业"大而不强",随着我国人口红利的逐步消失,传统制造业的低成本竞争优势逐渐丧失,因此制造业自动化程度提高将是大势所趋且十分迫切,以机器人、智能制造为代表的"工业4.0"时代势不可当。同样,中国建筑业也需引入"工业4.0"的概念和技术,实现智能化、数字化和自动化的智慧改造,改变简单、粗放、落后的劳动密集型建造方式。

扫一扫:工业4.0

2. 智能建造的内涵

在土木工程领域,为了提高工程项目的安全和质量水平、降低工人的劳动强度、加快建造速度、实现绿色建造和精益建造,工程项目建造过程逐步引入了制造业的数字化技术和管理方法,形成了数字化建造的理念。

BIM技术的推广和应用促使数字化建造向智能建造进一步发展。智能建造是建立在BIM、地理信息系统(Geographic Information System,GIS)、物联网、移动互联网、云计算和大数据等信息技术基础上的工程信息化建造平台,是一种信息融合、全面物联、协同运作、激励创新的工程建造模式。

　　智能建造与建筑绿色化(绿色建筑、绿色施工)、建筑产业化互为补充、相互支撑,共同构筑建筑产业现代化。智能建造可以克服传统建筑业无法发挥工业化大生产的规模效应的缺点,实现小批量、单件高精度建造,实现精益建造,实现"互联网+"在建筑业的叠加效应和网络效应。智慧建筑有助于实现建筑工程生命周期管理、参与各方的协同和共享,使业主和承包商之间、总包和分包之间形成合作共赢的关系。

扫一扫:建筑产业化

　　3. 智能建造的关键技术

　　在智能建造的框架中,BIM、GIS、物联网、移动互联网、云计算和大数据是智能建造平台的核心支撑技术,如图 13-4 所示。其中,BIM 模型是工程建造全过程信息的传递载体,集成了工程项目的各种相关信息,是对工程项目实施实体与功能特性的数字化表达,是实现智能建造的数据支撑。一个完善的信息模型能够连接工程项目全生命周期不同阶段的数据、过程和资源,是对工程对象的完整描述,可被建筑项目的各参与方普遍使用。BIM 的可视化、参数化、数据化、可模拟化、可优化特性使工程项目的管理和交付更加高效。

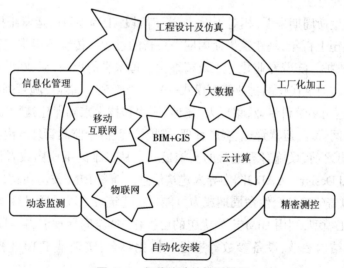

图 13-4　智能建造的模型框架

　　在 BIM、物联网等信息技术的支撑下,智能建造平台可实现工程设计及仿真、工厂化加工、精密测控、自动化安装、动态监测、信息化管理等典型数字化建造应用,如图 13-5 所示。其中工程设计及仿真可以实现 BIM 信息建模、碰撞检测、施工方案模拟、性能分析等;工厂化加工可以实现混凝土预制构件、钢结构构件、玻璃幕墙、机电设备和管线等的工程化制作;精密测控可以实现施工现场精确定位、复杂形体放样、实景逆向工程等;自动化安装可以实现模架系统爬升、钢结构滑移和卸载等;信息化管理包括企业资源计划(Enterprise Resource Planning,ERP)系统、协同设计系统、施工项目管理系统、运维管理系统等。

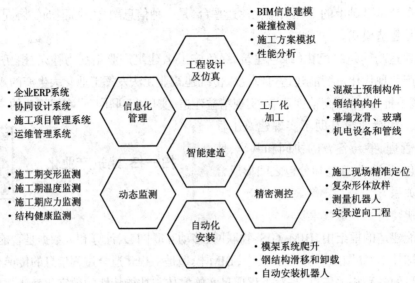

图 13-5　智能建造的典型应用场景

13.1.4　智能运维

1. 智能运维的内涵

从整个建筑生命周期来看,相对于设计、施工阶段,工程项目的运营维护(运维)阶段往往持续几十年甚至上百年,是建筑生命周期中最长的过程。传统的运维过程仅关心物业本身的建筑、设施维护。随着专业化分工及精细化管理水平的提高,从 20 世纪 80 年代开始,运维的理念逐步转向现代化的物业管理模式——设施管理。国际设施管理协会对其的定义为:设施管理是运用多学科专业,集成人、场地、流程和技术来确保建筑物良好运行的活动,包括建筑物的空间管理、运营管理、资产管理、维护管理、健康监测管理等内容。

在 BIM 提出之前,设施管理通常的实施模式是从二维的纸质图或者计算机辅助设计(Computer Aided Design, CAD)图中导入建筑信息。随着 BIM 技术在建筑设计、施工阶段的应用, BIM 覆盖建筑的全生命周期成为可能。在建筑竣工以后通过继承设计、施工阶段生成的 BIM 竣工模型,利用 BIM 模型优越的可视化 3D 空间展现能力,对运维阶段所需的各种建筑参数、结构参数、设备参数等进行一体化整合,实现基于 BIM 模型的建筑运维管理。

除 BIM 技术外,物联网在建筑物的智能运维中将发挥更大的作用。通过把各种感应器等芯片嵌入建筑、桥梁、隧道、铁路、大坝、供水系统、电网、钢筋混凝土和管线中,将物联网与现有的互联网整合为统一的基础设施,从而实现对整合网络内的人员、场地、设备和基础设施进行实时管理和控制,实现建筑物的智能运维管理。

2. 智能运维中的结构健康监测

建筑物在使用期内,环境侵蚀、材料老化以及荷载的长期效应、疲劳效应和突变效应等灾害因素的耦合作用将不可避免地导致结构的损伤积累和抗力衰减,在极端情况下会引发灾难性的突发事故。为了保障结构的安全性、完整性、适用性与耐久性,掌握结构的健康状况,往往在大型或复杂结构上安装健康监测系统。

健康监测系统能够记录和分析结构的荷载及其响应,掌握结构的健康安全状态。近年来,智能材料的出现、计算机科学和通信技术的飞速发展为研究和应用高性能、耐久性好的智能传感器以及高度集成、网络化的智能健康监测系统奠定了基础。

下面以桥梁结构为例,介绍健康监测系统的应用。桥梁结构的健康监测系统主要包括传感器子系统、数据采集与传输子系统、数据管理子系统、结构状态识别与综合评估子系统,上述子系统分别涉及不同的硬件和软件,需要通过系统集成技术将它们集合成一个协调工作的大系统。

健康监测系统的内容主要包括荷载监测和结构响应监测。荷载主要有风、雨、温度、湿度、车撞、船撞和地震等;结构响应主要有索力、位移、支座反力、加速度、应力以及腐蚀程度等。图 13-6 所示为香港青马大桥的健康监测系统的传感器布置图。

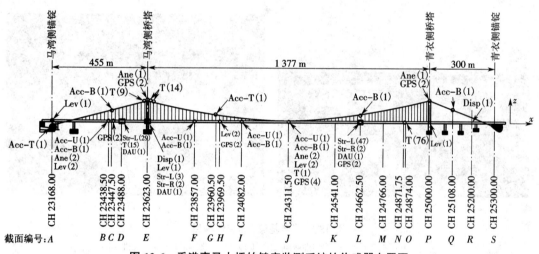

图 13-6　香港青马大桥的健康监测系统的传感器布置图

注:图中括号内的数字为传感器的数量;Lev 为水平传感器;Ane 为风速仪;Acc-U 为单向加速度计;Acc-B 为双向加速度计;Acc-T 为三向加速度计;Str-L 为线性应变计;Str-R 为三向应变计;T 为温度计;Disp 为位移传感器;DAU 为数据采集单元。两个桥头还安装了车辆动态称重系统。

通过各种传感器捕捉桥梁的荷载和响应信息,通过数据采集与传输子系统完成信号调理、模数转换和数据远程传输,通过数据管理子系统实现海量数据的处理、存储、展示、查询和组织管理等,通过结构状态识别和综合评估子系统识别桥梁结构的内力状态和损伤状态,对桥梁的安全状态进行评价。

13.2　新基建

13.2.1　基本概念

2008 年我国提出"老基建"的概念,项目主要在铁路、路桥、机场、水利等领域,如高速铁路、载人航天、深空深海探测、北斗导航、C919 大飞机等,如今已取得显而易见的社会经济效益,带动了国内上下游行业的发展,助力我国经济在2008年、2011年等世界经济危机中逆势上涨,是满足民生需要、稳定经济增长的重要保障(图13-7)。

（a）　　　　　　　　　　　　　　（b）

（c）　　　　　　　　　　　　　　（d）

图13-7　"老基建"标志性项目
（a）高铁2.9万km　（b）港珠澳大桥　（c）兰渝铁路　（d）C919大飞机

在经济新常态的情况下,仅靠已有技术的基础设施建设无法带来新增长机会,因此新型基础设施建设(简称新基建)的概念应运而生。2020年4月22日,国家发展和改革委员会首次明确新型基础设施的范围:以新发展理念为引领,以技术创新为驱动,以信息网络为基础,面向高质量发展需要,提供数字转型、智能升级、融合创新等服务的基础设施体系,包括信息基础设施、融合基础设施和创新基础设施三类,主要包括5G基站建设、特高压、城际高速铁路和城市轨道交通、新能源汽车充电桩、大数据中心、人工智能、工业互联网这七大领域,涉及诸多产业链(图13-8)。

13.2.2　发展历程

2018年12月19日至21日,中央经济工作会议在北京举行,会议重新定义了基础设施建设,把5G、人工智能、工业互联网、物联网定义为"新型基础设施建设"。随后"加强新一代信息基础设施建设"被列入2019年政府工作报告。

图 13-8 新基建相关领域

2020 年 3 月,中共中央政治局常务委员会召开会议提出,加快 5G 网络、数据中心等新型基础设施建设进度。

2020 年 3 月 6 日,工业和信息化部召开加快 5G 发展专题会,加快新型基础设施建设。

2020 年 4 月,工业和信息化部发布《关于推动工业互联网加快发展的通知》,提出新基建主要包括 5G 基站建设、特高压、城际高速铁路和城市轨道交通、新能源汽车充电桩、大数据中心、人工智能、工业互联网这七大领域,涉及诸多产业链。

2020 年 4 月 20 日,国家发展和改革委员会首次明确新型基础设施的范围,包括信息基础设施、融合基础设施和创新基础设施三类,并指出伴随着技术革命和产业变革,新型基础设施的内涵、外延不是一成不变的,将持续跟踪研究。

13.2.3 主要内容

新型基础设施包括信息基础设施、融合基础设施和创新基础设施三部分(图 13-9)。

图 13-9 新型基础设施的主要内容

1. 信息基础设施

信息基础设施主要指基于新一代信息技术演化生成的基础设施,比如以 5G、物联网、工业互联网、卫星互联网为代表的通信网络基础设施,以人工智能、云计算、区块链为代表的新技术基础设施,以数据中心、智能计算中心为代表的算力基础设施。

2. 融合基础设施

融合基础设施主要指深度应用互联网、大数据、人工智能等技术,传统基础设施转型升级而形成的基础设施,比如智能交通基础设施、智能能源基础设施等。

3. 创新基础设施

创新基础设施主要指支撑科学研究、技术开发、产品研制的具有公益属性的基础设施,比如重大科技基础设施、科教基础设施、产业技术创新基础设施等。

13.2.4　优势及发展现状

自中央提出加快新型基础设施建设以来,新基建相关领域及产业备受各方关注。与传统基建相比,新型基础设施建设更加侧重于突出产业转型升级的新方向,无论是人工智能还是物联网,都体现出加快推进产业高端化发展的大趋势。新型基础设施建设内涵更丰富,涵盖范围更广,更能体现数字经济特征,能够更好地推动我国经济转型升级。

2020 年新冠肺炎疫情为中国乃至全球敲响了警钟,也对数字经济的"底座"进行了一次抗压测试。在我国疫情防控期间,在线办公需求陡增,手游、在线娱乐、在线教育、线上生产和生活交易异常活跃,人们深切感受到了科技的魅力。从远程会议到远程医疗,从智能护理到送药机器人,这些虚拟世界和现实世界的完美融合都离不开新基建的有力支撑。

受新冠肺炎疫情冲击,一季度全国固定资产投资同比下降 16.1%,其中基础设施(不含电力、热力、燃气及水生产和供应业)投资下降 19.7%。但从已发行专项债的项目投资结构来看,电子信息、互联网、大数据、新材料、新能源、生物医药、冷链物流等新基建项目占比已从 2019 年的 0.6% 显著提升至 2020 年 2 月的 14.8%。尽管新基建投资在固定资产投资中占比仍较低,但其更具成长性和创新性,对供给侧与需求侧同时发挥渗透、融合、带动作用。

13.2.5　十大战略方向

从长远看,新基建是强基础、利长远的战略性、先导性、全局性工程,从近期看有稳增长、调结构、惠民生的内在需求,所以既要着眼于长远,又不能脱离国情,要量力而行,以新带旧,将基础设施投资逐步从传统领域转向新兴领域,着力于十大战略方向的新基建布局,促进新旧基础设施体系互联互通、开放共享,加速整体转型升级,支撑经济社会数字化转型和新旧动能转换,推进高质量发展,打造集约高效、经济适用、智能绿色、安全可靠的现代化基础设施体系。

1. 智能化数字基础设施是主导方向

智能化数字基础设施主要包括基于新一代信息技术演化生成的基础设施。如基于新一代信息技术,建设以 5G、新一代全光网、工业互联网、物联网、卫星互联网等为代表的通信网络基础设施,以数据中心、灾备中心等为代表的存储基础设施,以人工智能、云计算、区块链、边缘计算、量子计算、类脑计算、光子计算等为代表的新技术基础设施，以超算中心、智能计算中心等为代表的算力基础设施，构成互联互通、经济适用、自主可控的分布式、智能化信息基础设施体系。

围绕数据资源的开发、感知、收集、传输、计算、调用、存储、分发、处理和分析，基于海量数据和海量算力，大幅改进的算法和机器学习方式，大幅提升的算力，构建"万物智联"的信息网络体系、战略计算平台、开源社区和数字孪生体，实现远程实时调用数据资源和算力，塑造数字产业化及产业数字化生态，以支撑数字经济、网络强国、数字强国和智慧社会建设。

2. 数字化科技创新基础设施是底层支撑

数字化科技创新基础设施主要指支撑科学研究、技术创新等的具有公益属性的基础设施。如建设先进光源、散裂中子源、大型地震工程模拟研究设施等支撑多学科研究的重大科技基础设施，提升现有设施的性能及使用效率。这些重大科技基础设施、技术创新平台是国家发展科技硬实力的必要基础条件。

完善工程、产业、社会及绿色技术创新平台，构建产学研深度融合的现代化创新基础设施体系，促进各领域、各区域科学、技术、工程、产业及社会创新交叉融合，推动基础研究、数据密集型科研、应用研究及创新创业创造活动融通发展，必须提升和新建一批重大科技基础设施和数字化科技创新基础设施及应用场景，夯实基础研究和技术研发体系的底层支撑，以突破从"不能用"到"可以用"的技术瓶颈，从"可以用"到"很实用、很好用"的生产技术瓶颈，支撑新一轮科技革命和产业革命。这类基础设施具有适应创新参与主体的大众化、创新组织机构的开放化、创新行业领域的跨界化、创新链接机制的平台化、创新资金来源的多元化等新特点。

3. 现代资源能源与交通物流基础设施是国民经济的大动脉

建设智能电网、微电网、分布式能源、新型储能、氢能及新能源汽车充电设施等基础设施网络，提升特高压、核能、油气管网等基础设施网络的数字化、智能化水平，构建"多能互补、智能化调控"的分布式可持续能源基础设施，建设国际能源互联网及跨境能源网络，支撑能源革命和能源强国建设。

加强水源工程和供水基础设施网络建设，完善地质勘察、关键矿产资源获取及综合利用、重大特色资源绿色高效转化及循环利用等资源基础设施网络建设，支撑资源革命和资源强国建设。

建设公路、铁路、港口、机场等综合、智慧、绿色、平安交通运输基础设施体系，完善邮政、仓储物流等"通道 + 枢纽 + 网络"基础设施体系，拓展延伸数字化、智能化交通物流新型基础设施，支撑交通强国、物流强国建设。

4. 先进材料与智能绿色制造基础设施是制造强国和质量强国之基

建设材料供应与储备体系，重点是新材料生产应用示范平台、测试评价平台、资源共享平台和新材料参数库，建设产业技术创新中心、制造业创新中心等研发及公共服务平台，数字工厂、智能工厂及数字化创新生态体系。

深度应用互联网、大数据、人工智能等技术，支撑传统制造业基础设施转型升级和数字化改造，建设绿色循环工业园区、智能制造基地等基地网络。

建设可扩展的研发、生产、流通等数字平台,在材料、中间供应商和生产者、用户之间实现端到端连接,在供应链、产业链、创新链、价值链等强链、补链、固链的基础上形成先进制造业集群和战略产业集群,强化"产业基础高级化和产业链现代化"基础设施网络支撑。

5. 现代农业和生物产业基础设施是生物经济之基

建设满足未来生物经济发展需求的农田水利设施,农业生物精准设计试验基地,工业生物设计与生物制造试验基地,生物风险防控、农业防灾减灾和重大疫病防治等设施网络,农产品研发、生产、加工、流通、储藏等设施网络。

推进数字化赋能大农业转型,将智能农机装备,高通量、智能化精准种养技术集成体系以及传感器、自动化机器人、微型灌溉等设施用于农业生产,支持构建高产、优质、高效、生态的智慧农业和生物产业,支撑农业现代化,保障粮食、食品和生物安全。

6. 现代教育、文旅、体育与卫生健康等基础设施是社会基础设施的主体

提升社会基础设施的数字化、网络化、智能化水平,健全"幼有所育、学有所教、劳有所得、病有所医、老有所养、住有所居、弱有所扶"的基本公共服务体系。

加强基础性、普惠性、兜底性民生基础设施建设,加快建设适老化基础设施,加强社会基础设施适老化改造,使发展成果更多、更公平地惠及全体人民。

加强传统与在线医疗卫生体系的衔接,完善重大疫情防控及公共卫生应急管理体系,保障关键医疗设备与物资的应急生产及战略储备。

依托"互联网+""数字+""智能+",升级教育、文旅、体育与卫生健康基础设施体系,增强社会基础设施的完整性、储备性和可及性,支撑教育、文化、旅游、体育强国和健康中国、智慧社会建设。

7. 生态环境新型基础设施是美丽中国建设的基石

建设以国家公园为主体的自然保护地体系,建设生物多样性、大气、水、土壤、辐射等生态环境监测网络及污水、垃圾、固体废弃物等回收处理设施,建设绿色、循环、低碳等生产、生活基础设施,推进生产、生活基础设施绿色化,支撑发展绿色、循环、低碳经济,建设资源节约型、环境友好型社会。

8. 天空海洋新型基础设施是拓展未来发展空间的保障

建设基于天地一体的地面设施和控制系统、极地科考站、海底空间站、发射系统、卫星和航天器系统、空间站,构建数字地球大数据平台,更好地拓展和开发利用外层空间、海洋空间、极地空间和深地空间,支撑航天强国、海洋强国和地质强国建设,保障国家的天空、海洋、极地、深海权益和国土安全。

9. 国家总体安全基础设施是现代化强国的安全基石

现代化强国基础设施体系是一个复杂巨系统,必须确保足够的韧性和安全性,建设完善的传统与非传统安全防范技术、标准及工程体系,提高重大风险监测、预警、防范和应急反应能力。

以人民安全为宗旨,构建军民融合,集政治、国土、军事、经济、文化、社会、科技、信息、生态、资源、核、生物、环境、食品、健康等重点领域安全于一体的国家安全物质、技术、信息和制度保障体系,确保国家工业控制系统、科技、金融及经济社会环境等关键性基础设施的物质

体系安全、数据网络安全与科技安全,保障国家总体安全与公共安全。

10. 国家治理现代化基础设施是实现善治的基础保障

夯实国家治理现代化的物质技术基础与标准、制度体系,深入推进智能城市、城市大脑基础设施建设,大力推进农村治理信息及服务平台建设,构建开放共享、实时联动、城乡统筹、全域协同的科学决策及智慧管理治理系统与设施网络。深化政务服务"一网、一门、一次"改革,支撑数字政府建设和政府治理、社会治理智慧化,提升国家治理的信息化和现代化水平。

课后思考题

1. 什么是智能建筑? 其关键技术是什么?
2. BIM 在建设项目全生命周期管理中的应用是什么?
3. 如何在工程中实现智能建造的理念?
4. 如何结合设施管理实现智能运维?
5. 什么是新基建?
6. 新基建的主要内容有哪些?

参考文献

[1] 江见鲸,叶志明. 土木工程概论 [M]. 北京:高等教育出版社,2001.

[2] 罗小未. 外国近现代建筑史 [M]. 北京:中国建筑工业出版社,2004.

[3] 湖南大学,天津大学,同济大学,等. 土木工程材料 [M]. 2 版. 北京:中国建筑工业出版社,2011.

[4] 金虹. 房屋建筑学 [M]. 北京:科学出版社,2002.

[5] 丁红岩. 土木工程施工(上册)[M]. 天津:天津大学出版社,2015.

[6] 吴胜兴. 土木工程建设法规 [M]. 3 版. 北京:高等教育出版社,2017.

[7] 周德泉,彭柏兴,陈永贵. 岩土工程勘察技术与应用 [M]. 北京:人民交通出版社,2008.

[8] 尤晓暐,邵江,卫康. 基础工程 [M]. 北京:清华大学出版社,2017.

[9] 朱合华. 地下建筑结构 [M]. 北京:中国建筑工业出版社,2016.

[10] 佟成玉. 土木工程概论 [M]. 杭州:浙江大学出版社,2015.

[11] 牛志荣. 地基处理技术及工程应用 [M]. 北京:中国建材工业出版社,2004.

[12] 张季超,李飞. 地基处理 [M]. 北京:高等教育出版社,2009.

[13] 顾晓鲁,钱鸿缙,刘惠珊,等. 地基与基础 [M]. 北京:中国建筑工业出版社,2003.

[14] 陈学军. 土木工程概论 [M]. 3 版. 北京:机械工业出版社,2016.

[15] 郑刚,龚晓南,谢永利,李广信. 地基处理技术发展综述 [J]. 土木工程学报,2012,45(2):127-146.

[16] 沈道健,王照宇,梅岭,等. 微生物诱导碳酸钙沉淀加固地基技术研究进展 [J]. 江苏科技大学学报(自然科学版),2017,31(3):390-398.

[17] 李多. 微生物诱导碳酸钙沉淀固化沙漠风积砂的研究 [D]. 咸阳:西北农林科技大学,2018.

[18] 何稼,楚剑,刘汉龙,等. 微生物岩土技术的研究进展 [J]. 岩土工程学报,2016,38(4):643-653.

[19] 陈志龙,郭东军. 地铁与人防相结合原则的探讨 [J]. 岩石力学与工程学报,2002,21(z1):2020-2022.

[20] 沈志红,周性怡. 平战结合的上海市地下人防工程建设概况 [J]. 上海交通大学学报,2012,46(1):23-25.

[21] 郭东军,陈志龙,杨延军. 城市地下空间规划中人防专业队工程布局探讨 [J]. 岩石力学与工程学报,2003(S1):2532-2535.

[22] 油新华,何光尧,王强勋,等. 我国城市地下空间利用现状及发展趋势 [J]. 隧道建设(中英文),2019,39(2):173-188.

[23] 程光华,王睿,赵牧华,等. 国内城市地下空间开发利用现状与发展趋势 [J]. 地学前缘,

2019,26（3）:39-47.

[24] 张彬,徐能雄,戴春森. 国际城市地下空间开发利用现状、趋势与启示 [J]. 地学前缘,2019,26（3）:48-56.

[25] 朱合华,丁文其,乔亚飞,等. 简析我国城市地下空间开发利用的问题与挑战 [J]. 地学前缘,2019,26（3）:22-31.

[26] 赵鹏林,顾新. 深圳市城市地下空间利用的研究与实践 [J]. 岩石力学与工程学报,2002,21（z1）:2188-2193.

[27] 王成善,周成虎,彭建兵,等. 论新时代我国城市地下空间高质量开发和可持续利用 [J]. 地学前缘,2019,26（3）:1-8.

[28] 李新乐. 地铁与隧道工程 [M]. 北京:清华大学出版社,2018.

[29] 李清. 城市地下空间规划与建筑设计 [M]. 北京:中国建筑工业出版社,2019.

[30] 彭芳乐. 深层地下空间开发利用技术指南 [M]. 上海:同济大学出版社,2016.

[31] 熊峰. 土木工程概论 [M]. 武汉:武汉理工大学出版社,2015.

[32] 房贞政. 桥梁工程 [M]. 北京:中国建筑工业出版社,2004.

[33] 孙永明. 桥梁工程 [M]. 成都:电子科技大学出版社,2016.

[34] 金东日. 浅谈桥梁结构设计的一般原则 [J]. 珠江水运,2012（14）:64-65.

[35] 徐闯. 浅谈桥梁横断面设计 [J]. 黑龙江交通科技,2011,34（08）:181.

[36] 王琬婷,孙楷强. 浅析中外古代桥梁对比 [J]. 艺术科技,2018,31（10）:221.

[37] JTG D60—2015 公路桥涵设计通用规范 [S]. 北京:中国标准出版社,2005.

[38] 李国强,李杰,苏小卒. 建筑结构抗震设计 [M]. 3 版. 北京:中国建筑工业出版社,2009.

[39] 中华人民共和国住房和城乡建设部. 建筑抗震设计规范（2016 年版）[M]. 北京:中国建筑工业出版社,2016.

[40] 中华人民共和国住房和城乡建设部. 建筑抗震设计规范（2018 年版）[M]. 北京:中国建筑工业出版社,2018.

[41] 柳炳康,吴胜兴,周安. 工程结构鉴定与加固 [M]. 北京:中国建筑工业出版社,2000.

[42] 王文炜. FRP 加固混凝土结构技术及应用 [M]. 北京:中国建筑工业出版社,2007.